JIANZHU GONGCHENG JILIANG YU JIJIA

建筑工程计量与计价

主　编　蔡小青　闵红霞　孔　亮
副主编　田　华　李春娥　王　浩

重庆大学出版社

内容提要

本书依据《建设工程工程量清单计价规范》(GB 50500—2013)、《房屋建筑与装饰工程工程量计算规范》(GB 50854—2013)、《重庆市建设工程费用定额》(CQFYDE—2018)、《重庆市房屋建筑与装饰工程计价定额》(CQJZZSDE—2018)、国家建筑标准设计图集16G101系列等编写而成。书中内容包括工程计量与计价基础、建筑面积计算规范、房屋建筑工程土石方工程、基础工程、主体结构工程、钢筋工程、门窗工程、屋面工程、措施项目工程等的计量与计价。本书分部工程的每一章都详细描述了定额和清单的工程量计算规则和计算方法,并配有相应的例题。

本书可作为高等学校工程造价、工程管理、土木工程等专业的教材,也可作为工程造价技术人员的自学教材和参考书。

图书在版编目(CIP)数据

建筑工程计量与计价 / 蔡小青, 闵红霞, 孔亮主编
.-- 重庆 : 重庆大学出版社, 2021.8(2025.1重印)
高等教育工程管理和工程造价专业系列教材
ISBN 978-7-5689-2919-6

Ⅰ. ①建… Ⅱ. ①蔡… ②闵… ③孔… Ⅲ. ①建筑工程—计量—高等学校—教材②建筑造价—高等学校—教材
Ⅳ. ①TU723.3

中国版本图书馆CIP数据核字(2021)第162232号

建筑工程计量与计价

主 编 蔡小青 闵红霞 孔 亮
副主编 田 华 李春娥 王 浩
策划编辑:刘颖果
责任编辑:姜 凤 版式设计:刘颖果
责任校对:关德强 责任印制:赵 晟

*

重庆大学出版社出版发行
出版人:陈晓阳
社址:重庆市沙坪坝区大学城西路21号
邮编:401331
电话:(023) 88617190 88617185(中小学)
传真:(023) 88617186 88617166
网址:http://www.cqup.com.cn
邮箱:fxk@ cqup.com.cn (营销中心)
全国新华书店经销
重庆华林天美印务有限公司印刷

*

开本:787mm×1092mm 1/16 印张:19.5 字数:550千 插页:8开10页
2021年8月第1版 2025年1月第6次印刷
印数:11 001—12 000
ISBN 978-7-5689-2919-6 定价:59.00元

本书如有印刷、装订等质量问题,本社负责调换
版权所有,请勿擅自翻印和用本书
制作各类出版物及配套用书,违者必究

前　言

本书从建筑工程造价的工作岗位出发，结合应用技术大学的特色，按照土建工程造价的工作过程进行编写。本书依据《建设工程工程量清单计价规范》(GB 50500—2013)、《房屋建筑与装饰工程工程量计算规范》(GB 50854—2013)、《重庆市房屋建筑与装饰工程计价定额》(CQJZZSDE—2018)和16G101系列图集进行编写，共12章内容，主要内容包括建筑工程概论、建筑面积计算、各分部工程工程量清单与定额计算、建筑工程定额、工程量清单及清单计价的编制等。

"建筑工程计量与计价"是工程造价专业的专业核心课程之一，是根据工程造价行业以及相关的甲方、造价咨询公司中造价员的工程造价岗位要求所开设的课程。该课程实践性、操作性很强，需要学生既懂技术，又懂经济，能够把技术与经济紧密结合起来，能够把技术中间的经济问题定量化。设置本课程的主要目的是让学生能够掌握建筑工程计量与计价的方法，能够独立完成土建工程施工图预算的编制与审核，能够胜任土建工程计量与计价的工作岗位，能够满足工程造价行业对于复合型人才的需求以及行业发展的需要。

编者编写"建筑工程计量与计价"教材的目的是把建筑工程计量与计价课程的"理论+实践"的传统教学模式转变为以"标准图集、定额、取费标准、造价信息、计价规范等资料的搜集与熟悉，建筑施工图的识读，建筑单位工程计量与计价，预算说明的编制"等工作任务为中心的课程教学模式，以便在学习过程中发现问题后再去学习，真正做到"做中学、学中做、做学一体化"，实现本课程的项目化教学。同时在完成具体项目过程中培养学生的综合能力，真正做到专业要求与行业要求一致、训练要求与岗位要求一致、教学内容与工作任务一致，充分体现工学结合的高等教学理念。

本书由蔡小青、闵红霞、孔亮担任主编，田华、李春娥和王浩担任副主编，具体编写分工为:蔡小青编写第1—3章;田华编写第4章;李春娥编写第5章和第10章;田华、闵红霞和王浩编写第6章;闵红霞编写第7—9章;孔亮编写第11章;孔亮、闵红霞和李春娥编写第12章。全书由蔡小青、孔亮和闵红霞负责审校工作。本书在编写过程中参考了有关标准、规范和教材,谨此一并致谢。

由于编者水平有限,书中难免存在疏漏之处,敬请读者批评指正。

编　者

2021年2月

目　录

1 概述

1.1 建筑工程计量与计价概述

▶ 1.1.1 本课程的研究对象

建筑工程计量与计价的研究内容主要是通过定额、工程量清单和预算这 3 个对象来表达的。

对象一:定额

定额即规定的额度,在建筑工程中是指在正常的施工条件下,生产一定计量单位质量合格的建筑产品所需消耗的人工、材料和机械台班的数量标准。实行定额管理是为了在施工中用最少的人力、材料、施工机具和资金消耗量,生产出质量合格的建筑产品,从而取得更好的经济效益。

以《重庆市房屋建筑与装饰工程计价定额》(CQJZZSDE—2018)为例,总说明中强调定额是按正常施工条件,大多数施工企业采用的施工方法、机械化程度和合理的劳动组织及工期进行编制的,反映了社会平均人工、材料、机械消耗水平。例如,采用现拌 M5 的水泥砂浆砌筑 37 砖墙,每砌筑 10 m^3 的实心砖墙需要消耗:

人工:砌筑综合工 11.169 工日;

材料:M5 的水泥砂浆 2.44 m^3,标准砖 5.290 千块,水 1.070 m^3;

机械:灰浆搅拌机 200 L　187.56 台班。

对象二:工程量清单

工程量清单即载明建设工程分部分项工程项目、措施项目、其他项目的名称和相应数量以及规费、税金项目等内容的明细清单。主要根据《建设工程工程量清单计价规范》(GB 50500—2013)完成某单位工程清单的工程量计算和编制。工程量清单包括招标工程量清单和已标价工程量清单。

对象三:预算

预算即建筑产品的计划价格,它是以定额消耗量为基准,用货币这种指标形式来确定完成一定计量单位质量合格的建筑产品所需的费用。建筑产品的计划价格就是建筑产品价值的货币表现。研究建筑产品的价格组成因素和计算方法就是预算的主要内容。

例如,计算某公共建筑工程,用C30自拌混凝土浇筑15.23 m^3 矩形柱需要的预算费用。

根据《重庆市房屋建筑与装饰工程计价定额》(CQJZZSDE—2018)第一册《建筑工程》,查表得知C30自拌混凝土浇筑的矩形柱的综合单价为4 188.99元/10 m^3,其中人工费923.45元/10 m^3、材料费2 740.23元/10 m^3、施工机具使用费122.43元/10 m^3、企业管理费252.06元/10 m^3、利润135.13元/10 m^3、一般风险费15.69元/10 m^3,因此,15.23 m^3 的预算费用为6 379.83元。

▶ 1.1.2 本课程的研究任务

通过对建筑工程计量与计价知识的学习,掌握清单计价方式,会编制施工图预算和工程量清单报价,能看懂图纸等,因此,学习本书的主要任务就是学好预算的3个关键点:正确地应用定额,合理地确定工程造价,熟练地计算工程量。

▶ 1.1.3 本课程的学习方法

学习本课程,要求读者有一定的基础知识,能够准确地读懂建筑图纸和结构施工图纸,具备一定的技术经济知识,了解建筑工程的施工工艺和施工方法,在此基础上学习定额和清单内容。同时,要求读者多识图、多计量、多做笔记、多做练习,不但学习理论知识,还要注重实际操作,边学边练,把握各知识的内在规律,灵活应用。

▶ 1.1.4 本课程的教学目标

①识读工程图纸,了解建筑力学与结构知识,理解施工工艺和施工方法;

②掌握建筑工程造价的编制程序和编制内容;

③从实践上掌握建筑工程造价的编制方法;

④能独立完成一套完整图纸的手算内容;

⑤能独立编制工程量清单、招标控制价、投标报价书。

1.2 建筑项目的工程划分

一个建筑项目往往是由众多部分组成的复杂而又有机结合的总体,相互之间存在着许多联系。为了便于施工和计量,建筑项目一般会根据其工艺流程、使用功能等进行科学的划分。

按照合理确定工程造价和工程建设管理的要求,基本建设项目可划分为建设项目、单项工程、单位工程、分部工程和分项工程5个层次。

(1)建设项目

建设项目指按一个总的设计意图,由一个或几个单项工程组成,在经济上实行独立核算、行政上实行独立管理的建设实体。一般以一个行政上独立的企事业单位作为一个建设项目,如一所学校、一家医院、一个工厂等。

(2)单项工程

单项工程指具有独立的设计文件,可以独立施工,建成后能独立发挥生产能力和使用效益的工程,是建设项目的重要组成部分。例如,大学内的一栋教学楼、一栋宿舍楼等,工厂内的某个车间、一个食堂等。

(3)单位工程

单位工程指具有独立的设计文件,能独立施工但建成后不能独立发挥生产能力和使用效益的工程,是单项工程的重要组成部分。例如,一栋教学楼内的土建工程、装饰装修工程、给排水工程、电气照明工程、消防工程等均是一个单位工程。

(4)分部工程

分部工程指在一个单位工程中,一般根据工程部位、工程结构、材料类别或施工程序等将单位工程进一步划分为若干个分部,是单位工程的组成部分。例如,土石方工程、基础工程、砌筑工程、混凝土及钢筋混凝土工程、金属工程、门窗及木结构、屋面工程等均为分部工程。

(5)分项工程

分项工程指在一个分部工程中,按不同的施工方法、不同的材料及规格,对分部工程进一步划分为若干个分项。分项工程是建设工程最基本的构成单位。例如,砌筑工程可分为砖基础、实心砖墙、多孔砖墙、空心砖墙、实心砖柱等分项工程。

以一汽车制造公司作为建设项目来进行项目分解,如图1.1所示。

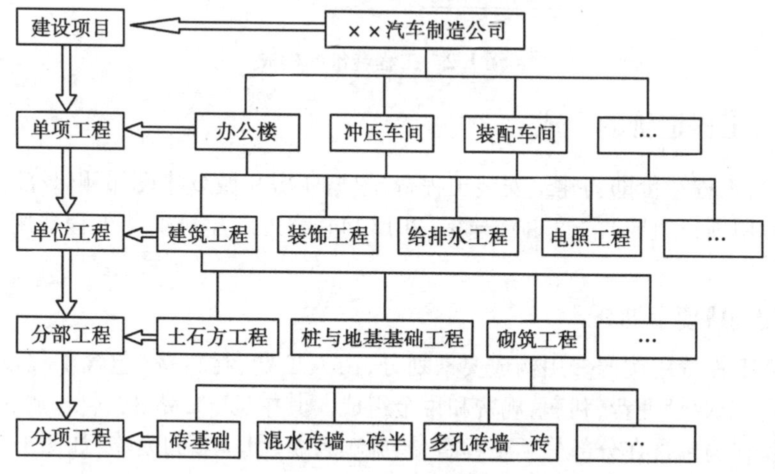

图1.1 建设项目分解示意图

1.3 建筑工程造价

1.3.1 工程造价的含义

工程造价的含义可从两个角度来理解。站在投资者的角度,认为工程造价是建设一项工程预期开支或实际开支的全部投入费用,即包括设备及工器具购置费、建筑安装工程费、工程建设其他费、预备费、建设期贷款利息,具体组成如图 1.2 所示。

站在承包商的角度,认为工程造价即工程价格,是指在建筑施工过程中发生的生产和经营管理等的费用总和,尤其指工程承发包价格。

工程造价的两种含义,其范围、管理性质与管理目标是不同的。本书主要讨论第二种工程造价。

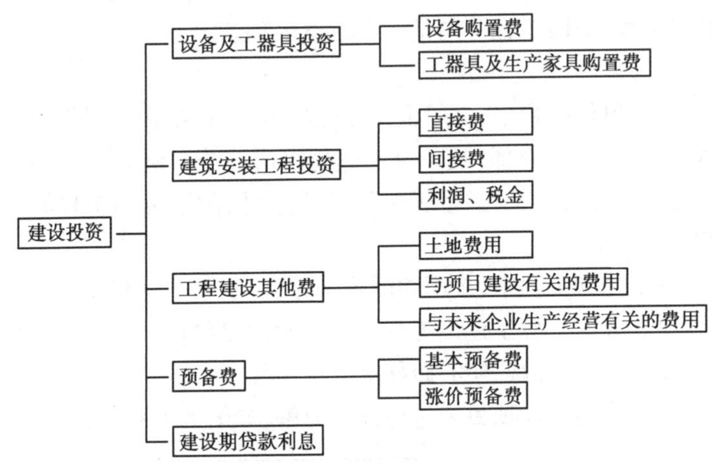

图 1.2 工程造价的构成

1.3.2 工程造价的组成

在本书中,工程造价即为建筑安装工程费,根据住房和城乡建设部、财政部《关于印发(建筑安装工程费用项目组成)的通知》(建标〔2013〕44 号文),建筑安装工程费用有两种组成划分,具体如下:

1)按费用构成要素划分

建筑安装工程费用按照费用构成要素划分,由人工费、材料费(包含工程设备,下同)、施工机具使用费、企业管理费、利润、规费和税金组成。其中,人工费、材料费、施工机具使用费、企业管理费和利润包含在分部分项工程费、措施项目费、其他项目费中,如图 1.3 所示。

2)按造价形成划分

建筑安装工程费用按照工程造价形成划分,由分部分项工程费、措施项目费、其他项目费、规费、税金组成。分部分项工程费、措施项目费、其他项目费,包含人工费、材料费、施工机具使用费、企业管理费和利润,如图 1.4 所示。

《重庆市建设工程费用定额》(CQFYDE—2018),建筑安装工程费由分部分项工程费、措施项目费、其他项目费、规费、税金组成,见表1.1。

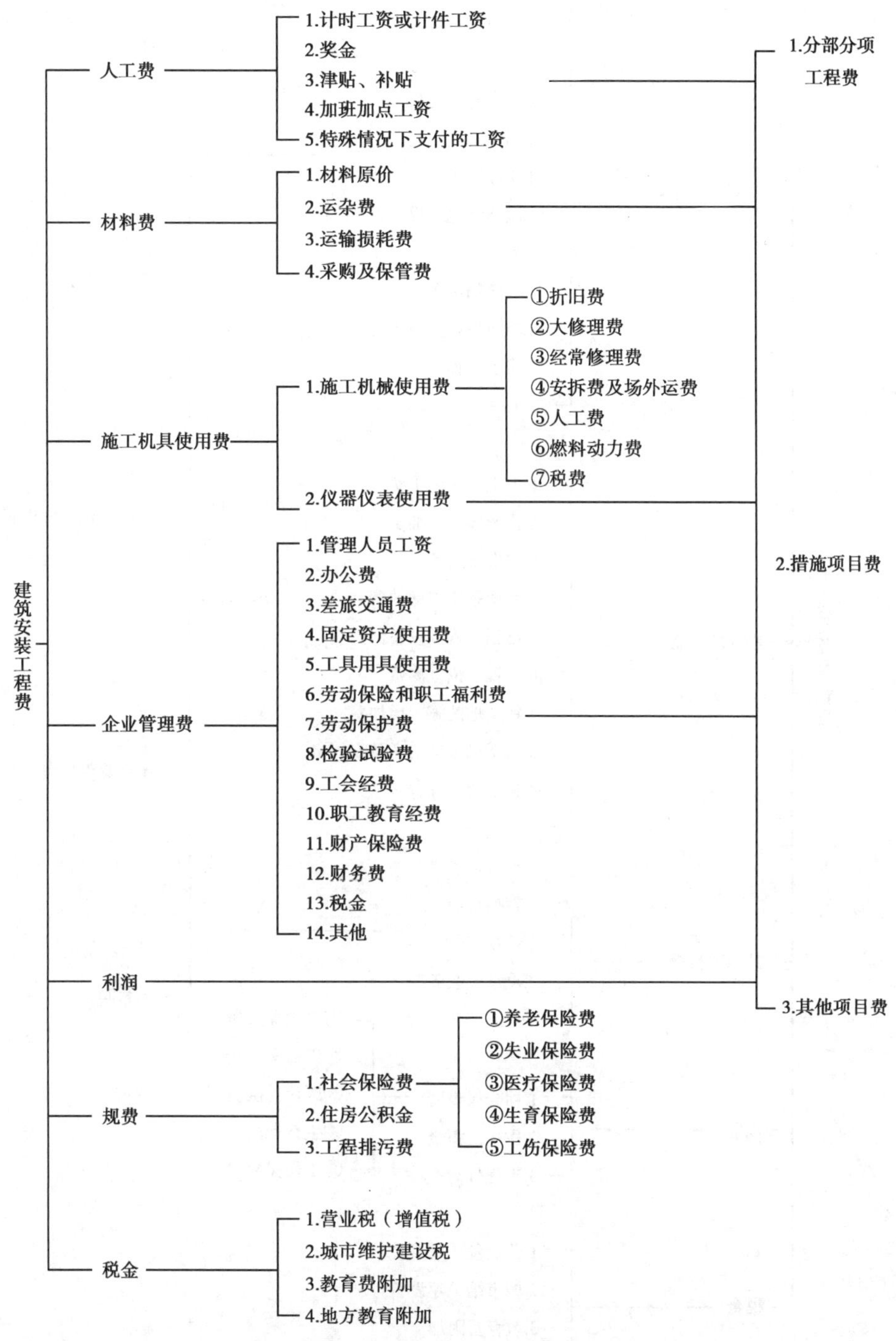

图1.3　**建筑安装工程费用项目组成表**
(按费用构成要素划分)

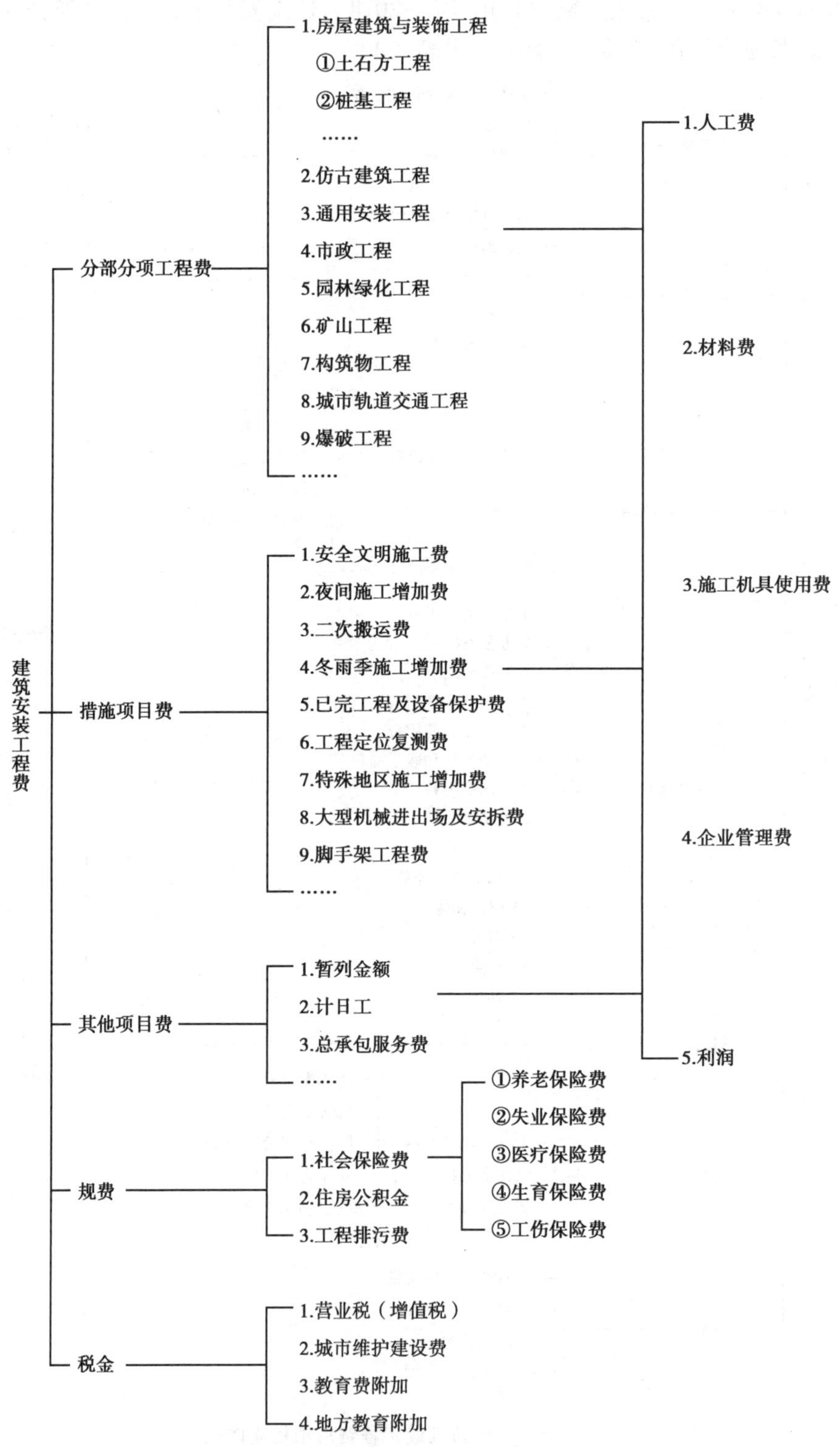

图 1.4 建筑安装工程费用项目组成表

（按造价形成划分）

表 1.1 建筑安装工程费用项目组成表

<table>
<tr><td rowspan="29">建筑安装工程费</td><td>分部分项工程费</td><td colspan="3">建筑安装工程分部分项工程费</td></tr>
<tr><td rowspan="13">措施项目费</td><td rowspan="5">施工技术措施项目费</td><td colspan="2">特、大型施工机械设备进出场及安拆费</td></tr>
<tr><td colspan="2">脚手架费</td></tr>
<tr><td colspan="2">混凝土模板及支架费</td></tr>
<tr><td colspan="2">施工排水及降水费</td></tr>
<tr><td colspan="2">其他技术措施费</td></tr>
<tr><td rowspan="8">施工组织措施项目费</td><td rowspan="5">组织措施费</td><td>夜间施工增加费</td></tr>
<tr><td>二次搬运费</td></tr>
<tr><td>冬雨季施工增加费</td></tr>
<tr><td>已完工程及设备保护费</td></tr>
<tr><td>工程定位复测费</td></tr>
<tr><td colspan="2">安全文明施工费</td></tr>
<tr><td colspan="2">建设工程竣工档案编制费</td></tr>
<tr><td colspan="2">住宅工程质量分户验收费</td></tr>
<tr><td rowspan="4">其他项目费</td><td colspan="3">暂列金额</td></tr>
<tr><td colspan="3">暂估价</td></tr>
<tr><td colspan="3">计日工</td></tr>
<tr><td colspan="3">总承包服务费</td></tr>
<tr><td rowspan="6">规费</td><td rowspan="5">社会保险费</td><td colspan="2">养老保险费</td></tr>
<tr><td colspan="2">工伤保险费</td></tr>
<tr><td colspan="2">医疗保险费</td></tr>
<tr><td colspan="2">生育保险费</td></tr>
<tr><td colspan="2">失业保险费</td></tr>
<tr><td colspan="3">住房公积金</td></tr>
<tr><td rowspan="5">税金</td><td colspan="3">增值税</td></tr>
<tr><td colspan="3">城市维护建设税</td></tr>
<tr><td colspan="3">教育费附加</td></tr>
<tr><td colspan="3">地方教育附加</td></tr>
<tr><td colspan="3">环境保护税</td></tr>
</table>

3)建筑安装工程费用项目内容

①分部分项工程费:是指建筑安装工程的分部分项工程发生的人工费、材料费、施工机具使用费、企业管理费、利润和风险费。

A. 人工费:是指按工资总额构成规定,支付给从事建筑安装工程施工的生产工人和附属生产单位工人的各项费用。内容包括:

a. 计时工资或计件工资:是指按计时工资标准和工作时间或对已做工作按计件单价支付给个人的劳动报酬。

b. 奖金:是指对超额劳动和增收节支支付给个人的劳动报酬。

c. 津贴补贴:是指为了补偿职工特殊或额外的劳动消耗和因其他特殊原因支付给个人的津贴,以及为了保证职工工资水平不受物价影响支付给个人的物价补贴。

d. 加班加点工资:是指按规定支付的在法定节假日工作的加班工资和在法定日工作时间外延时工作的加点工资。

e. 特殊情况下支付的工资:是指根据国家法律、法规和政策规定,因病、工伤、产假、计划生育假、婚丧假、事假、探亲假、定期休假、停工学习、执行国家或社会义务等原因按计时工资标准或计件工资标准的一定比例支付的工资。

B. 材料费:是指施工过程中耗费的原材料、辅助材料、构配件、零件、半成品或成品、工程设备的费用。内容包括:

a. 材料原价:是指材料、工程设备的出厂价格或商家供应价格。

b. 运杂费:是指材料、工程设备自来源地运至工地仓库或指定堆放地点所产生的全部费用。

c. 运输损耗费:是指材料在运输装卸过程中不可避免的损耗。

d. 采购及保管费:是指为组织采购、供应和保管材料、工程设备的过程中所需的各项费用。包括采购费、仓储费、工地保管费和仓储损耗。

工程设备是指构成或计划构成永久工程一部分的机电设备、金属结构设备、仪器装置及其他类似的设备和装置。

C. 施工机具使用费:是指施工作业所发生的施工机械、仪器仪表使用费。

施工机械使用费:是指施工机械作业所发生的施工使用费以及机械安拆费和场外运输费。施工机械台班单价由下列 7 项费用组成:

a. 折旧费:是指施工机械在规定的耐用总台班内,陆续收回其原值的费用。

b. 检修费:是指施工机械在规定的耐用总台班内,按规定的检修间隔进行必要的检修,以恢复其正常功能所需的费用。

c. 维护费:是指施工机械在规定的耐用总台班内,按规定的维护间隔进行各级维护和临时故障排除所需的费用。保障机械正常运转所需替换设备与随机配备工具附具的摊销费用、机械运转及日常维护所需润滑与擦拭的材料费用以及机械停滞期间的维护费用等。

d. 安拆费及场外运费:安拆费是指中、小型施工机械在现场进行安装与拆卸所需的人工、材料、机械和试运转费用以及机械辅助设施的折旧、搭设、拆除等费用;场外运费是指中、小型施工机械整体或分体自停放地点运至施工现场或由一施工地点运至另一施工地点的运输、装卸、辅助材料、回程等费用。

e. 人工费:是指机上司机(司炉)和其他操作人员的人工费。

f. 燃料动力费:是指施工机械在运转作业中所耗用的燃料及水、电等费用。

g. 其他费:是指施工机械按照国家规定应缴纳的车船税、保险费及检测费等。

仪器仪表使用费:是指工程施工所需使用的仪器仪表的摊销及维修费用。

D. 企业管理费:是指建筑安装企业组织施工生产和经营管理所需的费用。内容包括:

a. 管理人员工资:是指按规定支付给管理人员的计时工资、奖金、津贴补贴、加班加点工资及特殊情况下支付的工资等。

b. 办公费:是指企业管理办公用的文具、纸张、账表、印刷、邮电、书报、办公软件、现场监控、会议、水电、烧水和集体取暖降温(包括现场临时宿舍取暖降温)等费用。

c. 差旅交通费:是指职工因公出差、调动工作的差旅费、住勤补助费,市内交通费和误餐补助费,职工探亲路费,劳动力招募费,职工退休、退职一次性路费,工伤人员就医路费,工地转移费以及管理部门使用的交通工具的油料、燃料等费用。

d. 固定资产使用费:是指管理和试验部门及附属生产单位使用的属于固定资产的房屋、设备、仪器等的折旧、大修、维修或租赁费。

e. 工具用具使用费:是指企业施工生产和管理使用的不属于固定资产的工具、器具、家具、交通工具和检验、试验、测绘、消防用具等的购置、维修和摊销费。

f. 劳动保险和职工福利费:是指由企业支付的职工退职金、按规定支付给离休干部的经费,集体福利费、夏季防暑降温、冬季取暖补贴、上下班交通补贴等。

g. 劳动保护费:是指企业按规定发放的劳动保护用品的支出。例如,工作服、手套、防暑降温饮料以及在有碍身体健康的环境中施工的保健费用等。

h. 工会经费:是指企业按《工会法》规定的全部职工工资总额比例计提的工会经费。

i. 职工教育经费:是指按职工工资总额的规定比例计提,企业为职工进行专业技术和职业技能培训,专业技术人员继续教育、职工职业技能鉴定、职业资格认定以及根据需要对职工进行各类文化教育所产生的费用。

j. 财产保险费:是指施工管理用财产、车辆等的保险费用。

k. 财务费:是指企业为施工生产筹集资金或提供预付款担保、履约担保、职工工资支付担保等所发生的各种费用。

l. 税金:是指企业按规定缴纳的房产税、车船使用税、土地使用税、印花税等。

m. 其他:包括技术转让费、技术开发费、投标费、业务招待费、广告费、公证费、法律顾问费、审计费、咨询费、保险费、建设工程综合(交易)服务费及配合工程质量检测取样送检或为送检单位在施工现场开展有关工作所发生的费用等。

E. 利润:是指施工企业完成所承包工程获得的盈利。

F. 风险费:是指一般风险费和其他风险费。

a. 一般风险费:是指工程施工期间因停水、停电,材料设备供应,材料代用等不可预见的一般风险因素影响正常施工而又不便计算的损失费用。内容包括:一月内临时停水、停电在工作时间16小时以内的停工、窝工损失;建设单位供应材料设备不及时,造成的停工、窝工每月在8小时以内的损失;材料的理论质量与实际质量的差;材料代用。但不包括建筑材料中钢材的代用。

b. 其他风险费:是指除一般风险费外,招标人根据《建设工程工程量清单计价规范》(GB 50500—2013)、《重庆市建设工程工程量清单计价规则》(CQJJGZ—2013)的有关规定,在招标文件中要求投标人承担的人工、材料、机械价格及工程量变化导致的风险费用。

②措施项目费:是指建筑安装工程施工前和施工过程中发生的技术、生活、安全、环境保护等费用,包括人工费、材料费、施工机具使用费、企业管理费、利润和一般风险费。措施项目

费分为施工技术措施项目费与施工组织措施项目费。

A.施工技术措施项目费包括:

a.特、大型施工机械设备进出场及安拆费:进出场费是指特、大型施工机械整体或分体自停放地点运至施工现场或由一施工地点运至另一施工地点的运输、装卸、辅助材料、回程等费用;安拆费是指特、大型施工机械在现场进行安装与拆卸所需的人工、材料、机械和试运转费用以及机械辅助设施的折旧、搭设、拆除等费用。

b.脚手架费:是指施工需要的各种脚手架搭、拆、运输费用以及脚手架购置费的摊销或租赁费用。

c.混凝土模板及支架费:是指混凝土施工过程中需要的各种模板和支架等的支、拆、运输费用以及模板、支架的摊销或租赁费用。

d.施工排水及降水费:是指为确保工程在正常条件下施工,采取各种排水、降水措施所发生的各种费用。

e.其他技术措施费:是指除上述措施项目外,各专业工程根据工程特征所采用的措施项目费,具体项目见表1.2。

表1.2 其他技术措施费

专业工程	施工技术措施项目
房屋建筑与装饰工程	垂直运输、超高施工增加
仿古建筑工程	垂直运输
通用安装工程	垂直运输、超高施工增加、组装平台、抱(拔)杆、防护棚、胎(膜)具、充气保护
市政工程	围堰、便道及便桥、洞内临时设施、构件运输
园林绿化工程	树木支撑架、草绳绕树干、搭设遮阴(防寒)、围堰
构筑物工程	垂直运输
城市轨道交通工程	围堰、便道及便桥、洞内临时设施、构件运输
爆破工程	爆破安全措施项目

B.施工组织措施项目费。

施工组织措施项目费包括组织措施费和安全文明施工费。其中,组织措施费包括:

a.夜间施工增加费:是指因夜间施工所发生的夜班补助费、夜间施工降效、夜间施工照明设备摊销及照明用电等费用。

b.二次搬运费:是指因施工场地条件限制而发生的材料、构配件、半成品等一次运输不能到达堆放地点,必须进行二次或多次搬运所发生的费用。

c.冬雨季施工增加费:是指在冬季或雨季施工需增加的临时设施、防滑、排除雨雪,人工及施工机械效率降低等费用。

d.已完工程及设备保护费:是指竣工验收前,对已完工程及设备采取的必要保护措施所发生的费用。

e.工程定位复测费:是指工程施工过程中进行全部施工测量放线、复测费用。

安全文明施工费包括：

a. 环境保护费：是指施工现场为达到环保部门要求所需的各项费用。

b. 文明施工费：是指施工现场文明施工所需的各项费用。

c. 安全施工费：是指施工现场安全施工所需的各项费用。

d. 临时设施费：是指施工企业为进行建设工程施工所必须搭设的生活和生产用的临时建筑物、构筑物和其他临时设施费用。包括临时设施的搭设、维修、拆除、清理和摊销费等。

建设工程竣工档案编制费：是指施工企业根据建设工程档案管理的有关规定，在建设工程施工过程中收集、整理、制作、装订、归档具有保存价值的文字、图纸、图表、声像、电子文件等各种建设工程档案资料所发生的费用。

住宅工程质量分户验收费：是指施工企业根据住宅工程质量分户验收规定，进行住宅工程分户验收工作发生的人工、材料、检测工具、档案资料等费用。

③其他项目费：是指由暂列金额、暂估价、计日工和总承包服务费组成的其他项目费用。包括人工费、材料费、施工机具使用费、企业管理费、利润和一般风险费。

a. 暂列金额：是指招标人在工程量清单中暂定并包括在工程合同价款中的一笔款项。用于施工合同签订时尚未确定或者不可预见的所需材料、工程设备、服务的采购，施工中可能发生的工程变更、合同约定调整因素出现时的工程价款调整以及发生的索赔、现场签证确认等的费用。

b. 暂估价：是指招标人在工程量清单中提供的用于支付必然发生但暂时不能确定价格的材料、工程设备的单价以及专业工程的金额。

c. 计日工：是指在施工过程中，承包人完成发包人提出的施工图纸以外的零星项目或工作，按合同约定计算所需的费用。

d. 总承包服务费：是指总承包人为配合协调发包人进行专业工程分包，同期施工时提供必要的简易架料、垂直吊运和水电接驳、竣工资料汇总整理等服务所需的费用。

④规费：是指根据国家法律、法规规定，由省级政府和省级有关权力部门规定必须缴纳或计取的费用。包括：

A. 社会保险费。

a. 养老保险费：是指企业按照规定标准为职工缴纳的基本养老保险费。

b. 工伤保险费：是指企业按照规定标准为职工缴纳的工伤保险费。

c. 医疗保险费：是指企业按照规定标准为职工缴纳的基本医疗保险费。

d. 生育保险费：是指企业按照规定标准为职工缴纳的生育保险费。

e. 失业保险费：是指企业按照规定标准为职工缴纳的失业保险费。

B. 住房公积金：是指企业按照规定标准为职工缴纳的住房公积金。

⑤税金：是指国家税法规定的应计入建筑安装工程造价的增值税、城市维护建设税、教育费附加、地方教育附加以及环境保护税。

▶ 1.3.3 建筑工程各阶段的计量与计价方式

在建设全过程的不同阶段编制的工程造价文件的类型各不相同，如图 1.5 所示。在不同建造阶段，可将工程造价文件分为投资估算、概算造价、修正概算造价、预算造价、招标标底价（或招标控制价）、投标报价、合同价、结算价、实际造价等，具体如下：

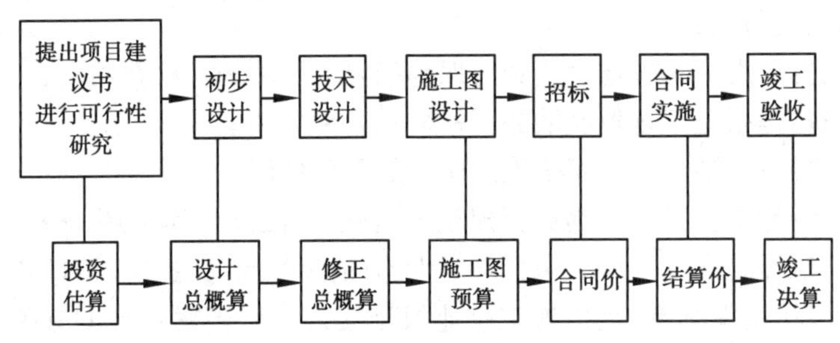

图 1.5　建筑工程不同阶段的工程造价文件

1) 投资估算

在编制项目建议书和可行性研究阶段，对投资需要量进行估算是一项不可缺少的内容。投资估算是指在项目建议书和可行性研究阶段对拟建项目所需的投资，通过编制估算文件预先测算和确定的过程；也可表示估算出的建设项目的投资额，或称估算造价。投资估算是决策、筹资和控制造价的主要依据。

2) 概算造价

概算造价是指在初步设计阶段，根据设计意图，通过编制工程概算文件预先测算和限定的工程造价。概算造价较投资估算造价准确性有所提高，但它受估算造价的控制。概算造价的层次性十分明显，分建设项目概算总造价、单项工程概算造价、单位工程概算造价。

3) 修正概算造价

修正概算造价是指在采用三阶段设计的技术阶段，根据技术设计的要求，通过编制修正概算造价预先测算和限定的工程造价。它对初步设计概算进行修正调整，比概算造价准确，但受概算造价控制。

4) 预算造价

预算造价是指在施工图阶段，根据施工图纸编制预算文件，预先测算和限定的工程造价。它比概算造价或修正概算造价更为详尽和准确，但同样要受前一阶段所限定的工程造价的控制。

5) 招标标底价（或招标控制价）、投标报价、合同价

招标标底价是在工程招投标阶段形成的价格，招标标底与招标控制价主要用于衡量投标报价的优劣以及评价投标单位的报价水平；而投标报价是通过市场竞争形成的价格，投标报价的高低直接影响是否中标及施工企业是否盈利。

另外，在这一阶段还有一种造价形式，即合同价。合同价也属于市场价格性质，它是由承包双方，即商品和劳务买卖双方根据市场行情共同议定和认可的成交价格。按计价方法的不同，建设工程合同有许多类型，不同类型合同的合同价内涵也有所不同。无论是招标价、投标价还是合同价，都不是工程最终的实际工程造价。

6) 结算价

结算价是指在合同实施阶段，在工程结算时按合同调价范围和调价方法，对实际发生的工程量增减、设备和材料价差等进行调整后计算和确定的价格。结算价是该结算工程的实际价格。

7)实际造价

实际造价是指竣工决算阶段,通过为建设项目编制竣工决算,最终确定的实际工程造价。

▶ 1.3.4 工程造价及其计价的特点

1)工程造价的特点

(1)大额性

建设项目不仅形体庞大,而且价值高,一般项目都上百万、上千万元,甚至有些项目上亿元。

(2)个别性和差异性

每一项目都是独一无二的,主要体现在其用途、规模、工程结构、空间大小、内外装修等方面都有各自不同的具体要求;同时,各个项目因所在地理位置的不同,也有所不同。这就使得项目之间存在个别性和差异性,从而决定了工程造价的个别性和差异性。

(3)动态性

建筑工程项目的周期往往很长,从项目建议书开始一直到交付使用,在此过程中不确定性因素有很多,而这些不确定性将影响项目的工程造价,这就使得项目在建造过程中工程造价一直是动态的。

(4)层次性

工程造价的层次性主要和项目的划分有关,根据基本建设项目的划分,将工程造价划分为建设项目总造价、单项工程造价和单位工程造价,这决定了工程造价具有层次性的特点。

(5)兼容性

工程造价的兼容性主要表现在两个方面:一是建设项目总投资和建筑安装工程总费用存在兼容的关系;二是成本和利润之间存在相互交融。

2)工程造价计价的特点

(1)单件性

产品的个体差别性决定每项工程都必须单独计算造价。

(2)多次性

建设工程周期长、造价高,因此不同建设阶段多次性计价。多次性计价是一个逐步深化、逐步细化和逐步接近实际造价的过程。

(3)组合性

这一特征和项目的组成划分有关。一个建设项目是一个综合体,是由许多分项工程、分部工程、单位工程、单项工程依序组成的,如图 1.6 所示。建设项目的组合性决定了工程计价也是一个逐步组合的过程。

(4)多样性

工程造价的多样性主要体现在工程造价由多种计价方法和模式,在不同的计价阶段计价方法和模式均有不同。

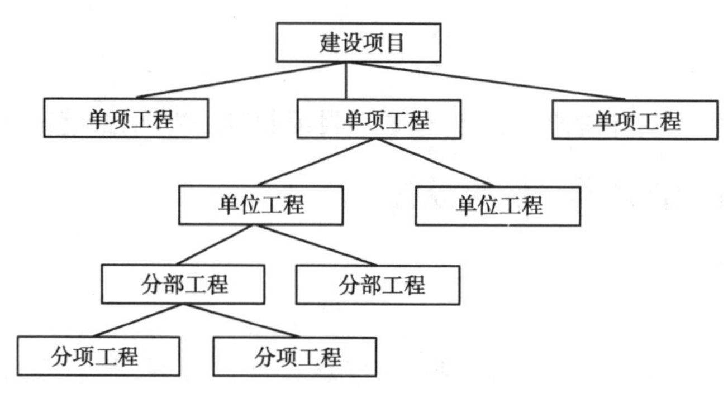

图1.6　工程构成的分部组合计价

(5)复杂性

工程造价的复杂性主要体现在影响工程造价的因素上,计价依据复杂,种类繁多。

1.4　建筑工程计价原理

建筑安装工程费用是建设项目投资中非常重要的一个组成部分,在建设项目的不同阶段,根据设计深度的不同,采用的计价方法也不同,其施工图预算常用的计价模式有定额计价模式和工程量清单计价模式两种。

1.4.1　定额计价基本原理

定额计价模式是采用国家、部门或地方统一规定的定额和取费标准进行工程造价计价的模式,通常也称为定额计价模式。它是我国长期使用的一种施工图预算编制方法。

定额计价模式由主管部门制定工程预算定额,并且规定相关取费标准,发布有关资源价格信息。建设单位和施工单位均先根据预算定额中规定的工程量计算规则、定额单价计算分部分项工程、技术措施项目工程费,再按规定的费率和取费程序计取组织措施费、企业管理费、规费、利润和税金,汇总得到工程造价。

1.4.2　清单计价基本原理

工程量清单计价模式是招标人按照国家标准《建设工程工程量清单计价规范》(GB 50500—2013)中的工程量计算规则提供招标工程量清单和技术说明,投标人依据企业自身的条件和市场价格对招标工程量清单自主报价的工程造价计价模式。其内容包含分部分项工程、单价措施项目工程、总价措施项目工程、其他项目工程、规费和税金。

工程量清单计价的基本过程可以描述为:在统一的工程量计算规则的基础上,统一制定工程量清单项目设置规则,根据具体工程的施工图纸计算出各个清单项目的工程量,再根据各种渠道所获得的工程造价信息和经验数据计算得到工程造价。其工程量清单计价模式在招投标阶段的编制过程可分为两个阶段:招标工程量清单的编制和利用招标工程量清单编制投标报价,具体步骤如下:

①做好招投标前期准备工作,即招标单位在工程方案、初步设计完成后,由招标单位或请

具备相应资质的中介机构根据工程特点和招标文件的有关要求编制招标工程量清单。

②招标工程量清单由招标单位完成后，投标人根据招标文件、工程量清单的编制规则和设计图纸对工程量清单进行复核。

③招标工程量清单的答疑会议。投标人对招标工程量清单不明的地方提出异议，招标单位召开答疑会议，解答提出的问题，并以会议记录的形式发放给所有投标人。

④投标人依照统一的招标工程量清单确定投标综合单价，并对综合单价进行分析，将各项费用汇总得出工程总造价。

⑤评标与定标。在评标过程中，要淡化标底的作用，以审定的招标控制价和各投标人的投标价格作为评审标价的标准尺度。

建筑工程计量概述

2.1 工程量概述

▶ 2.1.1 工程量的含义

工程量是指把设计图纸的内容按定额的分项工程或按结构构件项目划分,并按计算规则进行计算,以物理计量单位或自然计量单位表示的实体数量。物理计量单位是以分项工程或结构构件的物理属性为计量单位,如长度、面积、体积和质量等。自然计量单位是以客观存在的自然实体为单位的计量单位,如套、个、组、台、座等。

需要注意的是,为了统一工程量的准确性,将以 m, m^2, m^3 等为单位的工程数量保留小数点后两位,以 kg,t 为单位的工程数量保留小数点后 3 位,以自然实体为单位的则取整数。

▶ 2.1.2 工程量计算规则的作用

工程量计算是根据施工图、定额划分的项目及定额规定的工程量计算规则,按施工图列出分项工程名称,再写出计算式,并计算出最后结果的过程。

工程量计算规则是计算分项工程项目工程量时,确定施工图尺寸数据、内容取定、工程量调整系数、工程量计算方法的重要规定。其主要作用是:

①确定工程量项目的依据;

②施工图尺寸数据的取定,内容取舍的依据;

③工程量调整系数;

④确定工程量的计算方法。

▶ 2.1.3 工程量计算的顺序

1)不同分项工程之间计算的先后次序

(1)施工顺序法

施工顺序法是按各分项工程施工的先后次序依次计算的方法。例如,条形基础施工,一般涉及基槽土方开挖、基础垫层铺设、基础砌筑和基础回填土4个分项工程,上述次序为4个分项工程施工的先后顺序,故各分项工程量的计算就可按下列次序进行:基槽土方开挖→基础垫层铺设→基础砌筑→基础土方回填。

此方法一般适用于业务较熟练者。

(2)定额或清单顺序法

定额或清单顺序法是按各分项工程在定额中(清单中)的先后次序依次计算的方法。

此方法一般适用于初学者。

2)同一分项工程内各组成部分之间计算的先后次序

(1)顺时针方向计算顺序

该方法是从施工图纸左上角开始,按顺时针方向进行,当计算路线绕图一周后,再重新回到施工图纸左上角的计算方法。这种方法适用于外墙及与外墙有关的工程量的计算。

(2)先横后竖、先左后右、先上后下计算顺序

该方法是先计算横向工程量,后计算竖向工程量。横向采用先左后右,先上后下;竖向采用先上后下,先左后右。

此方法适用于内墙及与内墙有关的工程量的计算。

(3)按构件编号顺序计算

例如,钢筋混凝土柱可按Z1,Z2,Z3,…,梁可按L1,L2,L3,…,板可按B1,B2,B3,…的次序依次计算。

(4)按平面图上的定位轴线编号顺序计算

对于复杂工程,计算墙体、柱子和内外粉刷时,仅按上述顺序计算还可能发生重复或遗漏,这时可按图纸上的轴线顺序进行计算,并将其部位以轴线号表示出来。如位于Ⓐ轴线上的外墙,轴线长为①~②,可标记为Ⓐ:①~②。

此方法适用于内外墙挖地槽、内外墙基础、内外墙砌体、内外墙装饰等工程量的计算。

(5)其他顺序

例如,水暖工程可按供回水顺序计算管线长度;电气照明工程可按引入线、总配电箱、干线、分配电箱、分支回路等次序计算配管配线长度。

▶ 2.1.4 运用统筹法计算工程量

一个单位工程是由几十个甚至上百个分项工程组成的。在计算工程量时,无论按哪种计算顺序,都难以充分利用项目之间数据的内在联系及时地编出预算,而且还会出现重算、漏算和错算现象。

运用统筹法计算工程量,就是分析工程量计算中各分项工程量计算之间的固有规律和相互之间的依赖关系,运用统筹法原理和统筹图图解来合理安排工程量的计算程序,以达到节

约时间、简化计算、提高工效、为及时准确地编制工程预算提供科学数据的目的。

运用统筹法计算工程量的基本要点:统筹程序、合理安排;利用基数,连续计算;一次算出,多次使用;结合实际,灵活机动。

(1)统筹程序,合理安排

工程量计算程序的安排是否合理,关系到预算工作的效率高低、进度快慢。按施工顺序或定额顺序进行工程量计算,往往不能充分利用数据间的内在联系而造成重复计算,浪费时间和精力,有时还易出现计算差错。

(2)利用基数,连续计算

此方法就是以"线"或"面"为基数,利用连乘或加减,计算出与它有关的分项工程量。基数就是"线"和"面"的长度与面积。

"线"是某一建筑物平面图中所示的外墙中心线、外墙外边线和内墙净长线。根据分项工程量的不同需要,分别以这 3 条线为基数进行计算。

①外墙外边线:用 $L_{外}$ 表示,$L_{外}$ = 建筑物平面图的外围周长之和;

②外墙中心线:用 $L_{中}$ 表示,$L_{中} = L_{外} -$ 外墙厚 ×4;

③内墙净长线:用 $L_{内}$ 表示,$L_{内}$ = 建筑平面图中所有的内墙长度之和。

与"线"有关的项目如下:

$L_{中}$:外墙基挖地槽、外墙基础垫层、外墙基础砌筑、外墙墙基防潮层、外墙圈梁、外墙墙身砌筑等分项工程。

$L_{外}$:勒脚、外墙勾缝、外墙抹灰、散水等分项工程。

$L_{内}$:内墙基挖地槽、内墙基础垫层、内墙基础砌筑、内墙基础防潮层、内墙圈梁、内墙墙身砌筑、内墙抹灰等分项工程。

"面"是指某一建筑物的底层建筑面积,用 $S_{底}$ 或 S_1 表示。

$$S_{底} = 建筑物底层平面图勒脚以上外围水平投影面积$$

与"面"有关的计算项目有平整场地、天棚抹灰、楼地面及屋面等分项工程。

一般工业与民用建筑工程,都可在这 3 条"线"和一个"面"的基础上,连续计算出它的工程量。也就是说,把这 3 条"线"和一个"面"先计算好,作为基数,然后利用这些基数再计算与它们有关的分项工程量。

(3)一次算出,多次使用

在工程量计算过程中,往往有一些不能用"线""面"基数进行连续计算的项目,如木门窗、屋架、钢筋混凝土预制构件等,首先将常用数据一次算出,汇编成土建工程量计算手册;其次将规律较明显的(如槽、沟断面、砖基础大放脚断面等)都预先一次算出,也编入册。当需计算有关的工程量时,只要查手册就能很快地算出所需的工程量。这样可以减少按图逐项地进行烦琐而重复的计算,也能保证计算的及时与准确性。

(4)结合实际,灵活机动

用"线""面""册"计算工程量,是一般常用的工程量基本计算方法。实践证明,在一般工程上完全可以利用。但在特殊工程上,由于基础断面、墙厚、砂浆强度等级和各楼层的面积不同,因此不能完全用"线"或"面"的一个数作为基数,而必须结合实际灵活地计算。

2.2 建筑面积

2.2.1 建筑面积的概念

建筑面积是建筑物各层面积的总和。它包括使用面积、辅助面积和结构面积3部分。其中,使用面积与辅助面积之和称为有效面积。

①使用面积是指建筑物各层平面中直接为生产或生活使用的净面积之和,如住宅建筑中的居室、客厅、书房等。

②辅助面积是指建筑物各层平面中为辅助生产或辅助生活所占净面积之和,如住宅建筑中的楼梯、走道、卫生间、厨房等。

③结构面积是指建筑各层平面中的墙、柱等结构所占面积之和。

2.2.2 建筑面积的作用

①建筑面积是项目投资、可行性研究、勘察设计、施工等全过程中建筑工程造价管理的重要经济指标。

②建筑面积是计算技术经济指标的依据。例如,容积率 = 建筑总面积/建筑占地面积 ×100%,建筑密度 = 建筑物底层面积/建筑物占地总面积 ×100%,房屋建筑系数 = 房屋建筑面积/房屋使用面积 ×100%,每平方米工程造价 = 工程造价/建筑面积(元/m^2)。

③建筑面积是计算某些分项工程量的基础数据。例如,平整场地、综合脚手架、高层建筑施工增加费、住宅工程质量分户验收费等。

2.2.3 建筑面积的计算规定

计算建筑面积时,应遵守国家标准《建筑工程建筑面积计算规范》(GB/T 50353—2013)的规定。具体的建筑面积计算规定如下:

①建筑物的建筑面积应按自然层外墙结构外围水平面积之和计算。结构层高在2.20 m及以上的,应计算全面积;结构层高在2.20 m以下的,应计算1/2面积。

[**解释**]①自然层是指按楼地面结构分层的楼层。

②结构层高是指楼面或地面结构层上表面至上部结构层上表面之间的垂直距离。其中,a.当上下均为楼面时,结构层高是相邻两层楼板结构层上表面之间的垂直距离。b.对于建筑物最底层,从"混凝土构造"的上表面算至上层楼板结构层的上表面。若有混凝土底板的,从底板上表面算起;若无混凝土底板,有地面构造的,从地面构造中最上一层混凝土垫层或混凝土找平层上表面算起。c.对于建筑物顶层,从楼板结构层上表面算至屋面板结构层上表面。

③"外墙结构外围水平面积"主要强调建筑面积计算,应包含墙体结构的面积,按建筑平面图结构外轮廓尺寸计算,而不应包括墙体构造所增加的抹灰厚度、材料厚度等,如图2.1所示。

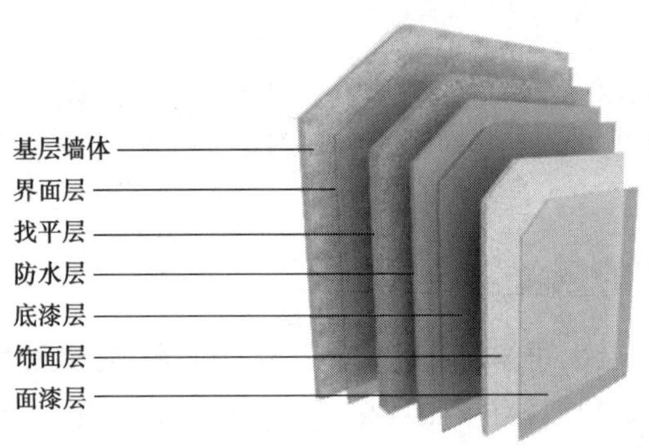

图 2.1　外墙饰面构造层次示意图

【例 2.1】　如图 2.2 所示为某建筑平面和剖面示意图,试计算该建筑物的建筑面积。

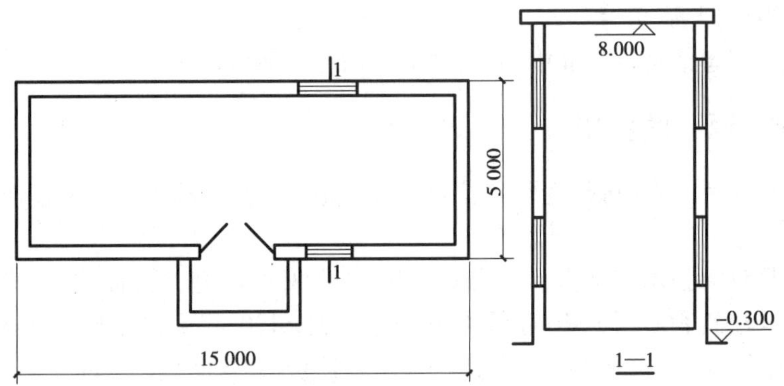

图 2.2　单层建筑示意图(单位:mm)

【解】　由图 2.2 可知,该建筑物结构层高在 2.2 m 以上,则其建筑面积为:$S = 15 \times 5 = 75(m^2)$。

【例 2.2】　计算如图 2.3 所示的多层建筑物的建筑面积。

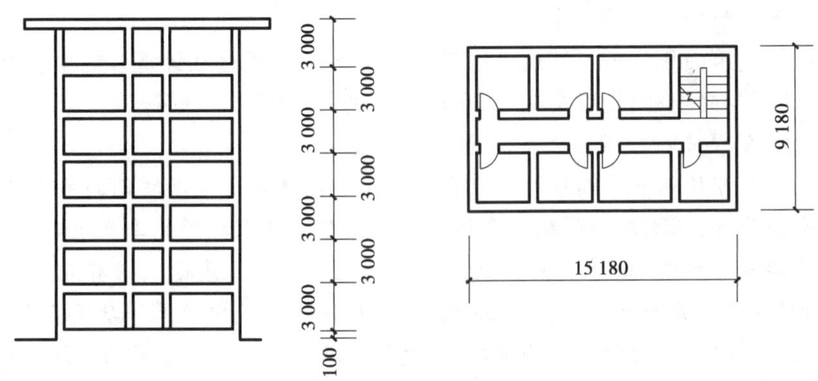

图 2.3　多层建筑示意图(单位:mm)

【解】　由图 2.3 可知,该建筑物结构层高均在 2.2 m 以上,则其建筑面积为:$S = 15.18 \times 9.18 \times 7 = 975.47(m^2)$。

②当建筑物内设有局部楼层时,对于局部楼层的二层及以上楼层,有围护结构的应按其

围护结构外围水平面积计算,无围护结构的应按其结构底板水平面积计算,且结构层高在 2.20 m及以上的应计算全面积,结构层高在 2.20 m 以下的应计算 1/2 面积。

[**解释**]①无论单层还是多层,只要是在一个自然层内设置的局部楼层都适用;

②建筑物内设有局部楼层,其首层面积已包括在原建筑物中,不能重复计算;

③维护结构是指围合建筑空间的墙体、门、窗。栏杆、栏板属于维护设施,如图 2.4 所示。

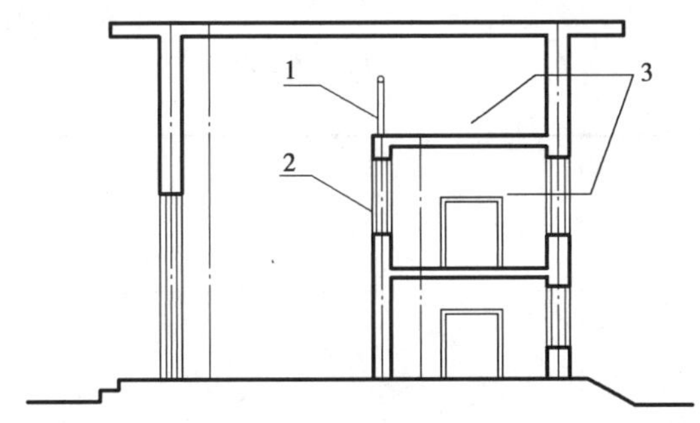

图 2.4　建筑物内的局部楼层

1—围护设施;2—围护结构;3—局部楼层

【**例 2.3**】　已知某单层房屋平面和剖面图(图 2.5),请计算该房屋的建筑面积。

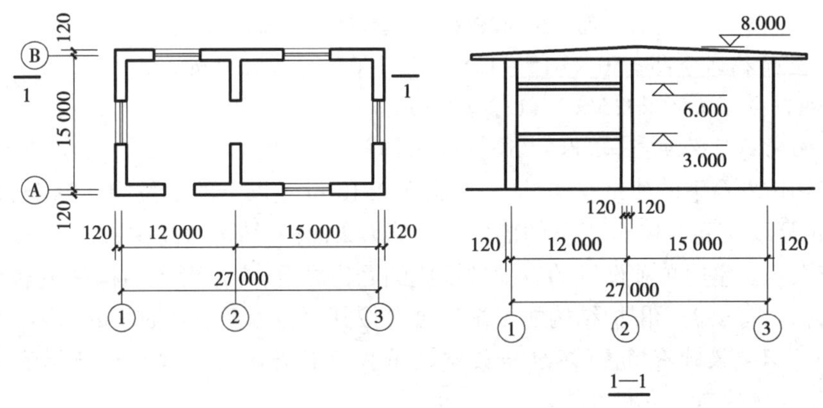

图 2.5　某建筑物示意图(单位:mm)

【**解**】　该建筑物首层建筑面积 $=27.24\times15.24=415.14(\text{m}^2)$

局部二层为有围护结构,且层高 >2.2 m,因此二层建筑面积 $=12.24\times15.24=186.54(\text{m}^2)$

局部三层为有围护结构,且层高 <2.2 m,因此只能计算一半的面积,三层建筑面积 $=12.24\times15.24\times1/2=93.27(\text{m}^2)$。

该建筑物的总建筑面积为 $=415.14+186.54+93.27=694.95(\text{m}^2)$。

③对于形成建筑空间的坡屋顶,结构净高在 2.10 m 及以上的部位应计算全面积;结构净高在 1.20 m 及以上至 2.10 m 以下的部位应计算 1/2 面积;结构净高在 1.20 m 以下的部位不应计算建筑面积。

[**解释**]只要具备建筑空间的两个基本要素(围合空间,可出入、可利用),即可计算建筑面积。

【**例 2.4**】　某坡屋面下建筑空间的尺寸如图 2.6 所示,建筑物长 50 m,计算其建筑面积。

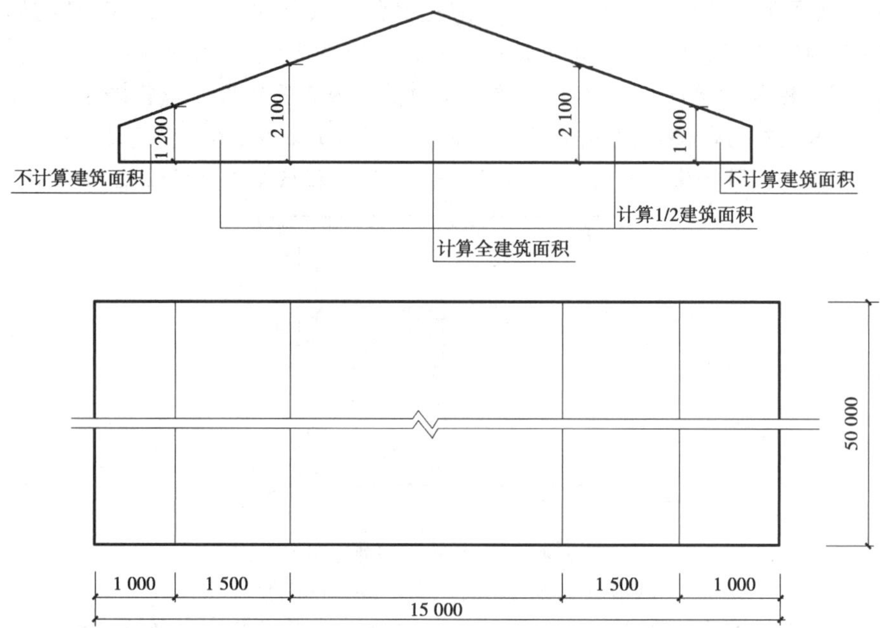

图 2.6　某建筑物示意图(单位:mm)

【解】　全面积部分:$S=50\times(15-1.5\times2-1.0\times2)=500(\text{m}^2)$

1/2 面积部分:$S=50\times1.5\times2\times1/2=75(\text{m}^2)$

该坡屋面的建筑面积:$S=500+75=575(\text{m}^2)$

④对于场馆看台下的建筑空间,结构净高在 2.10 m 及以上的部位应计算全面积;结构净高在 1.20 m 及以上至 2.10 m 以下的部位应计算 1/2 面积;结构净高在 1.20 m 以下的部位不应计算建筑面积。室内单独设置的有围护设施的悬挑看台,应按看台结构底板水平投影面积计算建筑面积。有顶盖无围护结构的场馆看台应按其顶盖水平投影面积的 1/2 计算面积。

[**解释**]①只要设计有顶盖(不包括镂空顶盖),无论是有详细设计还是标注为需二次设计,无论是什么材质都视为有顶盖。

②对于看台下的建筑空间,对场(顶盖不闭合)和馆(顶盖闭合)都适用;对于室内单独悬挑看台,仅对“馆”适用;对于有顶盖无围护结构的看台,仅对“场”适用。如图 2.7 所示为室内单独设置的悬挑看台,图 2.8 为坡屋顶及看台下利用空间的计算界限。

图 2.7　室内单独设置的悬挑看台

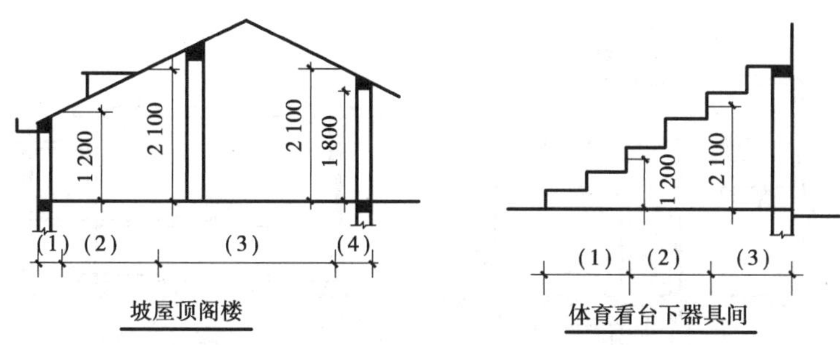

图2.8 坡屋顶及看台下利用空间的计算界限

图中:第(1)部分净高<1.2 m,不计算建筑面积;第(2)、第(4)部分 1.2 m≤净高<2.1 m,计算1/2面积;第(3)部分净高>2.1 m,应全面计算面积。

⑤地下室、半地下室应按其结构外围水平面积计算。结构层高在2.20 m及以上的,应计算全面积;结构层高在2.20 m以下的,应计算1/2面积。

[**解释**]当外墙为变截面时,按地下室、半地下室楼地面结构标高处的外围水平面积计算;地下室的外墙结构不应包括由于构造需要所增加的面积,如无顶盖采光井、找平层、立面防水(潮)层、保护墙等厚度所增加的面积。

⑥出入口外墙外侧坡道有顶盖的部位,应按其外墙结构外围水平面积的1/2计算面积。

[**解释**]①出入口坡道计算建筑面积应满足两个条件:一是有顶盖,二是有侧墙。

②无论结构层高多高,均只计算半面积。

③由于坡道是从建筑物内部一直延伸到建筑物外部的,建筑物内的部分随建筑物正常计算建筑面积,建筑物外的部分按本条执行,建筑物内、外的划分以建筑物外墙结构外边线为界,如图2.9所示。

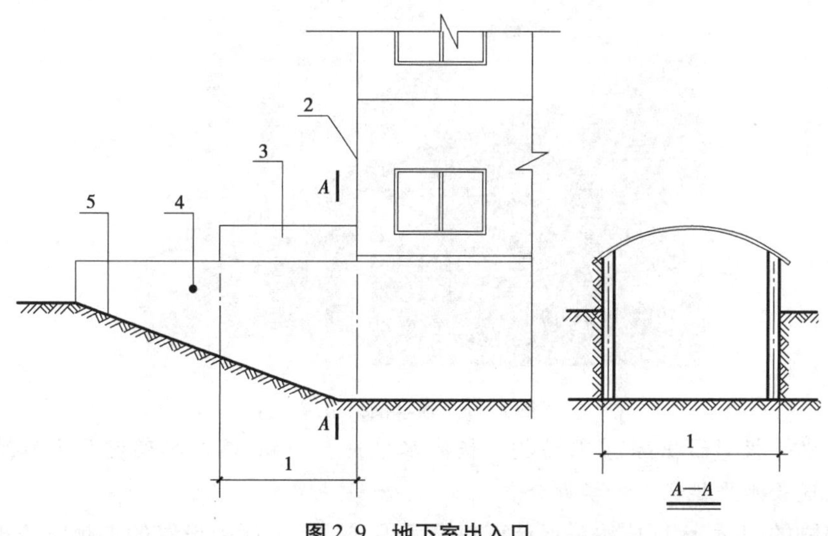

图2.9 地下室出入口

1—计算1/2投影面积部位;2—主体建筑;3—出入口顶盖;4—封闭出入口侧墙;5—出入口坡道

【例2.5】 计算图2.10中地下室及其坡道出入口的建筑面积。其中,墙厚240 mm,地下室层高3 m。

【解】 由图可知,采光井、防潮层不计算建筑面积,地下室计算全面积,出入口计算1/2建筑面积。

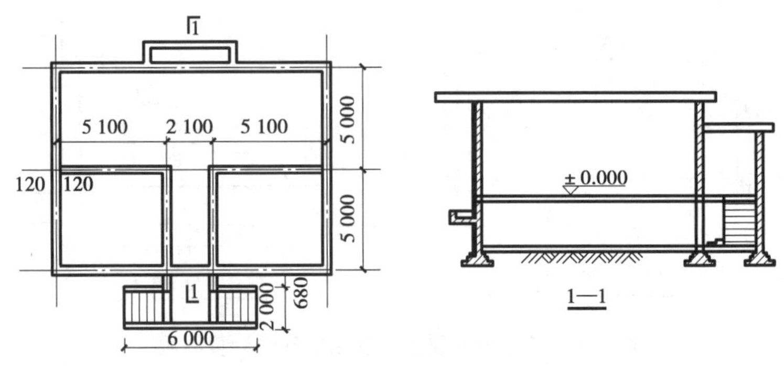

图 2.10　地下室及其坡道出入口示意图

地下室：$S=(5.1\times2+2.1+0.12\times2)\times(5\times2+0.12\times2)=128.41(\text{m}^2)$

出入口：$S=[6\times2+0.68\times(2.1+0.12\times2)]=13.59(\text{m}^2)$

总建筑面积：$S=128.41+13.59=142(\text{m}^2)$

⑦建筑物架空层及坡地建筑物吊脚架空层，应按其顶板水平投影计算建筑面积。结构层高在 2.20 m 及以上的，应计算全面积；结构层高在 2.20 m 以下的，应计算 1/2 面积。

[**解释**]①架空层：指仅有结构支撑而无外围结构的开敞空间层。

②本条既适用于建筑物吊脚架空层、深基础架空层建筑面积的计算，也适用于目前部分住宅、学校教学楼等工程在底层架空或在二楼或以上某个甚至多个楼层架空（图 2.11），作为公共活动、停车、绿化等空间的建筑面积的计算。架空层中有围护结构的建筑空间按相关规定计算。

图 2.11　教学楼架空层

③顶板水平投影面积：架空层结构顶板的水平投影面积，不包括架空层主体结构外的阳台、空调板、通长水平挑板等外挑部分。

⑧建筑物的门厅、大厅应按一层计算建筑面积，门厅、大厅内设置的走廊应按走廊结构底板水平投影面积计算建筑面积。结构层高在 2.20 m 及以上的，应计算全面积；结构层高在 2.20 m以下的，应计算 1/2 面积。

【**例 2.6**】　如图 2.12 所示，请计算坡地建筑架空层及二层建筑物的建筑面积。

【**解**】　建筑物二层建筑面积：$S=15.24\times(8.5+0.12\times2)\times2=266.40(\text{m}^2)$

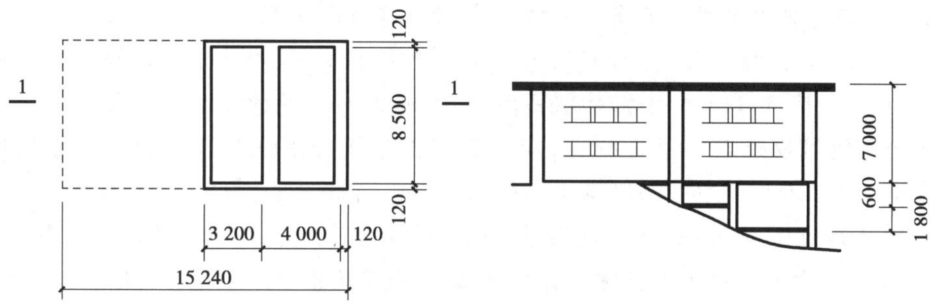

图 2.12 某建筑物示意图

架空层：$S=3.2\times(8.5+0.12\times2)\times1/2+(4+0.12)\times(8.5+0.12\times2)=49.99(\mathrm{m}^2)$

建筑物总建筑面积：$S=266.40+49.99=316.39(\mathrm{m}^2)$

⑨对于建筑物间的架空走廊，有顶盖和围护结构的，应按其围护结构外围水平面积计算全面积；无围护结构、有围护设施的，应按其结构底板水平投影面积计算 1/2 面积。

[**解释**]架空走廊即专门设置在建筑物二层或二层以上，作为不同建筑物之间的水平交通的空间。如图 2.13 所示为有顶盖和围护结构的架空走廊，如图 2.14 所示为无围护结构、有围护设施的架空走廊。

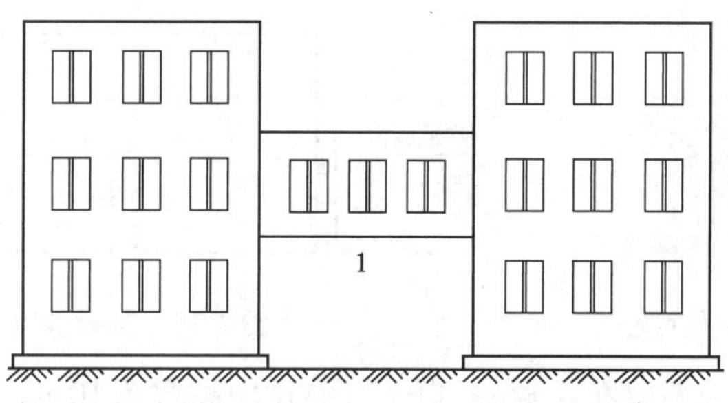

图 2.13 有顶盖和围护结构的架空走廊

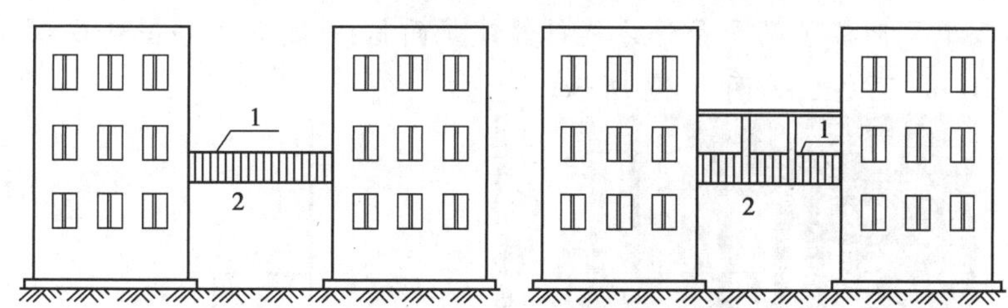

图 2.14 无围护结构、有围护设施的架空走廊

⑩对于立体书库、立体仓库、立体车库，有围护结构的，应按其围护结构外围水平面积计算建筑面积；无围护结构、有围护设施的，应按其结构底板水平投影面积计算建筑面积。无结构层的应按一层计算，有结构层的应按其结构层面积分别计算。结构层高在 2.20 m 及以上的，应计算全面积；结构层高在 2.20 m 以下的，应计算 1/2 面积。

[**解释**]①结构层是指“整体结构体系中承重的楼板层”，特指整体结构体系中承重的楼层，包括板、梁等构件，而非局部结构起承重作用的分隔层。

⑩立体车库中的升降设备不属于结构层,不计算建筑面积,如图 2.15 所示。

⑪有围护结构的舞台灯光控制室,应按其围护结构外围水平面积计算。结构层高在 2.20 m及以上的,应计算全面积;结构层高在 2.20 m 以下的,应计算 1/2 面积。

⑫附属在建筑物外墙的落地橱窗,应按其围护结构外围水平面积计算。结构层高在 2.20 m及以上的,应计算全面积;结构层高在 2.20 m 以下的,应计算 1/2 面积。

[**解释**]①落地橱窗是指凸出外墙面根基落地的橱窗。例如,在商业建筑临街面设置的下槛落地,可落在室外地坪也可落在室内首层地板,用来展览各种样品的玻璃窗。

②橱窗有在建筑物主体结构内的,有在建筑物主体结构外的。在建筑物主体结构内的橱窗,其建筑面积随自然层一起计算。

③本规定仅适用于"落地橱窗"。若为悬挑式,按飘窗的规则计算建筑面积。如图 2.16 所示,落地橱窗按本规定计算面积,不落地橱窗按飘窗的计算规则计算建筑面积。

图 2.15　只能计算一层建筑面积

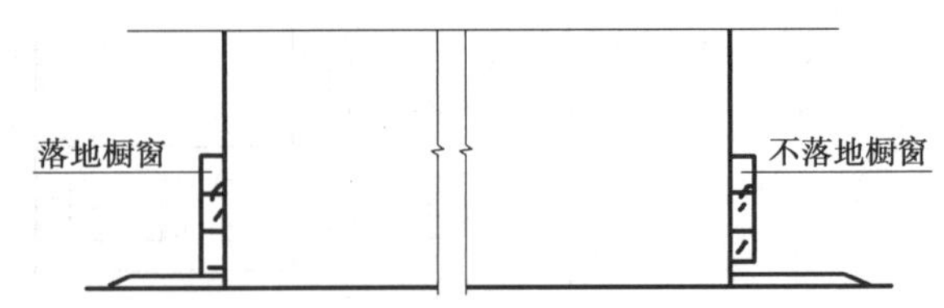

图 2.16　某建筑物示意图

⑬窗台与室内楼地面高差在 0.45 m 以下且结构净高在 2.10 m 及以上的凸(飘)窗,应按其围护结构外围水平面积计算 1/2 面积。

[**解释**]飘窗需同时满足两个条件方能计算建筑面积:一是结构高差在 0.45 m 以下,二是结构净高在 2.10 m 及以上,如图 2.17 所示。

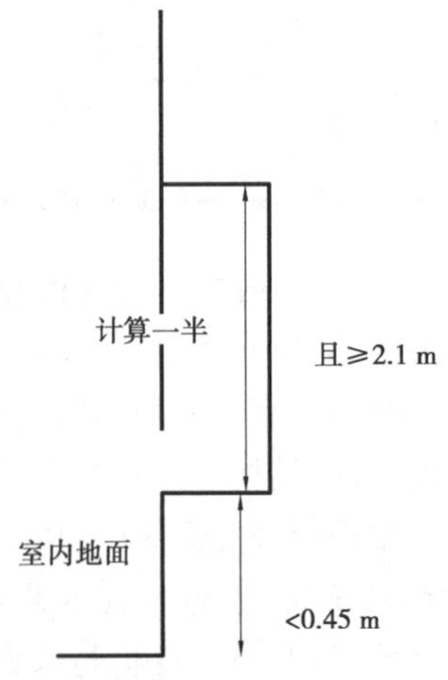

图 2.17　某飘窗示意图

⑭有围护设施的室外走廊(挑廊),应按其结构底板水平投影面积计算 1/2 面积;有围护设施(或柱)的檐廊,应按其围护设施(或柱)外围水平面积计算 1/2 面积。

[**解释**]室外走廊(包括挑廊)、檐廊都是室外水平交通空间。无论哪一种廊,除了必须有地面结构外,还必须有栏杆、栏板等围护设施或柱,这两个条件缺一不可,缺少任何一个条件都不计算建筑面积,如图 2.18 所示。

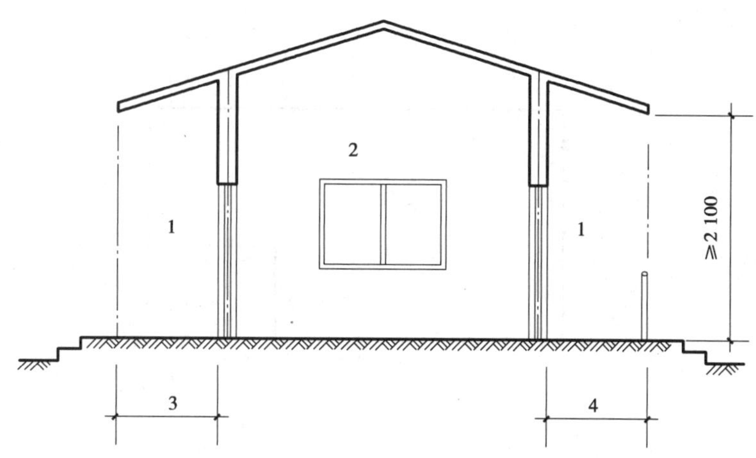

图 2.18 某檐廊建筑面积示意图

1—檐廊;2—室内;3—不计算建筑面积部位;4—计算 1/2 建筑面积部位

⑮门斗应按其围护结构外围水平面积计算建筑面积,且结构层高在 2.20 m 及以上的,应计算全面积;结构层高在 2.20 m 以下的,应计算 1/2 面积。

[**解释**]门斗为建筑物入口处两道门之间的空间。它是有顶盖和围护结构的全围合空间,门斗如图 2.19 所示。

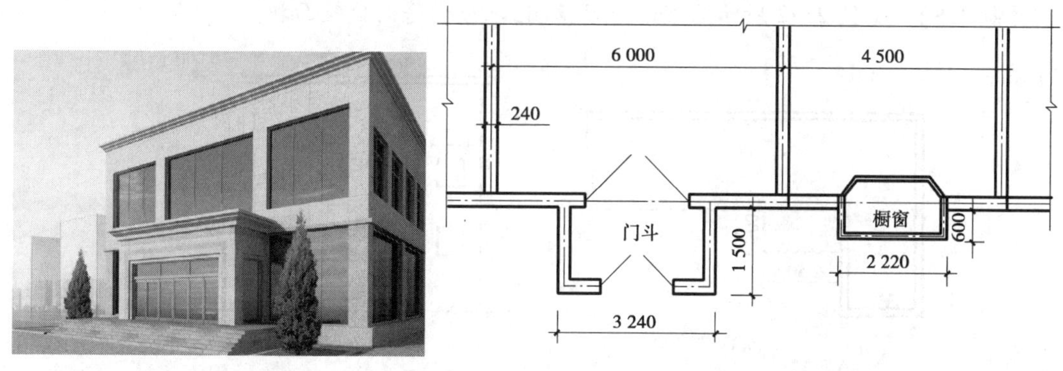

图 2.19 门斗 **图 2.20 某门斗平面图**

【例 2.7】 计算如图 2.20 所示门斗的建筑面积,已知该门斗层高为 2.80 m。

【解】 该门斗建筑面积为:$S=3.24\times1.5=4.86(m^2)$

⑯门廊应按其顶板水平投影面积的 1/2 计算建筑面积;有柱雨篷应按其结构板水平投影面积的 1/2 计算建筑面积;无柱雨篷的结构外边线至外墙结构外边线的宽度在 2.10 m 及以上的,应按雨篷结构板水平投影面积的 1/2 计算建筑面积。

[**解释**]①门廊是指建筑物入口前有顶棚的半围合空间,是在建筑物出入口,无门、三面或两面有墙,上部有板(或借用上部楼板)围护的部位。

②雨篷是指建筑物出入口上方、凸出墙面,为遮挡雨水而单独设立的建筑部件。雨篷分为有柱雨篷和无柱雨篷,如图 2.21 所示。其中,独立柱雨篷、多柱雨篷、柱墙混合雨篷和墙支撑雨篷均为有柱雨篷,悬挑雨篷为无柱雨篷。

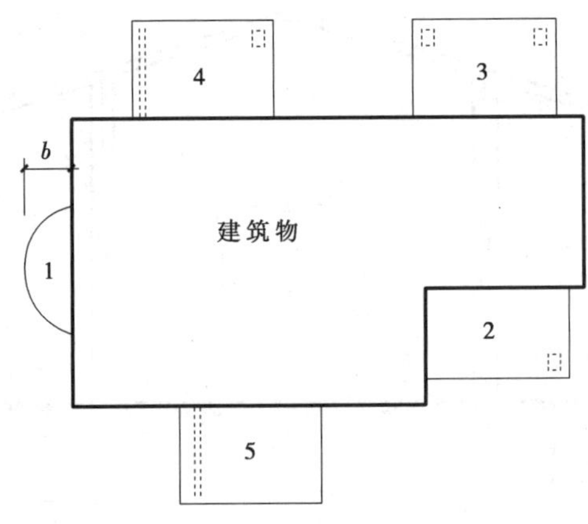

图 2.21　雨篷的形式

1—悬挑雨篷;2—独立柱雨篷;3—多柱雨篷;4—柱墙混合支撑雨篷;5—墙支撑雨篷

③有柱雨篷没有出挑宽度的限制,也不受跨越层数的限制,均计算建筑面积。无柱雨篷,其结构板不能跨层,并受出挑宽度的限制,设计出挑宽度大于或等于 2.10 m 时才计算建筑面积。出挑宽度是指雨篷结构外边线至外墙结构外边线的宽度,弧形或异形时取最大宽度。

【**例 2.8**】　如图 2.22 所示为某雨篷示意图,求该雨篷的建筑面积。

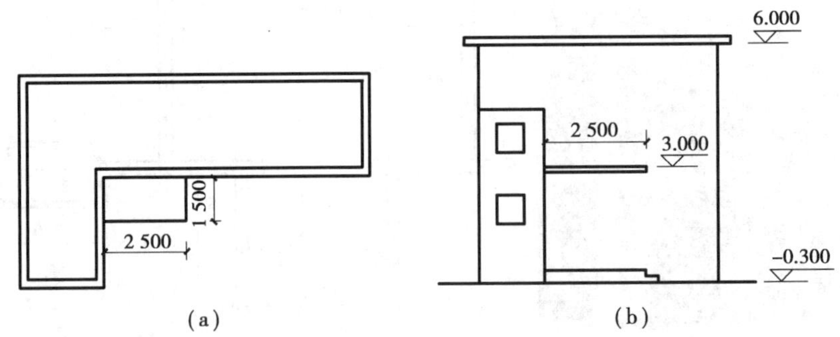

图 2.22　某建筑雨篷平面图及侧立面图(单位:mm)

【**解**】　由图可知,该雨篷为无柱雨篷,雨篷外边线至外墙边线的宽度超过 2.10 m,则雨篷的建筑面积为:$S=2.5\times1.5\times0.5=1.88(\text{m}^2)$。

⑰设在建筑物顶部、有围护结构的楼梯间、水箱间、电梯机房等,结构层高在 2.20 m 及以上的应计算全面积;结构层高在 2.20 m 以下的,应计算 1/2 面积。

⑱围护结构不垂直于水平面的楼层,应按其底板面的外墙外围水平面积计算。结构净高在 2.10 m 及以上的部位,应计算全面积;结构净高在 1.20 m 及以上至 2.10 m 以下的部位,

应计算 1/2 面积;结构净高在 1.20 m 以下的部位,不应计算建筑面积。斜围护结构示意图如图 2.23 所示。

图 2.23 斜围护结构示意图

⑲建筑物的室内楼梯、电梯井、提物井、管道井、通风排气竖井、烟道,应并入建筑物的自然层计算建筑面积。有顶盖的采光井应按一层计算建筑面积,且结构净高在 2.10 m 及以上的,应计算全面积;结构净高在 2.10 m 以下的,应计算 1/2 面积。

[**解释**]①建筑物大堂内的楼梯、跃层住宅的室内楼梯等应计算建筑面积。

②室内楼梯间并入建筑物自然层计算建筑面积。

③当室内公共楼梯间两侧自然层数不同时,以楼层多的层数计算。

④无顶盖的采光井不计算建筑面积。

⑳室外楼梯应并入所依附建筑物自然层,并应按其水平投影面积的 1/2 计算建筑面积。

[**解释**]①层数为室外楼梯所依附的楼层数,即梯段部分投影到建筑物范围的层数。

②利用室外楼梯下部的建筑空间,不得重复计算建筑面积。

③利用地势砌筑的为室外踏步,不计算建筑面积。

㉑在主体结构内的阳台,应按其结构外围水平面积计算全面积;在主体结构外的阳台,应按其结构底板水平投影面积计算 1/2 面积。

[**解释**]①阳台:附属于建筑物外墙,设有栏杆或栏板,可供人活动的室外空间。

②主体结构判断:

a. 砖混凝土结构:通常以外墙(即围护结构,包括墙、门、窗)来判断,外墙以内为主体结构内,外墙以外为主体结构外。

b. 框架结构:柱梁体系之内的为主体结构内,柱梁体系之外的为主体结构外,如图 2.24 所示。

c. 剪力墙结构:分为四类,一是若阳台在剪力墙包围之内,则属于主体结构内阳台,计算全面积。二是若相对两侧均为剪力墙时,也属于主体结构内阳台,计算全面积。三是若相对两侧仅一侧为剪力墙时,则属于主体结构外阳台,计算半面积。四是若相对两侧均无剪力墙时,则属于主体结构外阳台,计算半面积,如图 2.25 所示。

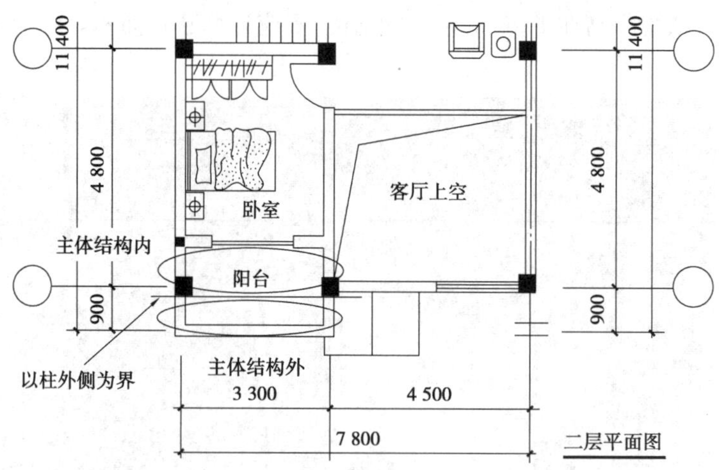

图 2.24　框架结构阳台建筑面积示意图

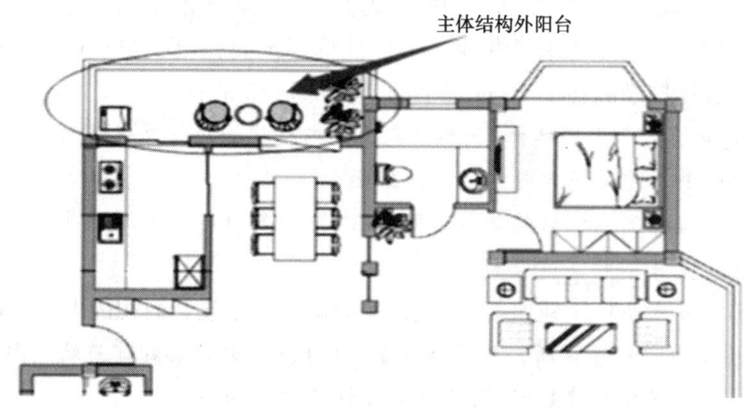

图 2.25　剪力墙结构阳台建筑面积示意图

d. 阳台处剪力墙与框架结构混合时，分为两大类：一是角柱为受力结构，根基落地，则属于主体结构内阳台，计算全面积；二是角柱仅为造型，无根基，则属于主体结构外阳台，计算半面积。

㉒有顶盖无围护结构的车棚、货棚、站台、加油站、收费站等，应按其顶盖水平投影面积的1/2 计算建筑面积。

㉓以幕墙作为围护结构的建筑物，应按幕墙外边线计算建筑面积。

[**解释**]幕墙以其在建筑中所起的作用和功能来区分，直接作为外墙起围护作用的幕墙，按其外边线计算建筑面积；设置在建筑物墙体外起装饰作用的幕墙，不计算建筑面积。

㉔建筑物的外墙外保温层，应按其保温材料的水平截面积计算，并计入自然层建筑面积。

[**解释**]①保温隔热层的建筑面积是以保温隔热材料的厚度计算的，不包含抹灰层、防潮层、保护层的厚度。②建筑物外墙外侧有保温隔热层的，保温隔热层以保温材料的净厚度乘以外墙结构外边线长度按建筑物的自然层计算建筑面积。其外墙外边线长度不扣除门窗和建筑物外已计算建筑面积构件所占长度，如图 2.26 所示。

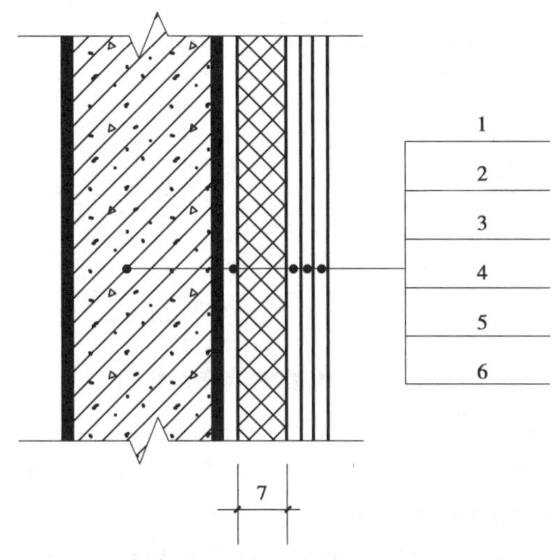

图 2.26 建筑外墙外保温

1—墙体;2—黏结胶浆;3—保温材料;4—标准网;5—加强网;6—抹面胶浆;7—计算建筑面积部位

㉕与室内相通的变形缝,应按其自然层合并在建筑物建筑面积内计算。对于高低联跨的建筑物,当高低跨内部连通时,其变形缝应计算在低跨面积内。

[**解释**]①变形缝是指防止建筑物在某些因素作用下引起开裂甚至破坏而预留的构造缝。变形缝一般分为伸缩缝、沉降缝、抗震缝 3 种。②与室内相通的变形缝,是指暴露在建筑物内,在建筑物内可以看得见的变形缝。③当缝两侧建筑物高度相同、层数不同时,取自然层多的一侧建筑物层数为缝的层数。④当缝两侧建筑物高度不同时,取低的一侧建筑物层数为缝的层数。

㉖对于建筑物内的设备层、管道层、避难层等有结构层的楼层,结构层高在 2.20 m 及以上的,应计算全面积;结构层高在 2.20 m 以下的,应计算 1/2 面积。

㉗下列项目不应计算建筑面积:

a. 与建筑物内不相连通的建筑部件。

[**解释**]该部件指的是依附于建筑物外墙外不与户室开门连通,起装饰作用的敞开式挑台(廊)、平台,以及不与阳台相通的空调室外机搁板(箱)等设备平台部件。装饰性阳台如图2.27所示。

b. 骑楼、过街楼底层的开放公共空间和建筑物通道。

[**解释**]骑楼是指建筑底层沿街面后退且留出公共人行空间的建筑物。过街楼是指跨越道路上空并与两边建筑相连接的建筑物。骑楼、过街楼示意图如图 2.28 所示。

图 2.27 装饰性阳台

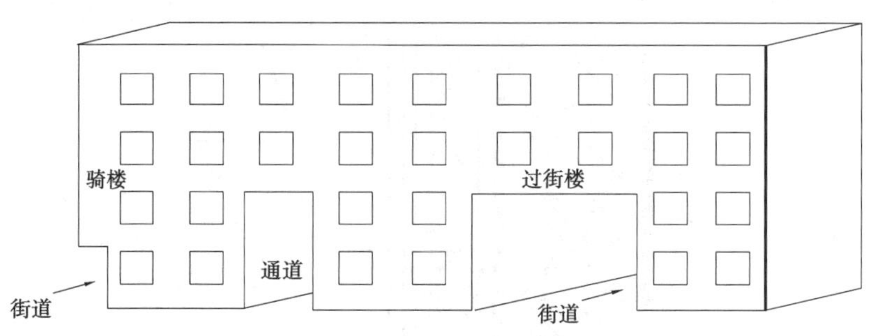

图 2.28　骑楼、过街楼示意图

c.舞台及后台悬挂幕布和布景的天桥、挑台等。

[解释]舞台、幕布、天桥、挑台指的是影剧院的舞台及为舞台服务的可供上人维修、悬挂幕布、布置灯光及布景等搭设的天桥和挑台等构件设施。

d.露台、露天游泳池、花架、屋顶的水箱及装饰性结构构件。

[解释]露台是指设在屋面、首层地面或雨篷上供人室外活动的有围护设施的平台。露台须同时满足4个条件：①位置：屋面、地面、雨篷顶；②可出入；③有围护设施；④无盖。露台示意图如图2.29所示。

图 2.29　露台示意图

e.建筑物内的操作平台、上料平台、安装箱和罐体的平台。上料平台示意图如图2.30所示。

图 2.30　上料平台示意图

f.勒脚、附墙柱、垛、台阶、墙面抹灰、装饰面、镶贴块料面层、装饰性幕墙，主体结构外的空调室外机搁板(箱)、构件、配件，挑出宽度在2.10 m以下的无柱雨篷和顶盖高度达到或超过两个楼层的无柱雨篷。

g. 窗台与室内地面高差在0.45 m以下且结构净高在2.10 m以下的凸(飘)窗,窗台与室内地面高差在0.45 m及以上的凸(飘)窗。

h. 室外爬梯、室外专用消防钢楼梯。

i. 无围护结构的观光电梯;建筑物以外的地下人防通道,独立的烟囱、烟道、地沟、油(水)罐、气柜、水塔、贮油(水)池、贮仓、栈桥等构筑物。

【例2.9】 如图2.31所示为某两层建筑物的底层、二层平面图,已知墙厚240 mm,轴线居中,层高2.90 m,求该建筑物底层、二层的建筑面积。

【解】 底层建筑面积为:

$$S_1=(8.5+0.12\times2)\times(11.4+0.12\times2)-7.2\times0.9=95.25(\mathrm{m}^2)$$

二层建筑面积为底层建筑面积加阳台建筑面积,即

$$S_2=S_1+S_3=95.25+[7.2\times0.9+(7.2+0.24)\times0.6]\times1/2=100.72(\mathrm{m}^2)$$

总建筑面积为:

$$S=95.25+100.72=195.97(\mathrm{m}^2)$$

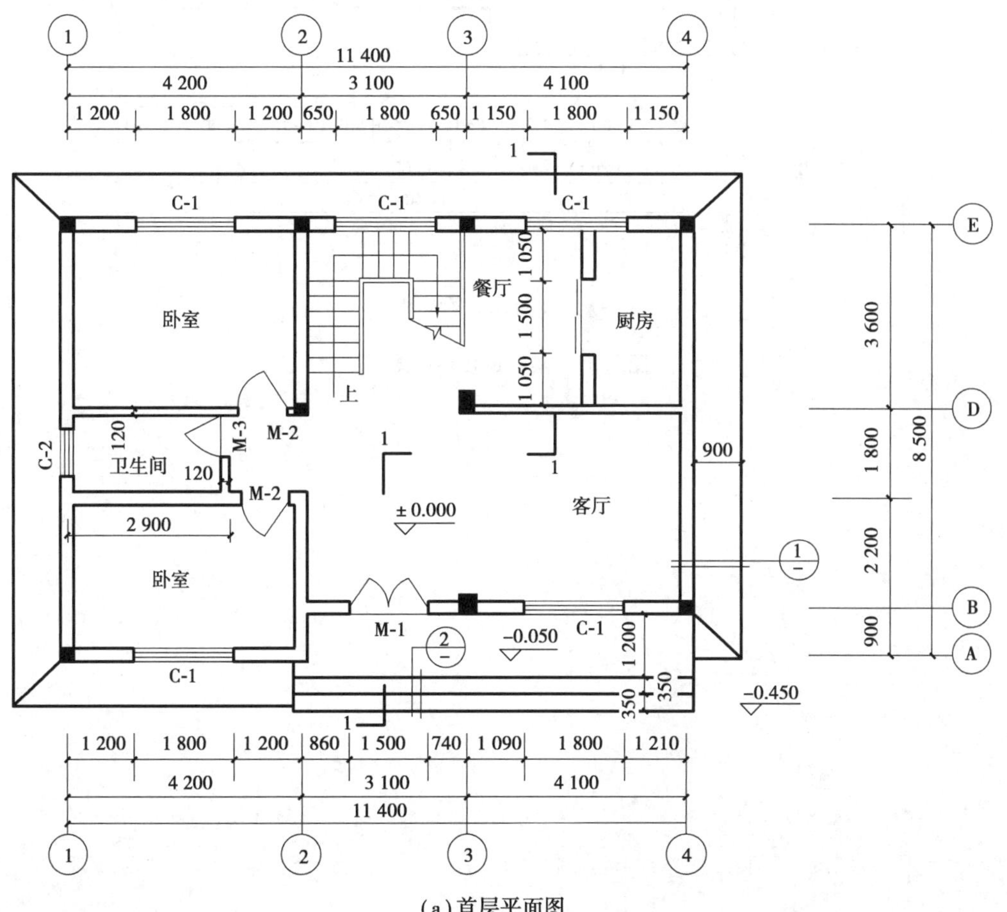

(a)首层平面图

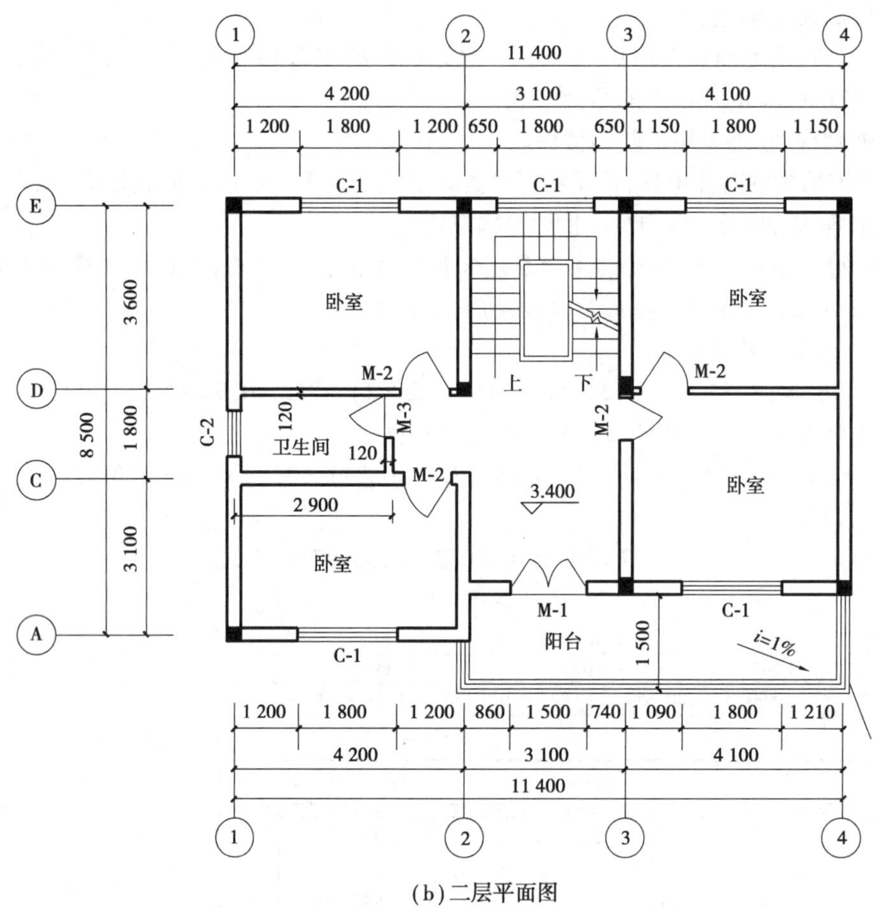

(b)二层平面图

图 2.31　某建筑物平面图

3 土石方工程量计算

土石方工程分为土方工程和石方工程两大类，包括平整场地、挖土、回填、运输等项目，按施工方法和使用机具的不同分为人工土石方和机械土石方。在计算土石方工程前，应确定土壤类别、地下水位标高、土石方的施工方法、开挖方式、是否放坡等。

由于定额的计算规则带有区域性，因此，本书在讲解定额计算规则时采用的是《重庆市房屋建筑与装饰工程计价定额》(CQJZZSDE—2018)的工程量计算规则，清单计算规则为《房屋建筑与装饰工程工程量计算规范》(GB 50854—2013)规定的计算规则。

3.1 定额工程量计算

在选择套用定额子目时，一定要熟悉定额章节的说明，熟悉各个定额子目的工作内容和工料机内容。

▶ 3.1.1 土石方工程量计算说明

一般说明：

①土壤及岩石定额子目，均按天然密实体积编制。

②人工及机械土方定额子目是按不同土壤类别综合考虑的，实际土壤类别不同时不作调整；岩石分类按照相应定额子目执行，岩石分类详见表3.1。

表 3.1　岩石分类表

名称	代表性岩石	岩石单轴饱和抗压强度/MPa	开挖方式
极软岩	①全风化的各种岩石 ②各种半成岩 ③强风化的坚硬岩 ④弱风化～强风化的较坚硬岩 ⑤未风化的泥岩等 ⑥未风化～微风化的：凝灰岩、千枚岩、砂质泥岩、泥灰岩、粉砂岩、页岩等	<30	用手凿工具、风镐、机械凿打及爆破法开挖
较硬岩	①弱风化的坚硬岩 ②未风化～微风化的：熔结凝灰岩、大理岩、板岩、白云岩、石灰岩、钙质胶结的砂岩等	30～60	用机械切割、水磨钻机、机械凿打及爆破法开挖
坚硬岩	未风化～微风化的：花岗岩、正长岩、闪长岩、辉绿岩、玄武岩、安山岩、片麻岩、石英片岩、硅质板岩、石英岩、硅质胶结的砾岩、石英砂岩、硅质石英岩等	>60	水磨钻机、机械切割及爆破法开挖

③土方天然密实体积、夯实后体积、松填体积和虚方体积，按表 3.2 土方体积折算表所列值换算。

表 3.2　土方体积折算表

天然密实体积	夯实后体积	松填体积	虚方体积
1.00	0.87	1.08	1.3

注：本表适用于计算挖填平衡工程量。

④石方体积折算时，按表 3.3 石方体积折算表所列值换算。

表 3.3　石方体积折算表

石方类别	天然密实体积	夯实后体积	松填体积	虚方体积
石方	1.00	1.18	1.31	1.54
块石	1.00		1.43	1.75
砂夹石	1.00		1.05	1.07

注：本表适用于计算挖填平衡工程量。

⑤土石方的开挖、运输，均按开挖前的天然密实体积以“m^3”计算。

具体说明详见《重庆市房屋建筑与装饰工程计价定额》（CQJZZSDE—2018）。

▶ 3.1.2　平整场地工程量计算规则

(1)平整场地的概念

平整场地是指平整至设计标高后,在 ±300 mm 以内的局部就地挖、填、找平。

(2)平整场地工程量计算

平整场地工程量按设计图示尺寸以建筑物首层建筑面积计算。建筑物地下室结构外边线凸出首层结构外边线时,其凸出部分的建筑面积应合并计算。

需要注意的是:挖填土石方厚度 > ±300 mm 时,全部厚度按照一般土石方相应规定计算。场地厚度在 ±300 mm 以内的全挖、全填土石方,按挖、填一般土石方相应定额子目乘以系数 1.3。

【例 3.1】　某五层建筑物的各层建筑形状一样,底层外墙尺寸如图 3.1 所示,墙厚均为 240 mm,已知该建筑在场地平整时,涉及局部 ±300 mm 以内的就地挖、填和找平,试计算该建筑物的平整场地工程量。(轴线居中)

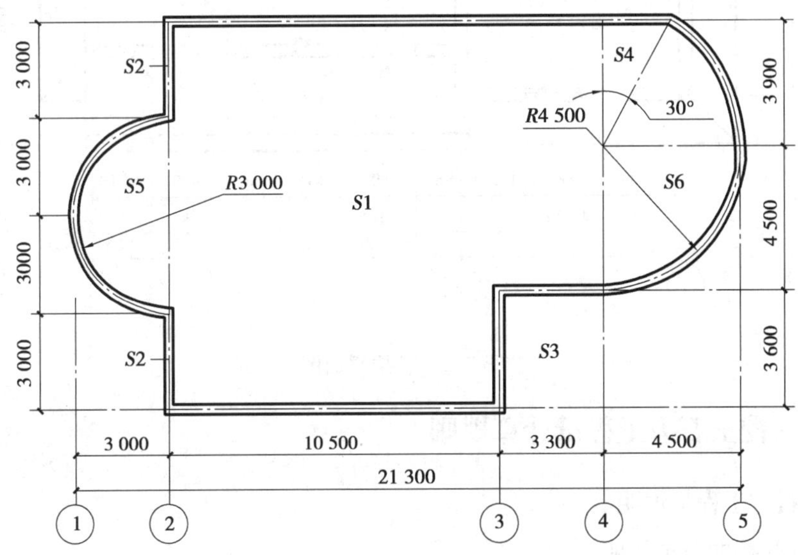

图 3.1　建筑平面示意图

【解】　平整场地工程量为首层建筑面积。

首层建筑面积 = (10.5 + 3.3 + 0.12 × 2) × (3.6 + 4.5 + 3.9 + 0.12 × 2) − (3.3 × 3.6) + 1/2 × 1/2 × 4.5 × (3.9 + 0.12) + 150 × 3.14 × 4.5 × 4.5/360 + 3.14 × 3 × 3 × 1/2 = 205.12 (m^2)

则该建筑物的平整场地工程量 = 164.72 m^2。

【例 3.2】　某建筑物的首层平面图如图 3.2 所示,墙厚均为 240 mm,已知该建筑在场地平整时,涉及局部 ±300 mm 以内的就地挖、填和找平,试计算该建筑物的平整场地工程量。(轴线居中)

【解】　平整场地工程量为首层建筑面积。

首层建筑面积 = (11.4 + 0.12 × 2) × (8.5 + 0.12 × 2) − (3.1 + 4.1) × 0.9 = 95.25 (m^2)

则该建筑物的平整场地工程量 = 95.25 m^2。

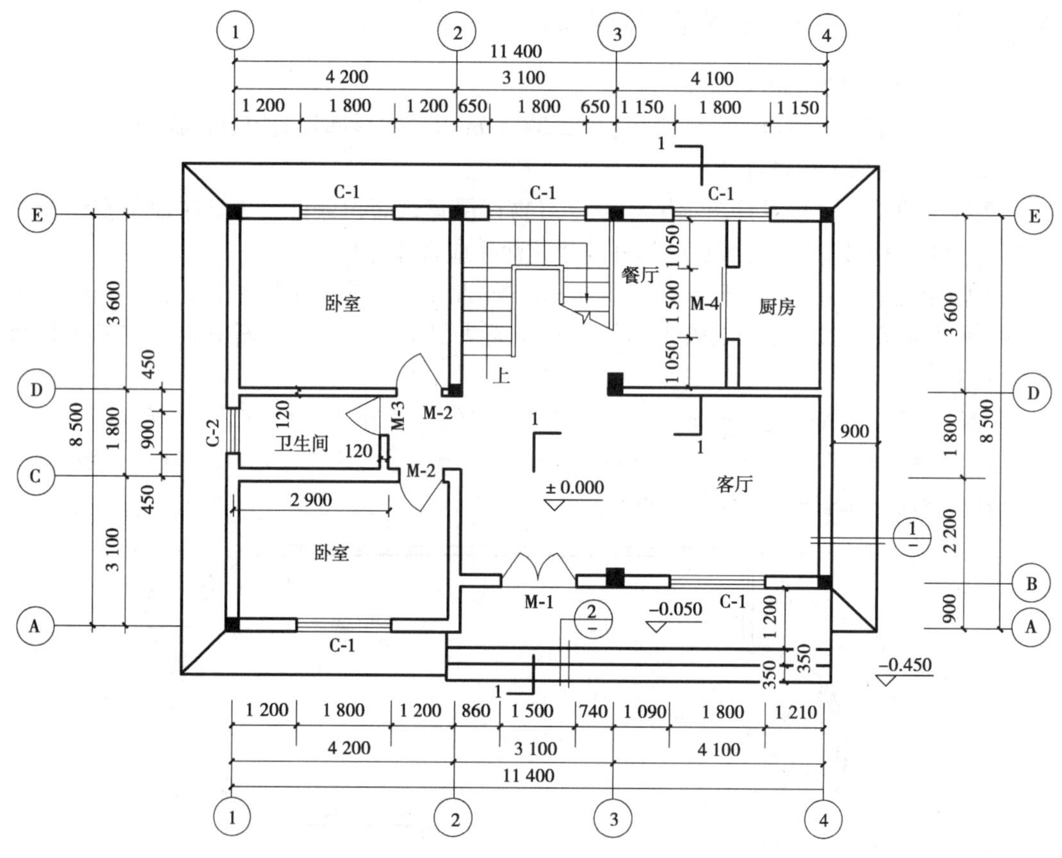

图 3.2　首层平面图

3.1.3　挖土石方工程量计算规则

1)挖土石方工程量说明

(1)土方开挖的分类说明

①凡设计图示槽底宽(不含加宽工作面)在 7 m 以内,且槽底长大于底宽 3 倍以上者,执行沟槽子目。

②凡长边小于短边 3 倍,且底面积(不含加宽工作面)在 150 m^2 以内,执行基坑定额子目。

③除上述规定外执行一般土石方定额子目。

(2)人工土石方开挖说明

①人工土方定额子目是按干土编制的,如挖湿土时,人工乘以系数 1.18。

②人工挖沟槽、基坑淤泥、流砂按土方相应定额子目乘以系数 1.4。

③在挡土板支撑下挖土方,按相应定额子目人工乘以系数 1.43。

④人工平基、沟槽、基坑石方的定额子目已综合各种施工工艺(包括人工凿打、风镐、水钻、切割),实际施工不同时不作调整。

其余具体说明详见《重庆市房屋建筑与装饰工程计价定额》(CQJZZSDE—2018)。

(3)机械土石方开挖说明

①机械土石方项目是按各类机型综合编制的,实际施工不同时不作调整。

②机械挖运土方定额子目是按干土编制的,如挖、运湿土时,相应定额子目人工、机械乘以系数1.15。采用降水措施后,机械挖、运土不再乘以系数。

③机械开挖、运输淤泥、流砂时,按相应机械挖、运土方定额子目乘以系数1.4。

④机械作业的坡度因素已综合在定额内,坡度不同时不作调整。

⑤机械不能施工的死角等部分需采用人工开挖时,应按设计或施工组织设计规定计算,如无规定时,按表3.4计算。

表3.4　机械不能施工的人工开挖确定

挖土石方工程量/m^3	1万以内	5万以内	10万以内	50万以内	100万以内	100万以上
占挖土石方工程量/%	8	5	3	2	1	0.6

注:表中所列工程量是指一个独立的施工组织设计所规定范围的挖方总量。

⑥机械不能施工的死角等土石方部分,按相应的人工挖土定额子目乘以系数1.5;人工凿石定额子目乘以系数1.2。

⑦机械挖沟槽、基坑土石方,深度超过8 m时,其超过部分按8 m相应定额子目乘以系数1.20;超过10 m时,其超过部分按8 m相应定额子目乘以系数1.5。

2)挖土石方工程量计算规则

①挖一般土石方工程量按设计图示尺寸体积加放坡工程量计算。

②挖沟槽、基坑土石方工程量,按设计图示尺寸以基础或垫层底面积乘以挖土深度加工作面及放坡工程量以"m^3"计算。

[解释]:①开挖深度按图示槽、坑底面至自然地面(场地平整的按平整后的标高)高度计算。

②挖一般土方、沟槽、基坑土方放坡应根据设计或批准的施工组织设计要求的放坡系数计算。如设计或批准的施工组织设计无规定时,放坡系数按表3.5的规定计算;石方放坡应根据设计或批准的施工组织设计要求的放坡系数计算。

表3.5　放坡系数表

人工挖土	机械开挖土方	放坡起点深度/m	
土方	在沟槽、坑底	在沟槽、坑边	土方
1:0.3	1:0.25	1:0.67	1.5

注:①计算土方放坡时,在交接处所产生的重复工程量不予扣除。

②挖沟槽、基坑土方垫层为原槽浇筑时,加宽工作面从基础外缘边起算;垫层浇筑需支模时,加宽工作面从垫层外缘边起算。

③如放坡处重复量过大,其计算总量等于或大于大开挖方量时,应按大开挖规定计算土方工程量。

③沟槽、基坑工作面宽度按设计规定计算,如无设计规定时,按表3.6计算。

表 3.6 工作面增加宽度表

建筑工程		构筑物	
基础材料	每侧工作面宽/mm	无防潮层/mm	有防潮层/mm
砖基础	200	400	600
浆砌条石、块(片)石	250		
混凝土基础支模板者	400		
混凝土垫层支模板者	150		
基础垂面做砂浆防潮层	400(自防潮层面)		
基础垂面做防水防腐层	1 000(自防水防腐层)		
支挡土板 100(另加)			

3)挖沟槽工程量计算规则

凡设计图示槽底宽(不含加宽工作面)在 7 m 以内,且槽底长大于底宽 3 倍以上者,执行沟槽子目。

沟槽土方工程量按下式计算:

$$沟槽体积\ V=基槽长度\ L\times 基槽横断面面积\ S$$

其中,外墙基槽长度按图示中心线长度计算,内墙基槽长度按槽底净长计算,其凸出部分的体积应并入基槽工程量计算。

基槽横断面面积按下式计算:

$$S=(b+2c+kh)h$$

式中 b——设计垫层宽度,m;

c——增加工作面宽度,按表 3.6 确定,m;

k——边坡系数,按表 3.5 确定;

h——基槽深度,即室外地坪至垫层或基础底面之间的高度,m。

具体应用情况如下:

①不放坡,不支挡土板,留工作面。如图 3.3 所示,其计算式为:

$$V=(b+2c)hL$$

式中 V——挖槽工程量(下同),m^3;

b——槽底宽度,m;

c——增加工作面,按表 3.6 取值;

h——挖土深度,即室外地坪至垫层或者基础地面之间的高度,m;

L——沟槽长度,m,外墙基按照外墙基槽中心线计算,内墙基按照内墙基槽净长线。

②不放坡,双面支挡土板,留工作面。如图 3.4 所示为沟槽的横断面,其计算式为:

$$V=(b+2c+0.2)hL$$

式中 0.2——双面支挡土板的厚度,m。

③放坡,不支挡土板,留工作面。如图 3.5 所示,其计算式为:

$$V=(b+2c+kh)hL$$

式中 k——放坡系数，按表 3.5 取值。

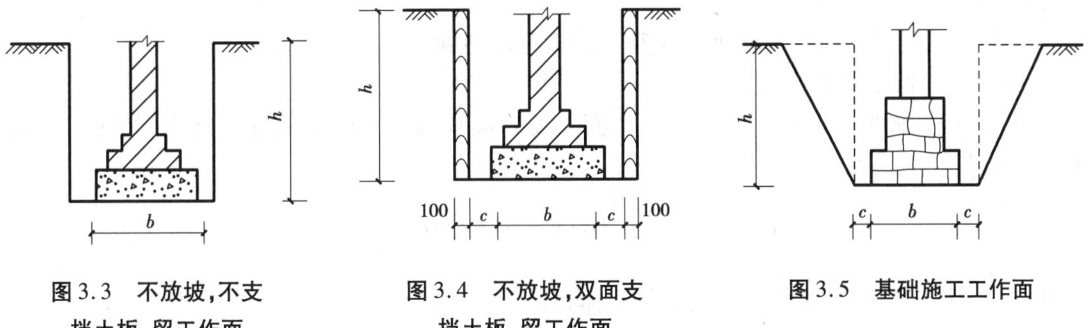

图 3.3 不放坡，不支挡土板，留工作面

图 3.4 不放坡，双面支挡土板，留工作面

图 3.5 基础施工工作面

【例 3.3】 已知某建筑基础平面图和剖面图如图 3.6 所示，基础为砖基础，求该建筑物人工土方开挖工程量。

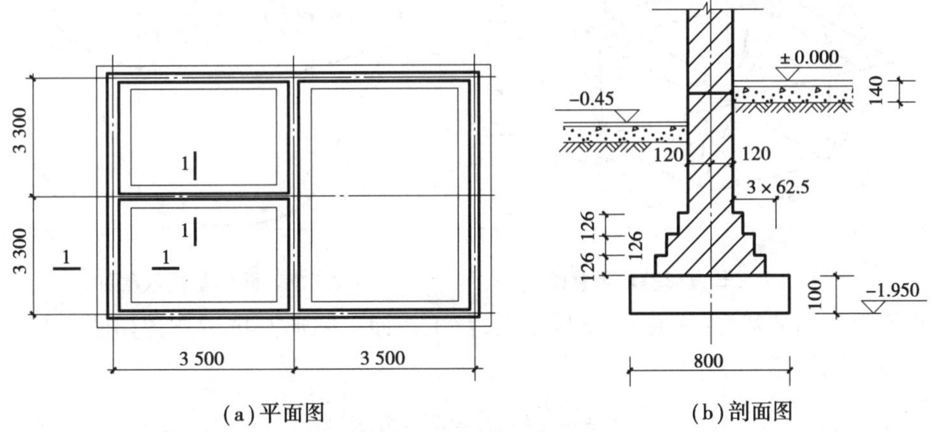

(a)平面图

(b)剖面图

图 3.6 某建筑基础平面图及剖面图(单位:mm)

【解】 本题符合挖沟槽土方的定额子目，由图 3.6 可知：$b=0.8$ m，砖基础每侧工作面 $c=0.2$ m，$h=1.5$ m，需要放坡，放坡系数 $k=0.3$。

外墙基槽中心线长度 $=(3.5+3.5+3.3+3.3)\times 2=27.2$(m)

内墙基槽净长线长度 $=6.6-(0.4+0.2)\times 2+3.5-(0.4+0.2)\times 2=7.7$(m)

则人工挖沟槽土方工程量 $=(b+2c+kh)\times h\times L=(0.8+2\times 0.2+0.3\times 1.5)\times 1.5\times(27.2+7.7)=86.38(\text{m}^3)$

4)挖基坑土石方工程量计算规则

挖基坑土石方工程量，按设计图示尺寸以基础或垫层底面积乘以挖土深度加工作面及放坡工程量以“m^3”计算。基坑挖土体积以 m^3 计算，基坑深度按图示坑底面至室外地坪深度计算。柱基础、设备基础等的挖土均属此种情况，这些基坑通常为正方形、长方形或圆形，其工程量计算可分为以下两种情况。

(1)不放坡、不支挡土板、留工作面

$$V=(a+2c)(b+2c)h$$

式中 a——垫层一边长度，m；

b——垫层另一边长度,m;

c——增加工作面宽度,m;

h——基坑深度,即室外地坪至垫层或者基础地面之间的高度,m。

(2)放坡、留工作面

①长方形:放坡,不支挡土板,留工作面。长方形基坑示意图如图 3.7 所示,挖土工程量按下式计算:

$$V = (a + 2c + kh)(b + 2c + kh)h + \frac{1}{3}k^2h^3$$

式中 $\frac{1}{3}k^2h^3$——基坑四角的锐角锥体的体积。

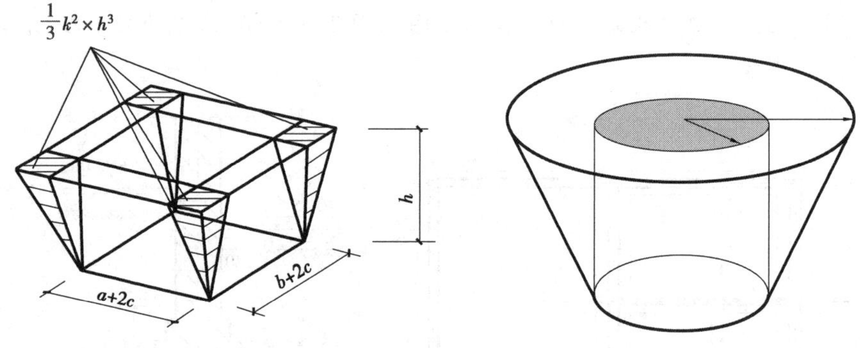

图 3.7 长方形基坑示意图

图 3.8 圆形基坑示意图

②四面放坡圆形基坑:放坡,不支挡土板,留工作面。圆形基坑示意图如图 3.8 所示,挖土工程量按下式计算:

$$V = \frac{1}{3}\pi h(R_1^2 + R_2^2 + R_1R_2)$$

式中 R_1——坑底半径(包括加宽工作面在内),m;

R_2——坑上口半径,$R_2 = R_1 + kh$,m;

K——放坡系数;

h——基槽开挖深度,m;

π——圆周率。

【例 3.4】 某建筑物基础为满堂基础,基础垫层为无筋混凝土,长宽方向的外边线尺寸为 8.04 m 和 5.64 m,垫层厚 20 cm,垫层顶面标高为 −4.550 m,室外地面标高为 −0.650 m,地下常水位标高为 −5.500 m,该处土壤类别为三类土,人工挖土,试计算挖土方工程量。(备注:从垫层下表面放坡)

【解】 由于本例垫层长宽比小于 3,且底面面积小于 150 m²,故为人工挖基坑土方。由题可知,$a = 8.04$ m,$b = 5.64$ m,$c = 0.15$ m,$h = 4.75$ m − 0.65 m = 4.1 m > 1.5 m,需放坡,放坡系数 $k = 0.3$,则基坑土方开挖量为

$V = (a + 2c + kh)(b + 2c + kh)h + 1/3k^2h^3 = (8.04 + 2 \times 0.15 + 0.3 \times 4.1) \times (5.64 + 2 \times 0.15 + 0.3 \times 4.1) \times 4.1 + 1/3 \times 0.3 \times 0.3 \times 4.1 \times 4.1 \times 4.1 = 283.40(m^3)$

▶ 3.1.4 土石方回填工程量计算规则

1)土石方回填工程量的说明

①机械碾压回填土石方,是以密实度达到85% ~90%编制的。当90% <设计密实度≤95%时,按相应机械回填碾压土石方相应定额子目乘以系数1.4;当设计密实度大于95%时,按相应机械回填碾压土石方相应定额子目乘以系数1.6。回填土石方压实定额子目中,已综合了所需的水和洒水车台班及人工。

②开挖回填区及堆积区的土石方按照土夹石考虑。机械运输土夹石按照机械运输土方相应定额子目乘以系数1.2。

2)土石方回填工程量计算规则

土石方回填包含场地回填、室内地坪回填和沟槽、基坑回填。

①场地(含地下室顶板以上)回填:回填面积乘以平均回填厚度以"m^3"计算。

②室内地坪回填:主墙间面积(不扣除间隔墙,扣除连续底面积2 m^2 以上的设备基础等面积)乘以回填厚度以"m^3"计算。

③沟槽、基坑回填:挖方体积减自然地坪以下埋设的基础体积(包括基础、垫层及其他构筑物)。

④场地原土碾压,按图示尺寸以"m^2"计算。

【例3.5】 在例3.3的基础上,已知垫层的工程量为2.86 m^3,室外地坪以下的砖基础为15.85 m^3,现要求回填土方状态为夯实状态,求该建筑物基础回填土方工程量和室内地坪回填土方工程量(天然密实状态)。

【解】 由图3.6可知,本例挖沟槽土方工程量为86.38 m^3,垫层工程量为2.86 m^3,室外地坪以下的砖基础为15.85 m^3,则

基础回填土方工程量 $=86.38-2.86-15.85=67.67$ (m^3)(夯实状态)

则基础回填土方天然密实状态的工程量 $=67.67\div0.87=77.78$(m^3)

室内地坪回填土方工程量=主墙间面积×厚度 $=[(3.5-0.24)\times(6.6-0.24)+(3.5-0.24)\times(3.3-0.24)\times2]\times(0.45-0.14)=12.61$($m^3$)(夯实状态)

则室内地坪回填土方天然密实状态工程量 $=12.61\div0.87=14.49$(m^3)

▶ 3.1.5 运土(石)工程量计算规则

运土(石)工程量包括余土(石)外运和场外取土(石)。

余土(石)外运是指单位工程总挖方量大于总填方量时的多余土(石)方需运出场外至堆土场;场外取土(石)是指单位工程总填方量大于总挖方量,不足土(石)方从堆土场或打石场取回运至填土(石)地点;挖出的土(石)不够回填所需,或者挖出土(石)的质量不好需要换土(石)回填,而由场外运入的土(石)方。

1)土石方运输工程量说明

①人工垂直运输土石方时,垂直高度每1 m折合10 m水平运距计算。

②土石方工程的全程运距,按以下规定计算确定:

a. 土石方场外全程运距按挖方区重心至弃方区重心之间可以行驶的最短距离计算;

b. 土石方场内调配运输距离按挖方区重心至填方区重心之间循环路线的1/2计算。

③人装(机装)机械运土、石渣定额项目中不包括开挖土石方的工作内容。

④机械开挖、运输淤泥、流砂时,按相应机械挖、运土方定额子目乘以系数1.4。

2)土石方运输工程量计算

运土(石)工程量按天然密实体积以立方米(m^3)计算,其计算式为:

余方运输体积=挖方体积-回填方体积(折合天然密实体积)

总体积为正,则为余土(石)外运;总体积为负,则为取土(石)内运。

【例3.6】 在例3.5的基础上,求该建筑物土方运输工程量。

【解】 由题可知:

余方运输体积=挖方体积-回填方体积(折合天然密实体积)$=86.38-77.78-14.49$

$=-5.89(m^3)$

因为总体积为负,所以需取土内运。

3.2 清单工程量计算

▶ 3.2.1 土石方工程量清单计算规则

本书以《房屋建筑与装饰工程工程量计算规范》(GB 50854—2013)(以下简称《国家计量规范》)为依据,介绍各分部工程的计算规则。

1)土方工程

土方工程工程量清单项目设置、计量单位及工程量计算规则,应按表3.7的规定执行。

表3.7 土方工程(编号:010101)

项目编码	项目名称	项目特征	计量单位	工程量计算规则
010101001	平整场地	1.土壤类别 2.弃土运距 3.取土运距	m^2	按设计图示尺寸以建筑物首层建筑面积计算
010101002	挖一般土方	1.土壤类别 2.挖土深度 3.弃土运距	m^3	按设计图示尺寸以体积计算
010101003	挖沟槽土方			按设计图示尺寸以基础垫层底面积乘以挖土深度计算
010101004	挖基坑土方			
010101005	冻土开挖	1.冻土厚度 2.弃土运距		按设计图示尺寸开挖面积乘厚度以体积计算
010101006	挖淤泥、流砂	1.挖掘深度 2.弃淤泥、流砂距离		按设计图示位置、界限以体积计算

续表

项目编码	项目名称	项目特征	计量单位	工程量计算规则
010101007	管沟土方	1. 土壤类别 2. 管外径 3. 挖沟深度 4. 回填要求	1. m 2. m^3	1. 以米计量,按设计图示以管道中心线长度计算 2. 以立方米计量,按设计图示管底垫层面积乘以挖土深度计算;无管底垫层按管外径的水平投影面积乘以挖土深度计算,不扣除各类井的长度,井的土方并入

但需要注意的是,《国家计量规范》和《重庆市房屋建筑与装饰工程计价定额》(CQJZZS-DE—2018)在计算规则中,存在不同的地方,具体表现为:

①土壤的分类应按表3.8确定,如土壤类别不能准确划分时,招标人可注明为综合,由投标人根据地勘报告决定报价。

②土方体积应按挖掘前的天然密实体积计算。非天然密实土方应按表3.9折算。

③挖沟槽、基坑、一般土方因工作面和放坡增加的工程量(管沟工作面增加的工程量)是否并入各土方工程量中,应按各省、自治区、直辖市或行业建设主管部门的规定实施,如并入各土方工程量中,办理工程结算时,按经发包人认可的施工组织设计规定计算,编制工程量清单时可按表3.10、表3.11的规定计算。

表3.8　土壤分类表

土壤分类	土壤名称	开挖方法
一、二类土	粉土、砂土(粉砂、细砂、中砂、粗砂、砾砂)、粉质黏土、弱中盐渍土、软土(淤泥质土、泥炭、泥炭质土)、软塑红黏土、冲填土	用锹、少许用镐、条锄开挖。机械能全部直接铲挖满载者
三类土	黏土、碎石土(圆砾、角砾)混合土、可塑红黏土、硬塑红黏土、强盐渍土、素填土、压实填土	主要用镐、条锄、少许用锹开挖。机械需部分刨松方能铲挖满载者或可直接铲挖但不能满载者
四类土	碎石土(卵石、碎石、漂石、块石)、坚硬红黏土、超盐渍土、杂填土	全部用镐、条锄挖掘、少许用撬棍挖掘。机械须普遍刨松方能铲挖满载者

表3.9　土方体积折算系数表

天然密实度体积	虚方体积	夯实后体积	松填体积
0.77	1.00	0.67	0.83
1.00	1.30	0.87	1.08
1.15	1.50	1.00	1.25
0.92	1.20	0.80	1.00

表 3.10　放坡系数表

土类别	放坡起点/m	人工挖土	机械挖土		
			在坑内作业	在坑上作业	顺沟槽在坑上作业
一、二类土	1.20	1:0.5	1:0.33	1:0.75	1:0.5
三类土	1.50	1:0.33	1:0.25	1:0.67	1:0.33
四类土	2.00	1:0.25	1:0.10	1:0.33	1:0.25

注:①沟槽、基坑中土类别不同时,分别按其放坡起点、放坡系数,依不同土类别厚度加权平均计算。

②计算放坡时,在交接处的重复工程量不予扣除,原槽、坑作基础垫层时,放坡自垫层上表面开始计算。

表 3.11　基础施工所需工作面宽度计算表

基础材料	每边各增加工作面宽度/mm
砖基础	200
浆砌毛石、条石基础	150
混凝土基础垫层支模板	300
混凝土基础支模板	300
基础垂直面做防水层	1 000(防水层面)

注:本表按《全国统一建筑工程预算工程量计算规则》(GJDGZ-101-95)整理。

2)石方工程

石方工程工程量清单项目设置、计量单位及工程量计算规则,应按表 3.12 的规定执行。

表 3.12　石方工程(编号:010102)

项目编码	项目名称	项目特征	计量单位	工程量计算规则	工作内容
010102001	挖一般石方	1. 岩石类别 2. 开凿深度 3. 弃渣运距	m^3	按设计图示尺寸以体积计算	1. 排地表水 2. 凿石 3. 运输
010102002	挖沟槽石方			按设计图示尺寸沟槽底面积乘以挖石深度以体积计算	
010102003	挖基坑石方			按设计图示尺寸基坑底面积乘以挖石深度以体积计算	
010102004	挖管沟石方	1. 岩石类别 2. 管外径 3. 挖沟深度	1. m 2. m^3	1. 以米计量,按设计图示以管道中心线长度计算 2. 以立方米计量,按设计图示截面积乘以长度计算	1. 排地表水 2. 凿石 3. 回填 4. 运输

①岩石的分类应按表 3.13 确定。

表 3.13　岩石分类表

岩石分类		代表性岩石	开挖方法
极软岩		1. 全风化的各种岩石 2. 各种半成岩	部分用手凿工具、部分用爆破法开挖
软质岩	软岩	1. 强风化的坚硬岩或较硬岩 2. 中等风化～强风化的较软岩 3. 未风化～微风化的页岩、泥岩、泥质砂岩等	用风镐和爆破法开挖
	较软岩	1. 中等风化～强风化的坚硬岩或较硬岩 2. 未风化～微风化的凝灰岩、千枚岩、泥灰岩、砂质泥岩等	用爆破法开挖
硬质山石	较硬岩	1. 微风化的坚硬岩 2. 未风化～微风化的大理岩、板岩、石灰岩、白云岩、钙质砂岩等	用爆破法开挖
	坚硬岩	未风化～微风化的花岗岩、闪长岩、辉绿岩、玄武岩、安山岩、片麻岩、石英岩、石英砂岩、桂质烁岩、桂质石灰岩等	用爆破法开挖

注：本表依据国家标准《工程岩体分级标准》（GB 50218—2014）和《岩土工程勘察规范》（GB 50021—2001，2009 年版）整理。

②石方体积应按挖掘前的天然密实体积计算。非天然密实石方应按表 3.14 折算。

表 3.14　石方体积折算系数表

石方类别	天然密实度体积	虚方体积	松填体积	码方
石方	1.0	1.54	1.31	
块石	1.0	1.75	1.43	1.67
砂夹石	1.0	1.07	0.94	

注：本表按建设部颁发的《爆破工程消耗量定额》（GYD-102—2008）整理。

3）回填

回填工程量清单项目设置、计量单位及工程量计算规则，应按表 3.15 的规定执行。

表 3.15　回填(编号:010103)

项目编码	项目名称	项目特征	计量单位	工程量计算规则	工作内容
010103001	回填方	1. 密实度要求 2. 填方材料品种 3. 填方粒径要求 4. 填方来源、运距	m^3	按设计图示尺寸以体积计算: 1. 场地回填:回填面积乘以平均回填厚度 2. 室内回填:主墙间面积乘回填厚度,不扣除间隔墙 3. 基础回填:按挖方清单项目工程量减去自然地坪以下埋设的基础体积(包括基础垫层及其他构筑物)	1. 运输 2. 回填 3. 压实
010103002	余方弃置	1. 废弃料品种 2. 运距		按挖方清单项目工程量减利用回填方体积(正数)计算	余方点装料运输至弃置点

▶ 3.2.2　土石方工程计算例题

【例 3.7】　已知土壤为二类土,基础平面图和剖面图如图 3.9 所示,已知图示尺寸为中心线尺寸,墙体厚度为 240 mm,地面厚度为 85 mm,垫层工程量为 16.85 m^3,室外地坪以下基础工程量为 40.28 m^3。试按照《房屋建筑与装饰工程工程量计算规范》(GB 50854—2013)计算平整场地、挖沟槽土方(不考虑工作面和放坡)、沟槽回填土、室内回填土及运土工程量。

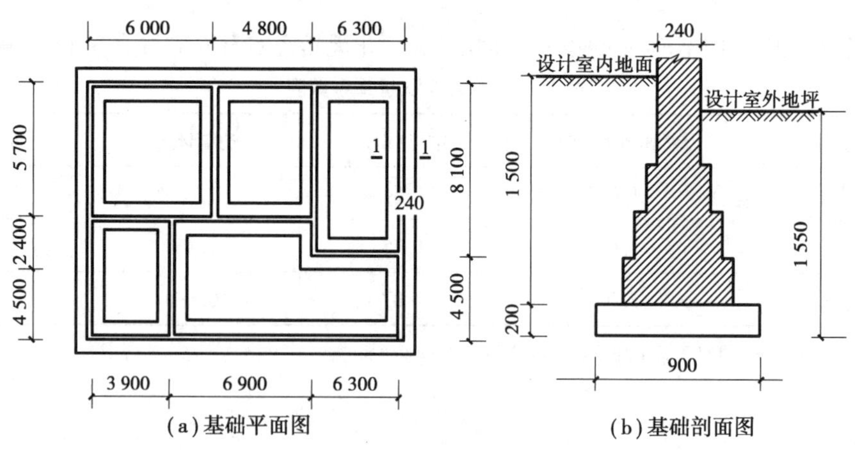

(a)基础平面图　　(b)基础剖面图

图 3.9　基础平面图及剖面图

【解】　由题可知,墙体的外墙中心线长 $L_{中}=(3.9+6.9+6.3+4.5+8.1)\times2=59.4(m)$

墙体内墙的净长线长 $L_{内槽}=(3.9+6.9-0.24)+(6.3-0.12)+(4.5+2.4-0.24)+(5.7-0.24)+(5.7+2.4-0.12)=36.84(m)$

那么清单计算规则中:

(1)平整场地 = 首层建筑面积 $=(3.9+6.9+6.3+0.24)\times(4.5+8.1+0.24)=222.65(m^2)$

(2)挖沟槽土方按设计图示尺寸以基础垫层底面积乘以挖土深度计算。

外墙沟槽中心线长 $L_{中}=59.4\ \mathrm{m}$

内墙沟槽净长线长 $L_{内槽}=(3.9+6.9-0.9)+(6.3-0.45)+(4.5+2.4-0.9)+(5.7-0.9)+(5.7+2.4-0.45)=34.2(\mathrm{m})$

挖沟槽土方 $=0.9\times1.55\times(L_{中}+L_{内槽})$

$=0.9\times1.55\times(59.4+34.2)=130.57(\mathrm{m}^3)$

(3)沟槽回填土

基础回填土=挖方清单项目工程量减去自然地坪以下埋设的基础体积(包括基础垫层及其他构筑物)=130.57-垫层工程量-室外地坪下基础工程量=130.57-16.85-40.28=73.44(m^3)

(4)室内回填土

室内回填土=墙间面积乘回填厚度,不扣除间隔墙=(建筑面积-墙体所占面积)×回填厚度=$[222.65-0.24\times(59.4+36.84)]\times(1.7-1.55-0.085)=12.97(\mathrm{m}^3)$

(5)土方运输

土方运输=挖方清单项目工程量减利用回填方体积

$=130.57-73.44-12.97=44.16(\mathrm{m}^3)$

【例3.8】 已知基础平面图和剖面图如图3.10所示,室外地坪标高为-0.3 m,土壤类别为三类土,按某省规定土方开挖时需考虑工作面和放坡,工作面宽度及放坡内容同《房屋建筑与装饰工程工程量计算规范》(GB 50854—2013),求该建筑物土方开挖工程量。

【解】 由题可知,工作面每侧的宽度为0.3 m,那么土方开挖的长度为12.9 m(3.3+4.5+3.3+0.6+0.3+0.6+0.3),宽度为7.8 m(6.0+0.6+0.3+0.6+0.3)。由此可见,长宽比<3,且底面积<150 m²,为挖基坑土方。

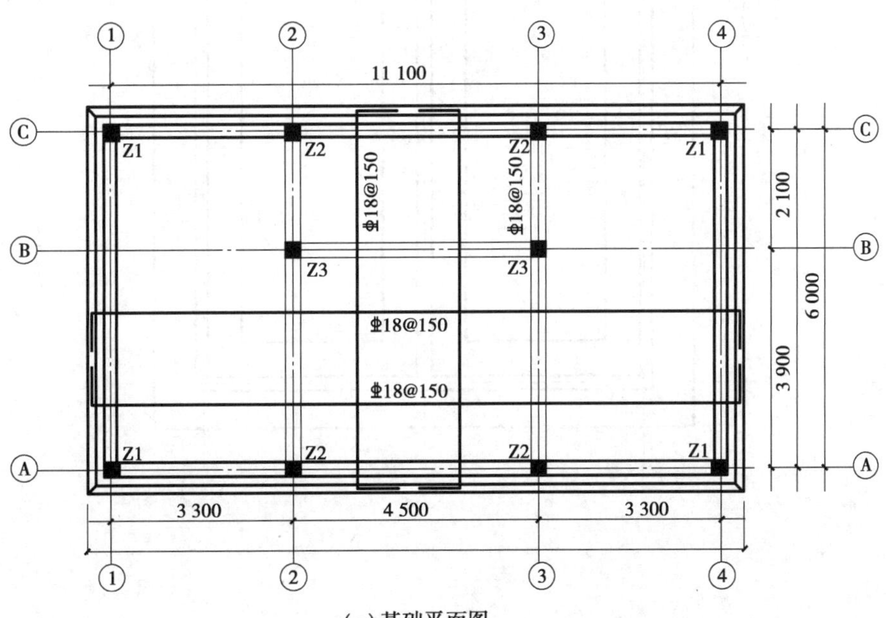

(a)基础平面图

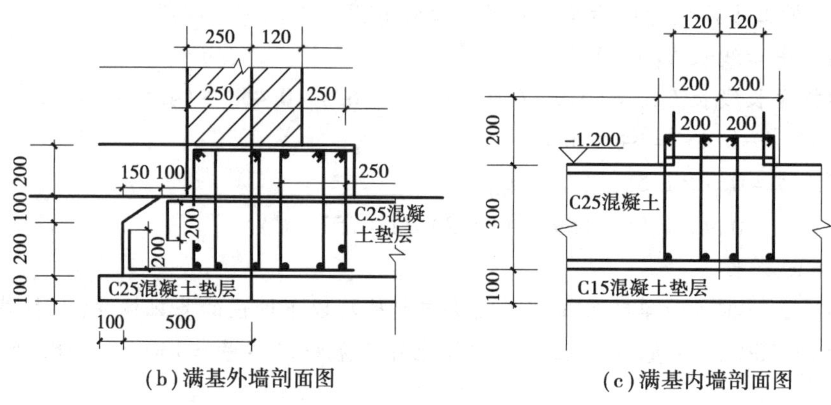

(b)满基外墙剖面图　　(c)满基内墙剖面图

图3.10　基础平面图及剖面图

挖土深度为1.3 m,土壤类别为三类土,1.3<1.5,无须放坡。

则挖基坑土方工程量=坑底面积乘以挖土深度

$$=12.9\times7.8\times1.3=130.81(\mathrm{m}^3)$$

【例3.9】 某工程基础如图3.11所示,土壤类别为二类土,地坪总厚度为120 mm,施工要求混凝土垫层为原槽浇筑,垫层厚度为100 mm,试求平整场地、人工开挖基槽和室内回填的清单工程量。

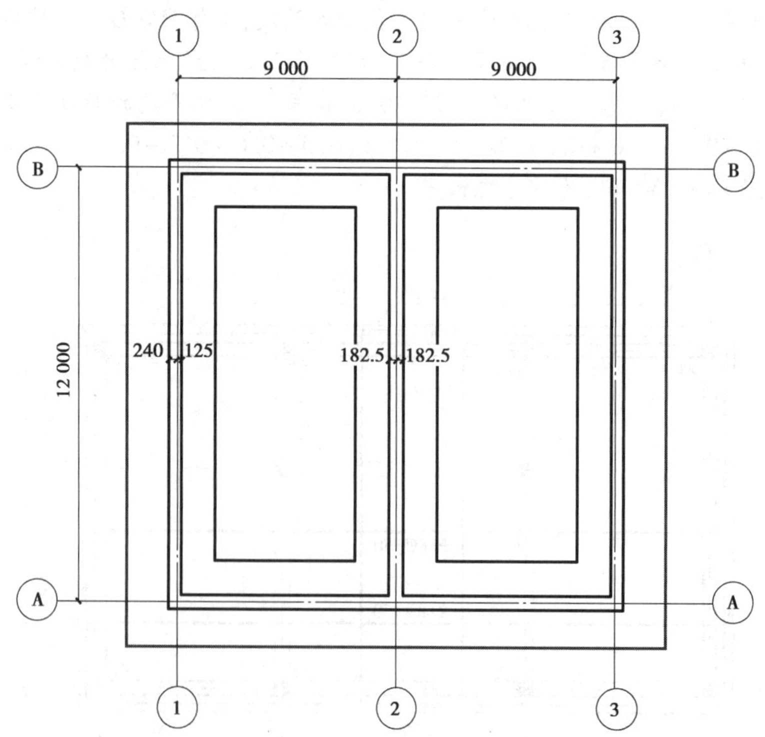

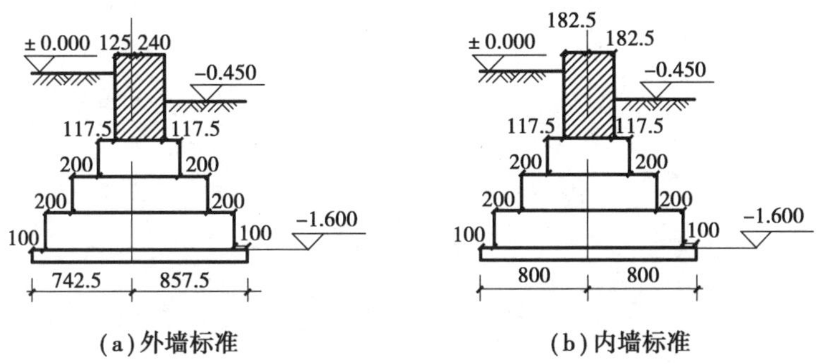

(a)外墙标准　　(b)内墙标准

图3.11　基础平面图及剖面图

【解】　(1)平整场地

$$S=(9+9+0.24\times2)\times(12+0.24\times2)=230.63(\mathrm{m}^2)$$

(2)人工挖基槽

场地为二类土,放坡起点为1.2 m,挖土深度$H=1.6+0.1-0.45=1.25(\mathrm{m})>1.2$ m,因此应放坡,且放坡系数$k=0.5$。

由于混凝土垫层为原槽浇灌,放坡应自垫层上表面开始,则放坡高度$H_1=1.25-0.1=1.15(\mathrm{m})$,垫层厚度$H_2=0.1$ m,工作面自毛石基础底边,取$C=150$ mm,毛石基础底宽$b_1=1.4$ m,垫层底宽$b_2=1.6$ m。

人工挖基槽$V=[(b_1+2C+kH_1)H_1+b_2H_2]L$

其中$L=L_{中}+L_{内槽}$

$$L_{中}=(9+9+0.24\times2+12+0.24\times2)\times2-4\times0.365=60.46(\mathrm{m})$$

$$L_{内槽}=12-(0.742\,5-0.1+0.15)\times2=10.415(\mathrm{m})$$

$$L_{内垫层}=12-0.742\,5\times2=10.515(\mathrm{m})$$

则

$$\begin{aligned}人工挖基槽V&=(60.46+10.415)\times[(1.4+0.15\times2+0.5\times1.15)\times1.15]+\\&\quad1.6\times0.1\times(60.46+10.515)\\&=196.78(\mathrm{m}^3)\end{aligned}$$

(3)室内回填土

室内主墙间净面积$S=(12-0.125\times2)\times(9-0.125-0.182\,5)\times2=204.27(\mathrm{m}^2)$

回填土厚度

$$h=0.45-0.12=0.33(\mathrm{m})$$

回填土体积

$$V_{填}=204.27\times0.33=67.41(\mathrm{m}^3)$$

4

地基与基础工程量计算

4.1 地基与基础工程概述

“万丈高楼平地起”概括了基础的重要性。地基与基础是建筑物(或构筑物)的根本,属地下隐蔽工程,其质量好坏直接关系到建筑物(或构筑物)的安危。本章主要讲述砖石砌筑基础、桩基础、各种混凝土基础的工程量计算。套用定额前要熟悉定额说明,按定额规定正确进行工程量计算。

▶ 4.1.1 地基处理与加固方式

地基是指基础底面以下,荷载作用影响范围内的部分岩石或土体。它不是建筑物的组成部分。地基是建筑工程的“根”,支承建筑物的重量,图4.1为地基与基础构造示意图。地基处理和加固就是按照上部结构对地基的要求,对地基进行必要的加固或改良,提高地基土的承载力,保证地基稳定,减少房屋沉降或不均匀沉降,消除湿陷性黄土的湿陷性及提高抗液化能力等。地基处理方法有换填垫层法、强夯法、砂石桩法、振冲法、高压喷射注浆法、预压法、夯实水泥土桩法、水泥粉煤灰碎石桩法、砖砌连续墙基础法、混凝土连续墙基础法、单层或多层条石连续墙基础法、浆砌片石连续墙(挡墙)基础法等。

▶ 4.1.2 基础工程的分类

基础是指建筑物与土壤直接接触的扩大部分。基础按材料分为砖基础、毛石基础、灰土基础、三合土基础、混凝土基础和毛石混凝土基础、钢筋混凝土基础等;基础按构造和形式分为条形基础(图4.2)、独立基础(图4.3)、联合基础(图4.4),包括柱下条形基础、柱下十字交

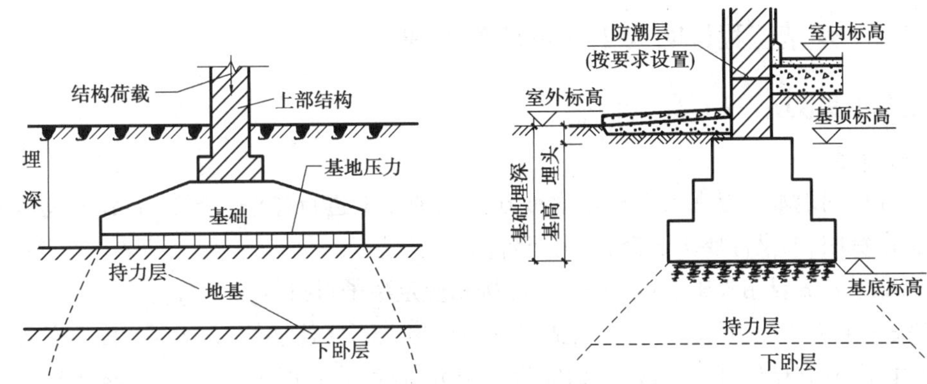

图4.1　地基与基础构造示意图

叉基础、筏形基础、箱形基础、桩基础(图4.5)等。

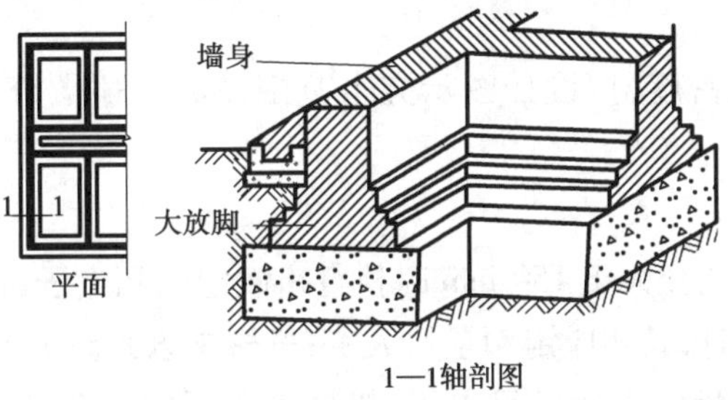

平面

墙身

大放脚

1—1轴剖图

图4.2　条形基础示意图

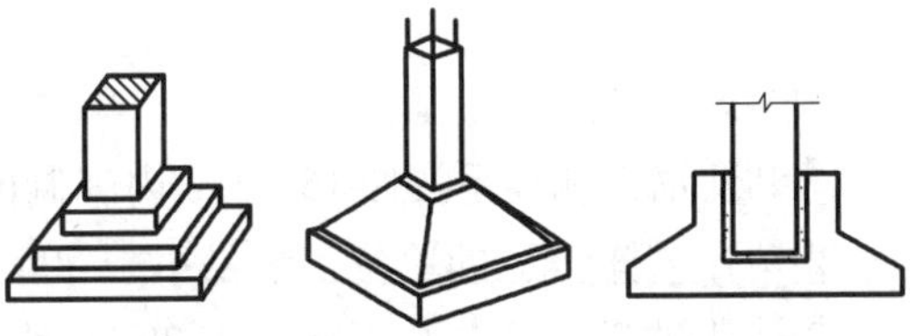

图4.3　独立基础示意图

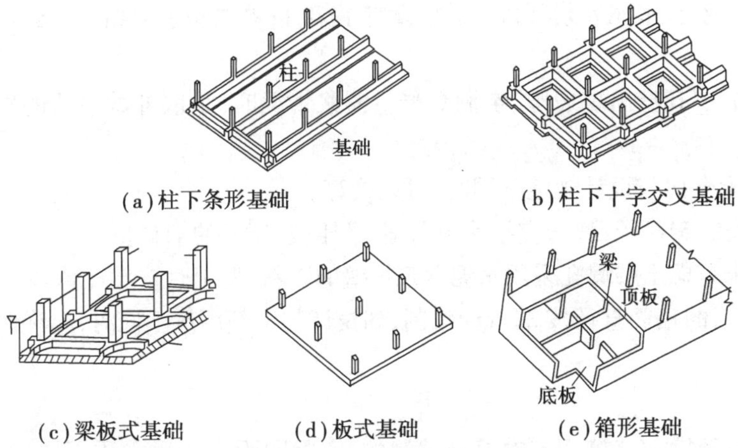

(a)柱下条形基础

(b)柱下十字交叉基础

(c)梁板式基础

(d)板式基础

(e)箱形基础

图4.4　联合基础示意图

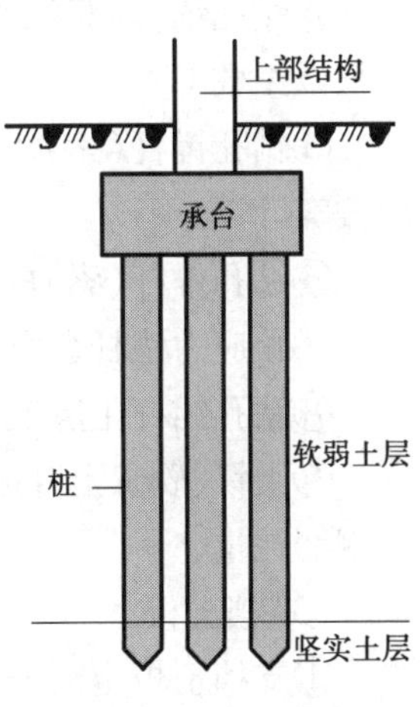

上部结构

承台

桩

软弱土层

坚实土层

图4.5　桩基础示意图

4.2　定额工程量计算

下列内容选自《重庆市房屋建筑与装饰工程计价定额》(CQJZZSDE—2018)。

▶ 4.2.1 地基工程说明与工程量计算规则

1)地基工程说明

(1)强夯地基

①强夯加固地基是指在天然地基上或在填土地基上进行作业。定额子目不包括强夯前的试夯工作费用,如设计要求试夯,需另行计算。

②地基强夯需要用外来土(石)填坑,另按相应定额子目执行。

③"每一遍夯击次数"是指夯击机械在一个点位上不移位连续夯击的次数。当要求夯击面积范围内的所有点位夯击完成后,即完成一遍夯击;如需要再次夯击,则应再次根据一遍的夯击次数套用相应子目。

④地基强夯项目按专用强夯机械编制,如采用其他非专用机械进行强夯,则应换为非专用机械,但机械消耗量不作调整。

⑤强夯工程量应区分不同夯击能量和夯点密度,按设计图示夯击范围及夯击遍数分别计算。

(2)锚杆(锚索)工程

①钻孔锚杆孔径是按照150 mm内编制的,孔径大于150 mm时执行市政定额相应子目。

②钻孔锚杆(索)的单位工程量小于500 m时,其相应定额子目人工、机械乘以系数1.1。

③钻孔锚杆(索)单孔深度大于20 m时,其相应定额子目人工、机械乘以系数1.2;深度大于30 m时,其相应定额子目人工、机械乘以系数1.3。

④钻孔锚杆(索)、喷射混凝土、水泥砂浆项目如需搭设脚手架,按单项脚手架相应定额子目乘以系数1.4。

⑤钻孔锚杆(索)土层与岩层孔壁出现裂隙、空洞等严重漏浆情况时,采取补救措施的费用按实计算。

⑥钻孔锚杆(索)的砂浆配合比与设计规定不同时,可以换算。

⑦预应力锚杆套用锚具安装定额子目时,应扣除导向帽、承压板、压板的消耗量。

⑧钻孔锚杆土层项目中未考虑土层塌孔采用水泥砂浆护壁的工料,发生时按实计算。

⑨土钉、砂浆土钉定额子目的钢筋直径按22 mm编制,如设计与定额用量不同时,允许调整钢筋耗量。

(3)挡土板

①支挡土板定额子目是按密撑和疏撑钢支撑综合编制的,实际间距及支撑材质不同时,不作调整。

②支挡土板定额子目是按槽、坑两侧同时支撑挡土板编制的,如一侧支挡土板时,按相应定额子目人工乘以系数1.33。

2)工程量计算规则

①地基处理:强夯地基按设计图示处理范围以"m^2"计算。

②基坑与边坡支护:土钉、砂浆锚钉按设计图示钻孔深度以"m"计算。

③锚杆(锚索)工程:

a. 锚杆(锚索)钻孔根据设计要求,按实际钻孔土层和岩层深度以"延长米"计算。

b. 当设计图示中已明确锚固长度时,锚索按设计图示长度以"t"计算;当设计图示中未明确锚固长度时,锚索按设计图示长度另加 1 000 mm 以"t"计算。

c. 非预应力锚杆根据设计要求,按实际锚固长度(包括至护坡内的长度)以"t"计算。当设计图示中已明确预应力锚杆的锚固长度时,预应力锚杆按设计图示长度以"t"计算。当设计图示中未明确预应力锚杆的锚固长度时,预应力锚杆按设计图示长度另加 600 mm 以"t"计算。

d. 锚具安装按设计图示数量以"套"计算。

e. 锚孔注浆土层按设计图示孔径加 20 mm 充盈量,岩层按设计图示孔径以"m^3"计算。

f. 修整边坡按经批准的施工组织设计中明确的垂直投影面积以"m^2"计算。

g. 土钉按设计图示钻孔深度以"m"计算。

④喷射混凝土按设计图示面积以"m^2"计算。

⑤挡土板按槽、坑垂直的支撑面积以"m^2"计算。例如,一侧支撑挡土板时,按一侧的支撑面积计算工程量,支挡板工程量和放坡工程量不得重复计算。

▶ 4.2.2 桩基础说明与工程量计算规则

1)桩基础说明

①人工挖孔桩石方定额子目已综合各种施工工艺(包括人工凿打、风镐、水钻),实际施工不同时不作调整。

②人工挖孔桩挖土石方定额子目未考虑边排水边施工的工效损失,如遇边排水边施工时,抽水机台班和排水用工按实签证,挖孔人工按相应挖孔桩土方定额子目人工乘以系数1.3,石方定额子目人工乘以系数1.2。

③人工挖孔桩挖土方如遇流砂、淤泥,应根据双方签证的实际数量,按相应深度土方定额子目乘以系数1.5。

④人工挖孔桩孔径(含护壁)是按 1 m 以上综合编制的,孔径≤1 m 时,按相应定额子目人工乘以系数1.2。

⑤埋设钢护筒是指机械钻孔时若出现垮塌、流砂等情况而采取的施工措施。定额中钢护筒是按成品价格考虑的,按摊销量计算;钢护筒无法拔出时,按实际埋入的钢护筒用量对定额用量进行调整,其余不变,如不是成品钢护筒,制作费另行计算。

⑥钢护筒定额子目中未包括拔出的费用,其拔出费用另计,按埋设钢护筒定额相应子目乘以系数0.4。

⑦机械钻孔灌注混凝土桩若同一钻孔内有土层和岩层时,应分别计算。

⑧旋挖钻机钻孔是按照干作业法编制的,若采用湿作业法钻孔,可以调整相应定额子目。

2)工程量计算规则

(1)机械钻孔桩

①旋挖机械钻孔灌注桩土(石)方工程量按设计图示桩的截面积乘以桩孔中心线深度以"m^3"计算;成孔深度为自然地面至桩底的深度;机械钻孔灌注桩土(石)方工程量按设计桩长

以“m”计算。

②机械钻孔灌注混凝土桩(含旋挖桩)工程量按设计截面面积乘以桩长(长度加600 mm)以“m^3”计算。

③钢护筒工程量按长度以“m”计算。可拔出时,其混凝土工程量按钢护筒外直径计算;成孔无法拔出时,其钻孔孔径按照钢护筒外直径计算,混凝土工程量按设计桩径计算。

(2)人工挖孔桩

①截(凿)桩头按设计桩的截面积(含护壁)乘以桩头长度以“m^3”计算,截(凿)桩头的弃渣费另行计算。

②人工挖孔桩土石方工程量以设计桩的截面积(含护壁)乘以桩孔中心线深度以“m^3”计算。

③人工挖孔桩,如在同一桩孔内,有土有石时,按其土层与岩石不同深度分别计算工程量,执行相应定额子目,如图4.6所示。

a.土方按6 m内挖孔桩定额执行。

b.软质岩、较硬岩分别执行10 m内人工凿软质岩、较硬岩挖孔桩相应子目。

④人工挖孔灌注桩桩芯混凝土按单根设计桩长乘以设计断面以“m^3”计算。

⑤护壁模板按模板接触面以“m^2”计算。

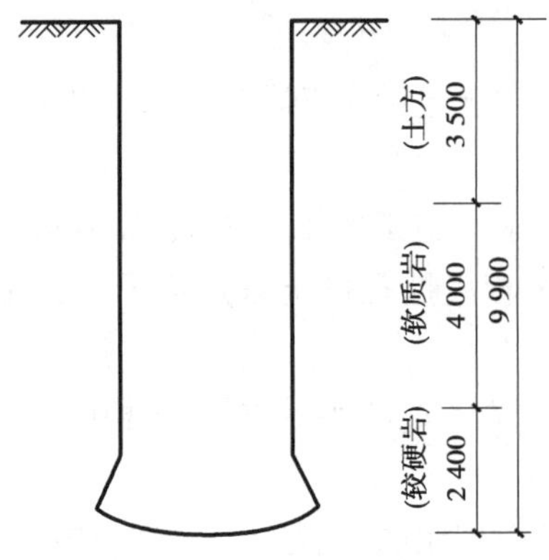

图4.6 挖孔桩深度示意图

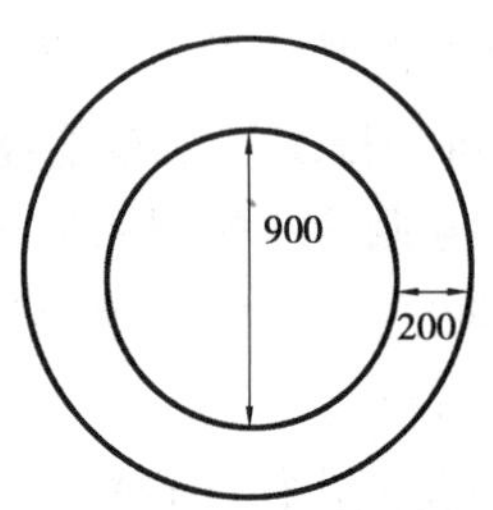

图4.7 平面示意图

【例4.1】 已知某一人工挖孔灌注桩(圆柱形),如图4.7所示为平面示意图,设计桩直径为0.9 m,桩长为3.74 m。成孔深度为3.74 m,其中土方深度为2.24 m,软质岩深度为1.5 m,护壁宽度为0.2 m,求挖土石方工程量和桩芯混凝土工程量。

【解】 挖土方工程量:

$$V=3.14\times0.65^2\times2.24=2.97(m^3)$$

挖石方工程量:

$$V=3.14\times0.45^2\times1.5=0.95(m^3)$$

桩芯混凝土工程量:

$$V=3.14\times0.45^2\times3.74=2.38(m^3)$$

▶ 4.2.3　砖石基础说明与工程量计算规则

1)砖石基础工程量的说明

基础与墙(柱)身的划分如下:

①基础与墙(柱)身使用同一种材料时,以设计室内地面为界(有地下室者,以地下室室内设计地面为界),以下为基础,以上为墙(柱)身。

②基础与墙(柱)身使用不同材料时,位于设计室内地面高度≤±300 mm时,以不同材料为分界线;高度>±300 mm时,以设计室内地面为分界线。

③砖砌地沟不分墙基和墙身,按不同材质合并工程量套用相应定额。

④砖围墙以设计室外地坪为界,以下为基础,以上为墙身;当内外地坪标高不同时,以其较低标高为界,以下为基础,以上为墙身。

⑤石基础、石勒脚、石墙的划分:基础与勒脚应以设计室外地坪为界,勒脚与墙身应以设计室内地面为界。石围墙内外地坪标高不同时,应以较低地坪标高为界,以下为基础;内外标高之差为挡土墙时,挡土墙以上为墙身。

图4.8为基础与墙身的分界线示意图。

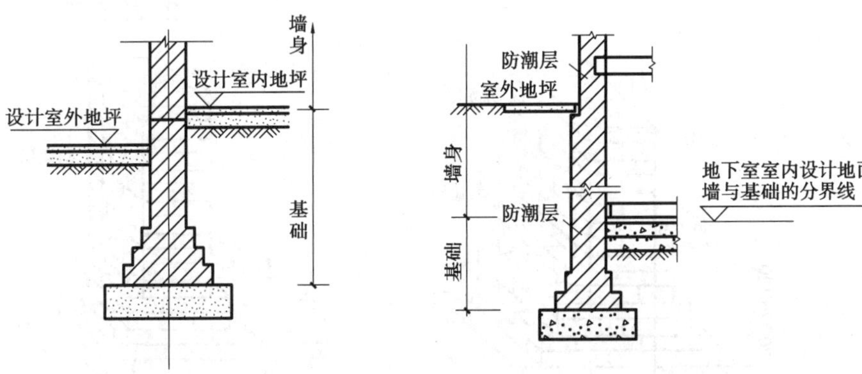

(a)基础与墙身采用同一种材料　(b)地下室的基础与墙身划分示意图

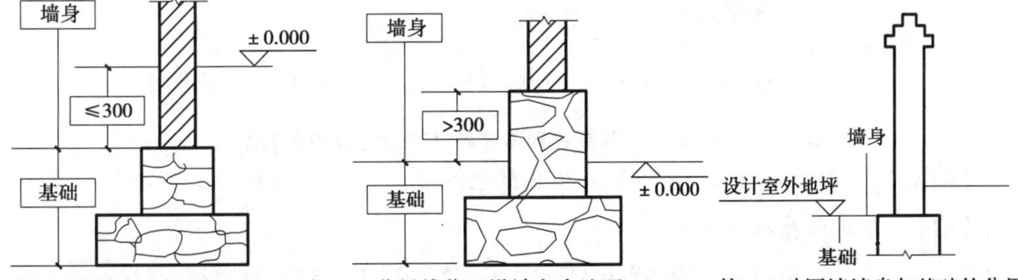

(c)分界线位于设计室内地面±300 mm内　(d)分界线位于设计室内地面±300 mm外　(e)砖围墙墙身与基础的分界

图4.8　基础和墙身分界线示意图

2)工程量计算规则

工程量按设计图示体积以"m^3"计算。

①包括附墙垛基础宽出部分体积,扣除地梁(圈梁)、构造柱所占体积,不扣除基础大放脚

T形接头处的重叠部分及嵌入基础内的钢筋、铁件、管道、基础砂浆防潮层和单个面积≤0.3 m^2的孔洞所占体积，靠墙暖气沟的挑檐不增加。图4.9为附墙垛基础宽出部分示意图，图4.10为基础放脚T形接头重复部分不扣除示意图，图4.11为等高式和不等高式基础大放脚示意图。

②基础长度：外墙按外墙中心线，内墙按内墙净长线计算。

③石基础、石墙的工程量计算规则参照砖砌体、砌块砌体相应规定执行。

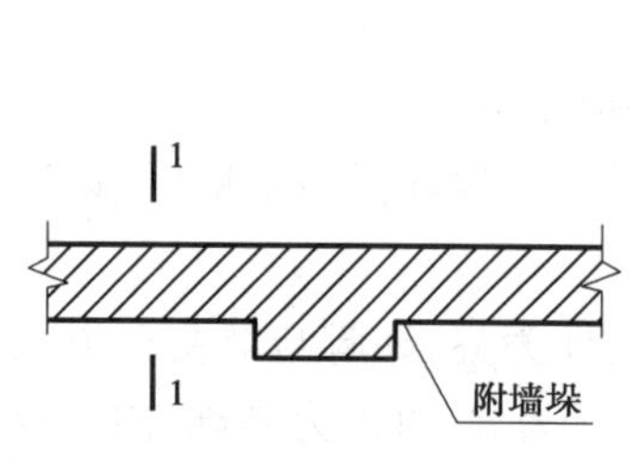

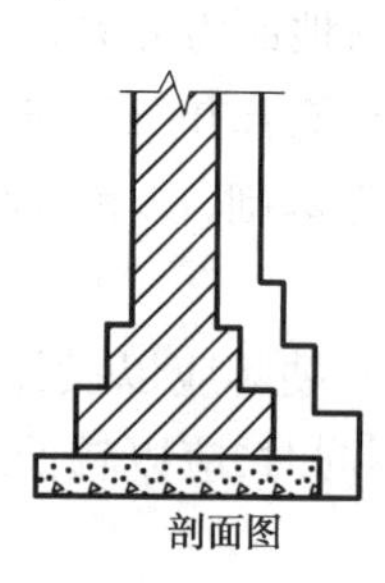

图4.9 附墙垛基础宽出部分示意图

图4.10 基础放脚T形接头重复部分不扣除示意图

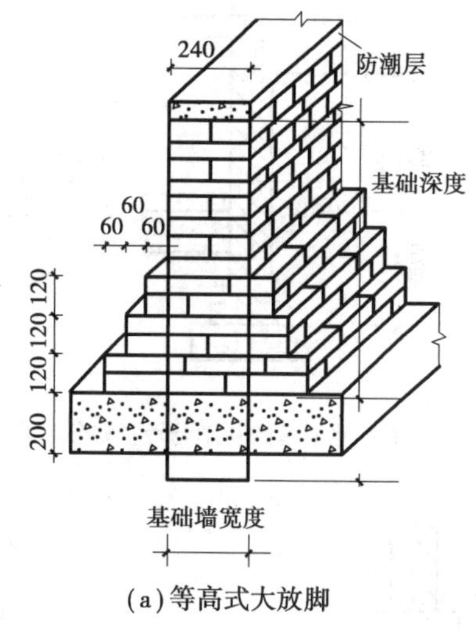

(a)等高式大放脚

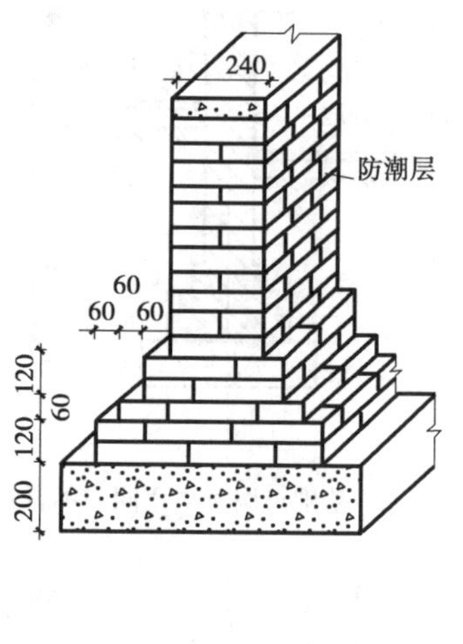

(b)不等高式大放脚

图4.11 等高式和不等高式基础大放脚示意图

【例4.2】 计算如图4.12所示砖基础的工程量。

【解】 外墙砖基础长度：

$$L_{中}=(6+4.8+6.3+8.1+4.5)\times 2=59.4(\mathrm{m})$$

内墙砖基础长度：

$$L_{内}=(6+4.8-0.24)+(5.7-0.24)+(8.1-0.24)+6.3+(4.5+2.4-0.24)=36.84(\mathrm{m})$$

砖基础断面面积：

$S_{断}=(1.95-0.1-0.126\times3)\times0.24+(0.24+0.0625\times2)\times0.126+(0.24+0.0625\times4)\times0.126+(0.24+0.0625\times6)\times0.126=0.54(m^2)$

砖基础体积：

$$V_{砖基础}=(L_{中}+L_{内})\times S_{断}=(59.4+36.84)\times0.54=51.97(m^3)$$

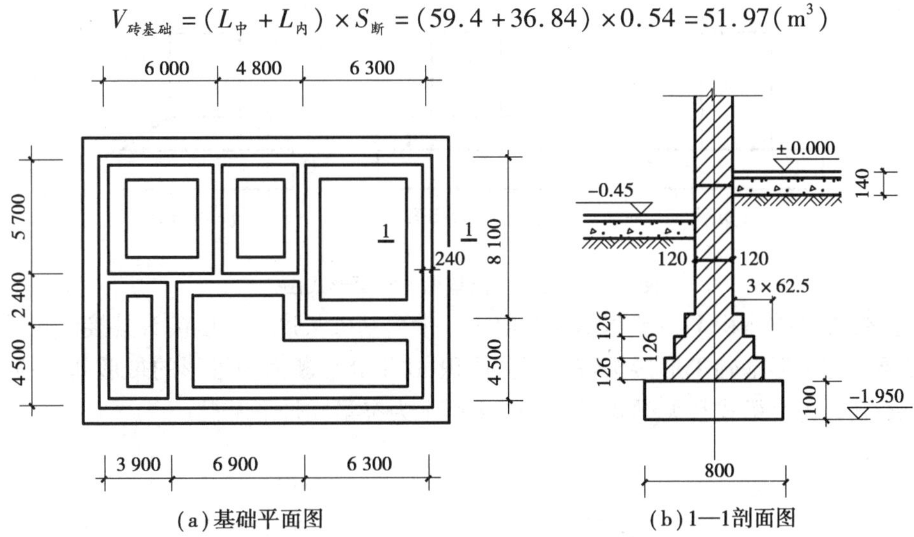

图 4.12　砖基础平面图及剖面图

▶ 4.2.4　混凝土基础说明与工程量计算规则

1)混凝土基础说明

①基础混凝土厚度在300 mm 以内的,执行基础垫层定额子目;厚度在300 mm 以上的,按相应基础定额子目执行。

②现浇(弧形)基础梁适用于无底模的(弧形)基础梁,有底模时执行现浇(弧形)梁相应定额子目。

③混凝土基础与墙或柱的划分均按基础扩大顶面为界。

④混凝土杯形基础杯颈部分的高度大于其长边的3倍者,按高杯基础定额子目执行。

⑤有肋带形基础,肋高与肋宽之比在5∶1以内时,肋和带形基础合并执行带形基础定额子目;在5∶1以上时,其肋部分按混凝土墙相应定额子目执行。

2)工程量计算规则

混凝土基础工程量按设计图示体积以"m^3"计算,不扣除构件内钢筋、螺栓、预埋铁件及单个面积0.3 m^2 以内的孔洞所占体积。

①无梁式满堂基础,其倒转的柱头(帽)并入基础计算,肋形满堂基础的梁、板合并计算。

②有肋带形基础,肋高与肋宽之比在5∶1以上时,肋与带形基础应分别计算。

③箱式基础应按满堂基础(底板)、柱、墙、梁、板(顶板)分别计算。

④框架式设备基础应按基础、柱、梁、板分别计算。

⑤计算混凝土承台工程量时,不扣除伸入承台基础的桩头所占体积。

3)具体计算应用

(1)混凝土带形基础及体积计算

混凝土带形基础常见的断面形式有矩形、阶梯形、锥形,如图 4.13 所示。

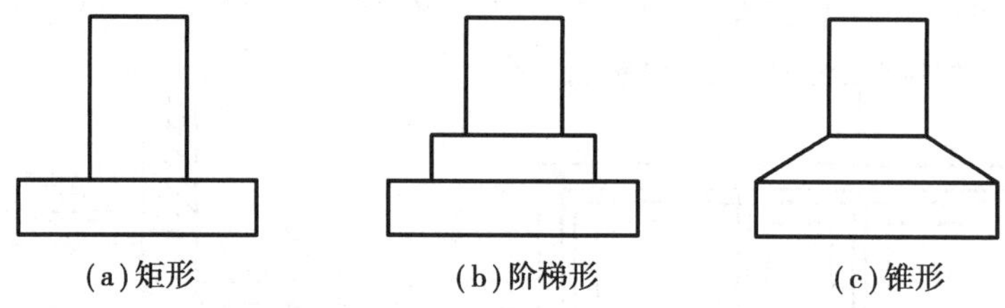

图 4.13 带形基础常见的断面形式图

混凝土带形基础体积 $V_{带形}$ = 基础断面面积 × 带形基础长度 + T 形接头搭接体积,则阶梯形和锥形要考虑带形基础 T 形接头搭接部分体积,这里介绍断面为锥形的带形基础的体积计算。带形基础分为有梁式和无梁式,如图 4.14 所示为有梁式带形基础。

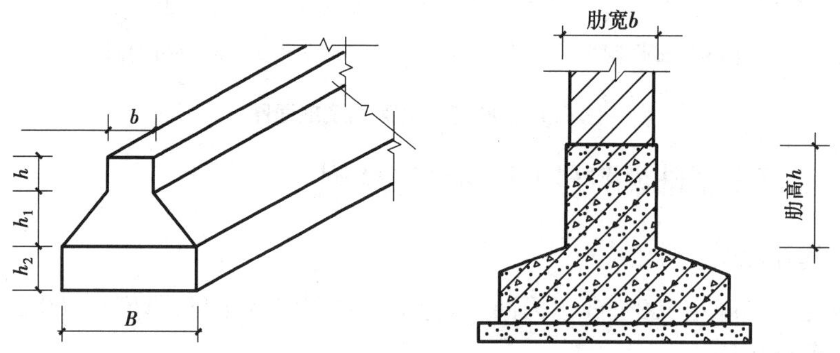

图 4.14 有梁式带形基础示意图

带形基础体积计算方法:

①外墙基础体积 = 外墙基础中心线长度 × 基础断面面积。

②内墙基础体积 = 内墙基础净长线 × 基础断面面积。

③无梁式基础断面面积 $= Bh_2 + \frac{1}{2}(b + B)h_1$。

④有梁式基础断面面积 $= Bh_2 + \frac{1}{2}(b + B)h_1 + bh$。

⑤带形基础 T 形接头搭接如图 4.15 所示,搭接部分体积计算如图 4.16 所示。从图中可以看出,T 形接头搭接部分体积为:

$$V = V_1 + V_2 = L_{搭}\left[bh + h_1\left(\frac{2b + B}{6}\right)\right]$$

式中 V_1——长方形体积,如为无梁式时,$V_1 = 0$;

V_2——两个三棱锥体积加半个长方形体积,如为无梁式时,$V = V_2$。

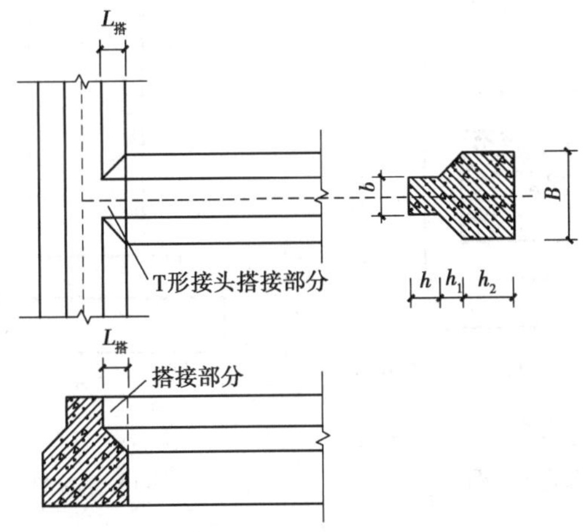

图 4.15 带形基础 T 形接头示意图

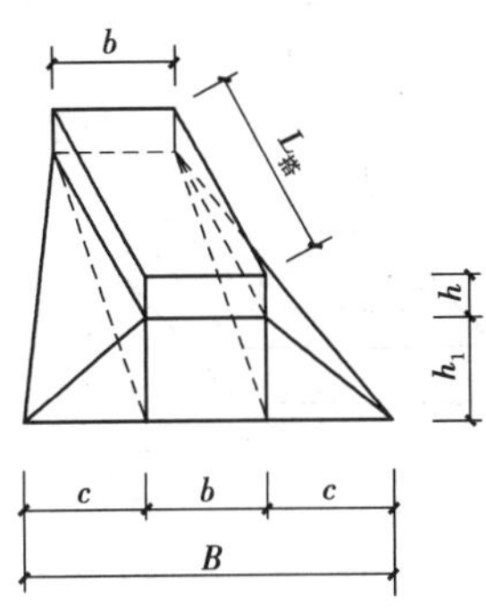

图 4.16 搭接部分体积计算示意图

【例 4.3】 计算如图 4.17 所示带形基础的混凝土工程量。

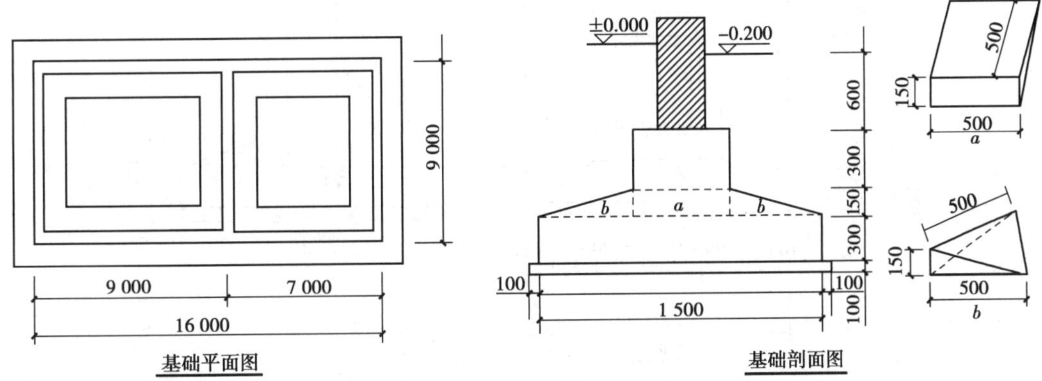

图 4.17 带形基础平面图及剖面图

【解】 计算如下：

外墙基础长度 = (16 + 9) × 2 = 50(m)

内墙基础长度 = 9 − 0.75 × 2 = 7.50(m)

基础断面面积 = 1.5 × 0.3 + (0.5 + 1.5) + 0.5 × 0.3 = 0.75(m²)

基础体积 = (50 + 7.5) × 0.75 + 0.50 × [0.5 × 0.3 + 0.15 × (2 × 0.5 + 1.5) ÷ 6] × 2 = 43.34(m³)

(2)混凝土独立基础及体积计算

独立基础一般为阶梯式或截锥式。图 4.18 基础形状为阶梯式，其体积为各阶矩形的长、宽、高相乘后相加。如果为截锥式，其体积由矩形体积和棱台体积之和构成。

杯形基础是一种特别的独立基础，与普通独立基础的最大区别是基础上部有柱子插入的杯口，如图 4.19 所示。

现浇钢筋混凝土杯形基础的体积分为 4 部分：

①底部棱柱体；

②中部棱台体；

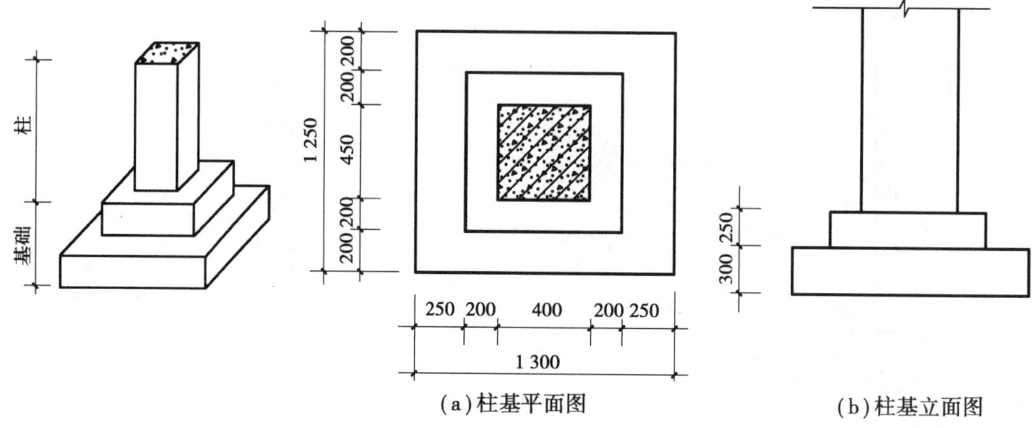

(a)柱基平面图

(b)柱基立面图

图 4.18　独立基础示意图

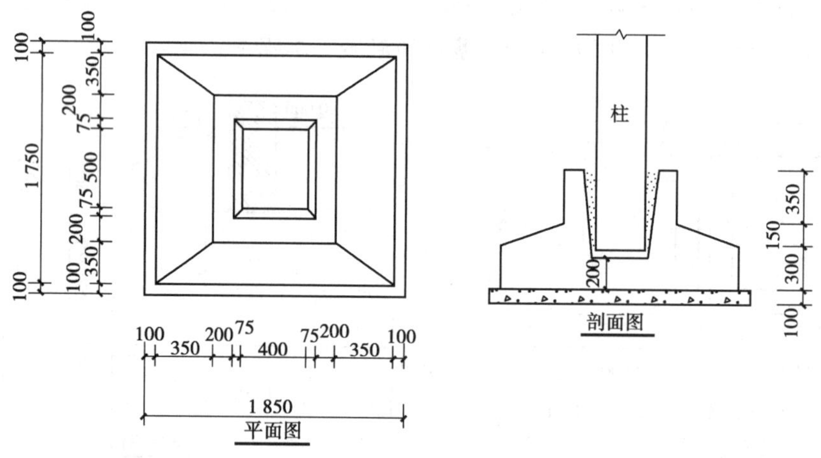

图 4.19　杯形基础示意图

③上部棱柱体；

④(扣除)杯内空心棱台体积。

其中，中部棱台和杯内空心棱台体积是工程计量过程中较常见的几何体，其体积计算式示意图如图 4.20 所示。

$$V=\frac{1}{6}\times[a\cdot b+(a+a_1)(b+b_1)+a_1\cdot b_1]\cdot h$$

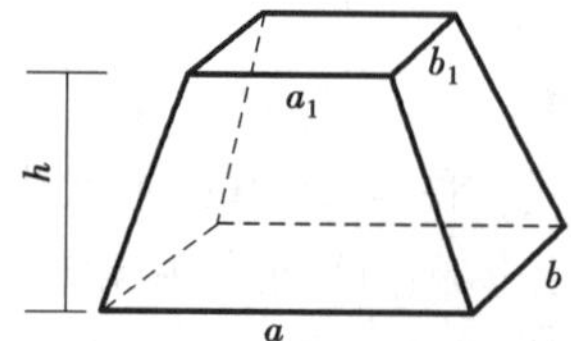

图 4.20　棱台示意图

【例 4.4】　计算如图 4.18 所示的独立基础的工程量。

【解】　独立基础体积：

$V=1.3\times1.25\times0.3+(0.2+0.4+0.2)\times(0.2+0.45+0.2)\times0.25=10.66(\text{m}^3)$

【例 4.5】 计算如图 4.19 所示的杯形基础的工程量。

【解】 $V_{底} = 1.65 \times 1.75 \times 0.3 = 0.866(\text{m}^3)$

$$V_{中} = 0.15 \div 6 \times [1.75 \times 1.65 + (1.75 + 1.05) \times (1.65 + 0.95) + 1.05 \times 0.95] = 0.279(\text{m}^3)$$

$$V_{上} = 1.05 \times 0.95 \times 0.35 = 0.349(\text{m}^3)$$

$$V_{空} = \frac{0.8 - 0.2}{6} \times [0.5 \times 0.4 + (0.5 + 0.65) \times (0.4 + 0.55) + 0.65 \times 0.55] = 0.165(\text{m}^3)$$

杯形基础体积：

$$V_{总} = 0.866 + 0.279 + 0.349 - 0.165 = 1.33(\text{m}^3)$$

(3)混凝土满堂基础及体积计算

满堂基础按结构形式分为箱式满堂基础、有梁式满堂基础和无梁式满堂基础。

箱式满堂基础是指上有顶盖、下有底板、中间有纵横墙或柱连接成整体的基础形式，如图 4.21 所示。按计价定额规定，其工程量应按无梁式满堂基础(底板)、柱、墙、梁、板(顶板)分别计算。

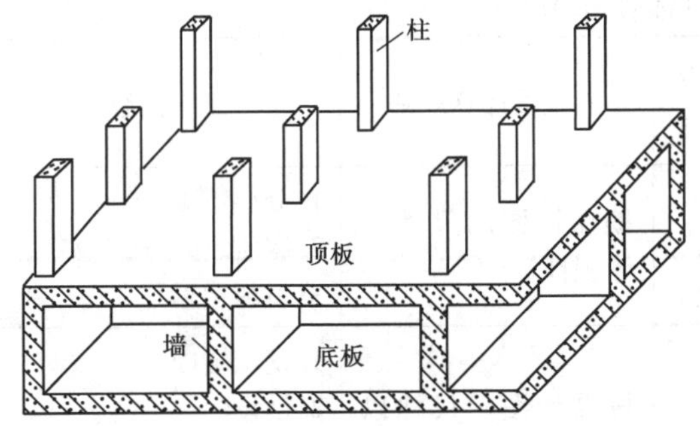

图 4.21　箱式满堂基础

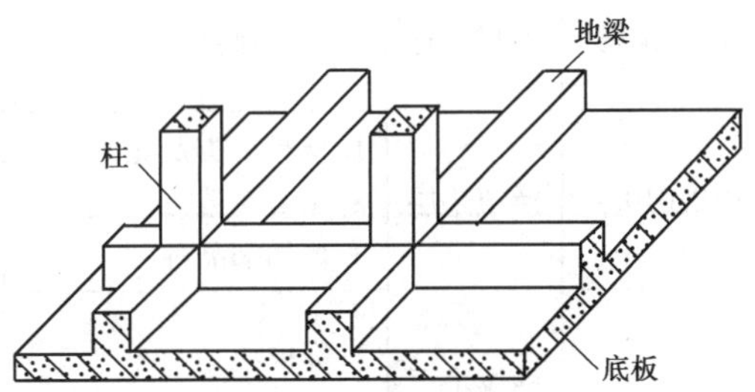

图 4.22　有梁式满堂基础

有梁式满堂基础也称为肋形满堂基础，如图 4.22 所示，其工程量为底板与梁体积之和。

【例 4.6】 计算如图 4.23 所示的满堂基础混凝土工程量。

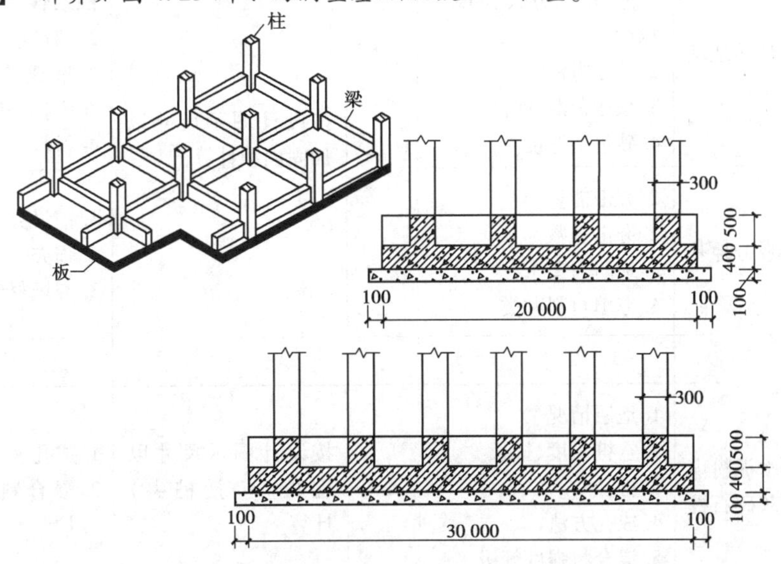

图 4.23　满堂基础示意图

【解】 图 4.23 中的立体图是为了直观地解释有梁式满堂基础，但并不是本例的实际情况，计算时以两个剖面图及数据为准。

满堂基础工程量 V = 底板体积 + 纵横梁体积 − 嵌入梁中柱所占的体积，即

$$V = 0.4 \times 30 \times 20 + 0.3 \times 0.5 \times [(30 - 0.3 \times 6) \times 4 + (20 - 0.3 \times 4) \times 6] = 273.84(\text{m}^3)$$

4.3 清单工程量计算

▶ 4.3.1 地基与基础工程量清单计算规则

1) 地基处理

地基处理工程量清单项目设置、项目特征描述的内容、计量单位及工程量计算规则，应按表 4.1 的规定执行。

表 4.1 地基处理(编号:010201)

<table>
<tr><th>项目编码</th><th>项目名称</th><th>项目特征</th><th>计量单位</th><th>工程量计算规则</th><th>工作内容</th></tr>
<tr><td>010201001</td><td>换填垫层</td><td>1. 材料种类及配比
2. 压实系数
3. 掺加剂品种</td><td>m³</td><td>按设计图示尺寸以体积计算</td><td>1. 分层铺填
2. 碾压、振密或夯实
3. 材料运输</td></tr>
<tr><td>010201002</td><td>铺设土工合成材料</td><td>1. 部位
2. 品种
3. 规格</td><td rowspan="3">m²</td><td>按设计图示尺寸以面积计算</td><td>1. 挖填锚固沟
2. 铺设
3. 固定
4. 运输</td></tr>
<tr><td>010201003</td><td>预压地基</td><td>1. 排水竖井种类、断面尺寸、排列方式、间距、深度
2. 预压方法
3. 预压荷载、时间
4. 砂垫层厚度</td><td rowspan="2">按设计图示尺寸以加固面积计算</td><td>1. 设置排水竖井、盲沟、滤水管
2. 铺设砂垫层、密封膜
3. 堆载、卸载或抽气设备安拆、抽真空
4. 材料运输</td></tr>
<tr><td>010201004</td><td>强夯地基</td><td>1. 夯击能量
2. 夯击遍数
3. 地耐力要求
4. 夯填材料种类</td><td>1. 铺设夯填材料
2. 强夯
3. 夯填材料运输</td></tr>
<tr><td>⋮</td><td>⋮</td><td>⋮</td><td>⋮</td><td>⋮</td><td>⋮</td></tr>
<tr><td>010201008</td><td>水泥粉煤灰碎石桩</td><td>1. 地层情况
2. 空桩长度、桩长
3. 桩径
4. 成孔方法
5. 混合料强度等级</td><td>m</td><td>按设计图示尺寸以桩长（包括桩尖）计算</td><td>1. 成孔
2. 混合料制作、灌注、养护</td></tr>
</table>

续表

项目编码	项目名称	项目特征	计量单位	工程量计算规则	工作内容
⋮	⋮	⋮	⋮	⋮	⋮
010201017	褥垫层	1. 厚度 2. 材料品种及比例	1. m^2 2. m^3	1. 以平方米计量，按设计图示尺寸以铺设面积计算 2. 以立方米计量，按设计图示尺寸以体积计算	材料拌合、运输、铺设、压实

【例 4.7】 某幢别墅工程基底为可塑黏土，不能满足设计承载力要求，采用水泥粉煤灰碎石桩进行地基处理，桩径为 400 mm，桩体强度等级为 C20，桩数为 52 根，设计桩长为 10 m，桩端进入硬塑黏土层不小于 1.5 m，桩顶在地面以下 1.5 ~ 2 m，水泥粉煤灰碎石桩采用振动沉管灌注桩施工，桩顶采用 200 mm 厚人工级配砂石（砂：碎石 =3∶7，最大粒径为 30 mm）作为褥垫层，如图 4.24 所示。请编制地基处理清单工程量计算表。

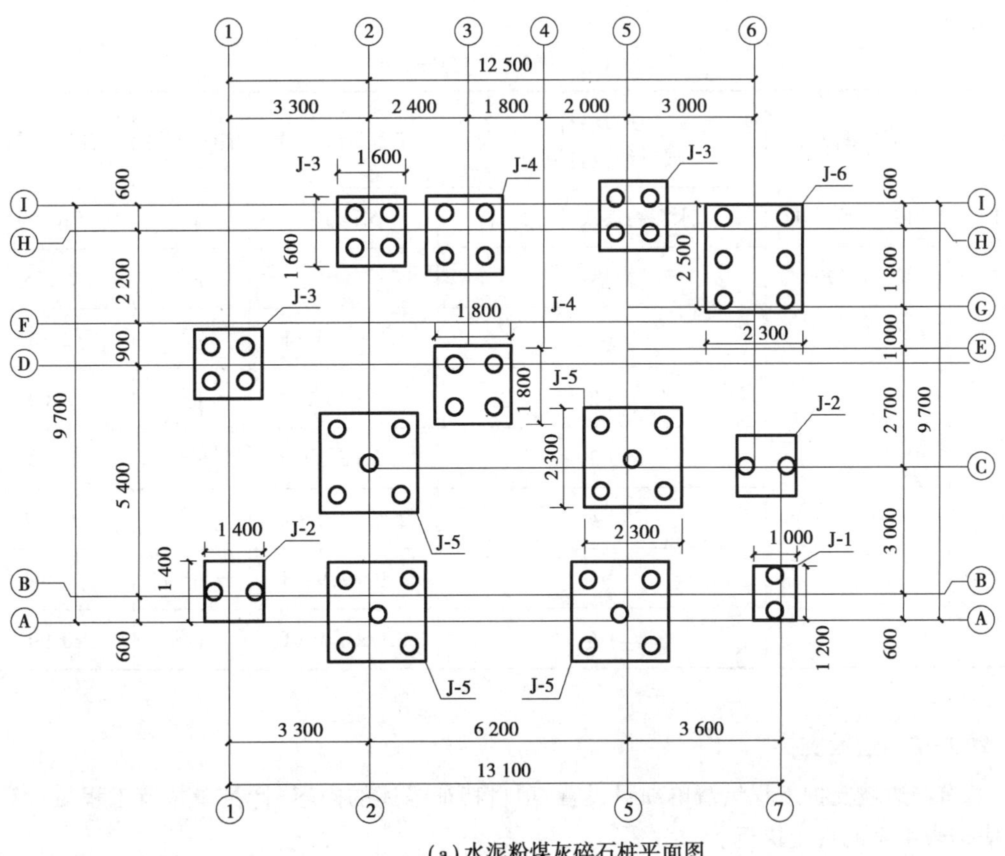

（a）水泥粉煤灰碎石桩平面图

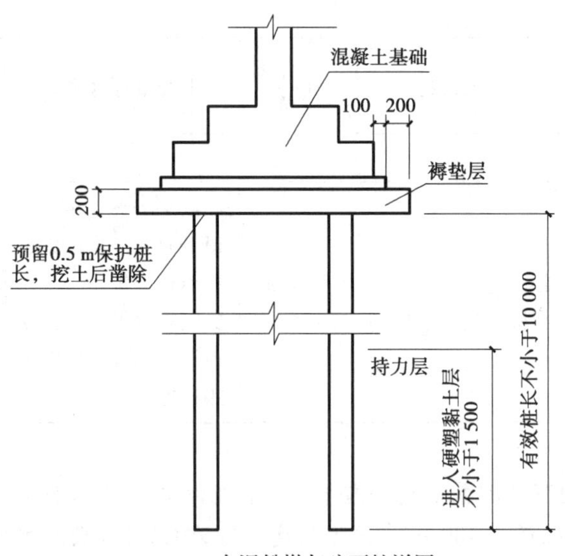

(b)水泥粉煤灰碎石桩详图

图 4.24　地基示意图

【解】　根据以上背景资料计算该工程地基处理清单工程量，并列出清单工程量计算表，见表 4.2。

表 4.2　清单工程量计算表

序号	清单编码	项目名称 或轴线位置说明	工程量计算式	计量单位	工程数量
1	010201008001	水泥粉煤灰碎石桩	52×10	m	520.00
2	010201017001	褥垫层		m^2	79.55
		J-1	1.8×1.6×1	m^2	2.88
		J-2	2×2×2	m^2	8.00
		J-3	2.2×2.2×3	m^2	14.52
		J-4	2.4×2.4×2	m^2	11.52
		J-5	2.9×2.9×4	m^2	33.64
		J-6	2.9×3.1×1	m^2	8.99

2)基坑与边坡支护

基坑与边坡支护工程量清单项目设置、项目特征描述的内容、计量单位及工程量计算规则，应按表 4.3 的规定执行。

表 4.3　基坑与边坡支护(编码:010202)

<table>
<tr><th>项目编码</th><th>项目名称</th><th>项目特征</th><th>计量单位</th><th>工程量计算规则</th><th>工作内容</th></tr>
<tr><td>010202001</td><td>地下连续墙</td><td>1. 地层情况
2. 导墙类型、截面
3. 墙体厚度
4. 成槽深度
5. 混凝土类别、强度等级
6. 接头形式</td><td>m^3</td><td>按设计图示墙中心线长乘以厚度乘以槽深以体积计算</td><td>1. 导墙挖填、制作、安装、拆除
2. 挖土成槽、固壁、清底置换
3. 混凝土制作、运输、灌注、养护
4. 接头处理
5. 土方、废泥浆外运
6. 打桩场地硬化及泥浆池、泥浆沟</td></tr>
<tr><td>010202007</td><td>预应力锚杆、锚索</td><td>1. 地层情况
2. 锚杆(索)类型、部位
3. 钻孔深度
4. 钻孔直径
5. 杆体材料品种、规格、数量
6. 浆液种类、强度等级</td><td rowspan="2">1. m
2. 根</td><td rowspan="2">1. 以米计量,按设计图示尺寸以钻孔深度计算
2. 以根计量,按设计图示数量计算</td><td>1. 钻孔、浆液制作、运输、压浆
2. 锚杆、锚索制作、安装
3. 张拉锚固
4. 锚杆、锚索施工平台搭设、拆除</td></tr>
<tr><td>010202008</td><td>其他锚杆、土钉</td><td>1. 地层情况
2. 钻孔深度
3. 钻孔直径
4. 置入方法
5. 杆体材料品种、规格、数量
6. 浆液种类、强度等级</td><td>1. 钻孔、浆液制作、运输、压浆
2. 锚杆、土钉制作、安装
3. 锚杆、土钉施工平台搭设、拆除</td></tr>
<tr><td>010202009</td><td>喷射混凝土、水泥砂浆</td><td>1. 部位
2. 厚度
3. 材料种类
4. 混凝土(砂浆)类别、强度等级</td><td>m^2</td><td>按设计图示尺寸以面积计算</td><td>1. 修整边坡
2. 混凝土(砂浆)制作、运输、喷射、养护
3. 钻排水孔、安装排水管
4. 喷射施工平台搭设、拆除</td></tr>
</table>

续表

项目编码	项目名称	项目特征	计量单位	工程量计算规则	工作内容
010202010	混凝土支撑	1. 部位 2. 混凝土强度等级	m^3	按设计图示尺寸以体积计算	1. 模板（支架或支撑）制作、安装、拆除、堆放、运输及清理模内杂物、刷隔离剂等 2. 混凝土制作、运输、浇筑、振捣、养护
010202011	钢支撑	1. 部位 2. 钢材品种、规格 3. 探伤要求	t	按设计图示尺寸以质量计算。不扣除孔眼质量，焊条、铆钉、螺栓等不另增加质量	1. 支撑、铁件制作（摊销、租赁） 2. 支撑、铁件安装 3. 探伤 4. 刷漆 5. 拆除 6. 运输

3）桩基工程

灌注桩工程量清单项目设置、项目特征描述的内容、计量单位及工程量计算规则，应按表4.4的规定执行。

表4.4　灌注桩（编号:010302）

项目编码	项目名称	项目特征	计量单位	工程量计算规则	工作内容
010302001	泥浆护壁成孔灌注桩	1. 地层情况 2. 空桩长度、桩长 3. 桩径 4. 成孔方法 5. 护筒类型、长度 6. 混凝土类别、强度等级	1. m 2. m^3 3. 根	1. 以米计量，按设计图示尺寸以桩长（包括桩尖）计算 2. 以立方米计量，按不同截面在桩上范围内以体积计算 3. 以根计量，按设计图示数量计算	1. 护筒埋设 2. 成孔、固壁 3. 混凝土制作、运输、灌注、养护 4. 土方、废泥浆外运 5. 打桩场地硬化及泥浆池、泥浆沟
010302002	沉管灌注桩	1. 地层情况 2. 空桩长度、桩长 3. 复打长度 4. 桩径 5. 沉管方法 6. 桩尖类型 7. 混凝土类别、强度等级			1. 打（沉）拔钢管 2. 桩尖制作、安装 3. 混凝土制作、运输、灌注、养护

续表

项目编码	项目名称	项目特征	计量单位	工程量计算规则	工作内容
010302003	干作业成孔灌注桩	1. 地层情况 2. 空桩长度、桩长 3. 桩径 4. 扩孔直径、高度 5. 成孔方法 6. 混凝土类别、强度等级	1. m 2. m^3 3. 根	1. 以米计量,按设计图示尺寸以桩长(包括桩尖)计算 2. 以立方米计量,按不同截面在桩上范围内以体积计算 3. 以根计量,按设计图示数量计算	1. 成孔、扩孔 2. 混凝土制作、运输、灌注、振捣、养护
010302004	挖孔桩土(石)方	1. 土(石)类别 2. 挖孔深度 3. 弃土(石)运距	m^3	按设计图示尺寸截面积乘以挖孔深度以立方米计算	1. 排地表水 2. 挖土、凿石 3. 基底钎探 4. 运输
010302005	人工挖孔灌注桩	1. 桩芯长度 2. 桩芯直径、扩底直径、扩底高度 3. 护壁厚度、高度 4. 护壁混凝土类别、强度等级 5. 桩芯混凝土类别、强度等级	1. m^3 2. 根	1. 以立方米计量,按桩芯混凝土体积计算 2. 以根计量,按设计图示数量计算	1. 护壁制作 2. 混凝土制作、运输、灌注、振捣、养护
010302006	钻孔压浆桩	1. 地层情况 2. 空钻长度、桩长 3. 钻孔直径 4. 水泥强度等级	1. m 2. 根	1. 以米计量,按设计图示尺寸以桩长计算 2. 以根计量,按设计图示数量计算	钻孔、下注浆管、投放骨料、浆液制作、运输、压浆
010302007	桩底注浆	1. 注浆导管材料、规格 2. 注浆导管长度 3. 单孔注浆量 4. 水泥强度等级	孔	按设计图示以注浆孔数计算	1. 注浆导管制作、安装 2. 浆液制作、运输、压浆

【例 4. 8】 某工程采用人工挖孔桩基础,设计情况如图 4. 25 所示,桩数为 10 根,桩端进入中风化泥岩不少于 1. 5 m。护壁混凝土采用现场搅拌,强度等级为 C25。桩芯采用商品混凝土,强度等级为 C25。土方采用场内转运。地层情况自上而下为:卵石层(四类土)厚为 5 ~ 7 m,强风化岩(极软岩)厚为 3 ~5 m, 以下为中风化岩(软岩),试计算挖孔桩和护壁的混凝土工程量。

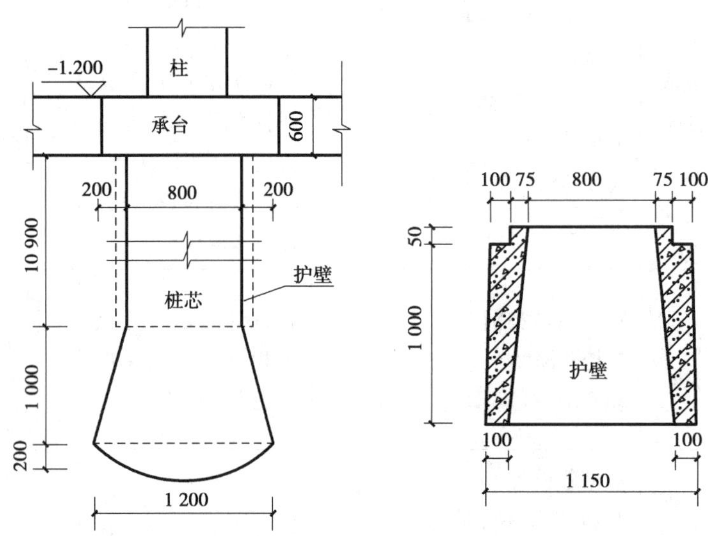

图 4. 25　桩基示意图

【解】 桩混凝土体积可分成 3 段:标准段、底部扩大头、底部球冠。

$$V_{直芯}=3.14\times(1.15\div2)^2\times10.9=11.32(\mathrm{m}^3)$$

$$V_{扩大头}=\frac{1}{3}\times1\times(3.14\times0.4^2+3.14\times0.6^2+3.14\times0.4\times0.6)=0.8(\mathrm{m}^3)$$

$$V_{球冠}=3.14\times0.2^2\times\left(R-\frac{0.2}{3}\right)=0.12(\mathrm{m}^3)$$

$$R=\frac{0.6^2+0.2^2}{2\times0.2}=1$$

桩护壁混凝土:

$$V_{护壁}=3.14\times[(1.15\div2)^2-(0.875\div2)^2]\times10.9\times10=47.67(\mathrm{m}^3)$$

则挖孔桩桩芯混凝土工程量:

$$V_{桩芯}=(11.32+0.8+0.12)\times10-V_{护壁}=122.40-47.67=74.73(\mathrm{m}^3)$$

在实际工程中,扩大头部分是不计算护壁体积的,如果有石方,护壁也不伸入石方里,大家应灵活运用计算式准确计算出工程量。

4)砖石基础工程

砖石基础工程量清单项目设置、项目特征描述的内容、计量单位及工程量计算规则,应按表 4. 5 和表 4. 6 的规定执行。

表 4.5　砖基础(编号:010401)

项目编码	项目名称	项目特征	计量单位	工程量计算规则	工作内容
010401001	砖基础	1. 砖品种、规格、强度等级 2. 基础类型 3. 砂浆强度等级 4. 防潮层材料种类	m^3	按设计图示尺寸以体积计算。包括附墙垛基础宽出部分体积,扣除地梁(圈梁)、构造柱所占体积,不扣除基础大放脚T形接头处的重叠部分及嵌入基础内的钢筋、铁件、管道、基础砂浆防潮层和单个面积≤0.3 m^2 的孔洞所占体积,不增加靠墙暖气沟的挑檐 基础长度:外墙按外墙中心线,内墙按内墙净长线计算	1. 砂浆制作、运输 2. 砌砖 3. 防潮层铺设 4. 材料运输
010401002	砖砌挖孔桩护壁	1. 砖品种、规格、强度等级 2. 砂浆强度等级		按设计图示尺寸以立方米计算	1. 砂浆制作、运输 2. 砌砖 3. 材料运输

表 4.6　石基础(编号:010403)

项目编码	项目名称	项目特征	计量单位	工程量计算规则	工作内容
010403001	石基础	1. 石料种类、规格 2. 基础类型 3. 砂浆强度等级	m^3	按设计图示尺寸以体积计算。包括附墙垛基础宽出部分体积,不扣除基础砂浆防潮层及单个面积≤0.3 m^2 的孔洞所占体积,靠墙暖气沟的挑檐不增加体积 基础长度:外墙按中心线,内墙按净长计算	1. 砂浆制作、运输 2. 吊装 3. 砌石 4. 防潮层铺设 5. 材料运输

注:①石基础、石勒脚、石墙的划分:基础与勒脚应以设计室外地坪为界。勒脚与墙身应以设计室内地面为界。石围墙内外地坪标高不同时,应以较低地坪标高为界,以下为基础;内外标高之差为挡土墙时,挡土墙以上为墙身。

②"石基础"项目适用于各种规格(粗料石、细料石等)、各种材质(砂石、青石等)和各种类型(柱基、墙基、直形、弧形等)基础。

【例 4.9】　已知基础平面图如图 4.26 所示,土为三类土,地面厚为 130 mm,设计室外地坪高度为 -0.3 m,计算基础及垫层的工程量(设计图示:外墙轴线居外墙外边 120 mm 位置;内墙轴线居内墙中心线位置;外墙与内墙在同一轴线时按外墙设置轴线位置)。注意:370 mm砖基础的计算厚度应是 365 mm。

【解】　外墙中心线长 $L_{中} = (15.5 + 0.24 - 0.365 + 7.1 + 0.24 - 0.365) \times 2 = 44.7(m)$

内墙净长线 $L_{内} = (5.24 - 0.365 \times 2) \times 4 + 3.74 - 0.365 \times 2 = 21.05(m)$

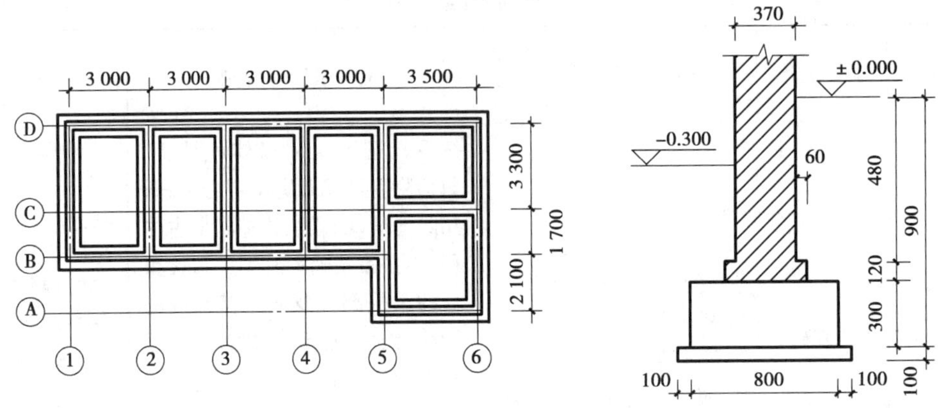

图 4.26　基础平面及立面图

(1)垫层混凝土工程量

$$V_{垫层}=1\times 0.1\times[44.7+(5.24-0.365-1)\times 4+3.74-0.365-1]=6.26(m^3)$$

(2)条形基础混凝土工程量

$$V_{条基}=0.3\times 0.8\times[44.7+(5.24-0.365-0.8)\times 4+3.74-0.365-0.8]=15.26(m^3)$$

(3)砖基础工程量

$$V_{砖基础}=[0.365\times(0.48+0.12)+0.06\times 0.12\times 2]\times(44.7+21.05)=15.35(m^3)$$

5)现浇混凝土基础

现浇混凝土基础工程量清单项目设置、项目特征描述的内容、计量单位及工程量计算规则,应按表 4.7 的规定执行。

表 4.7　现浇混凝土基础(编号:010501)

项目编码	项目名称	项目特征	计量单位	工程量计算规则	工作内容
010501001	垫层	1. 混凝土类别 2. 混凝土强度等级	m^3	按设计图示尺寸以体积计算。不扣除构件内钢筋、预埋铁件和伸入承台基础的桩头所占体积	1. 模板及支撑制作、安装、拆除、堆放、运输及清理模内杂物、刷隔离剂等 2. 混凝土制作、运输、浇筑、振捣、养护
010501002	带形基础				
010501003	独立基础				
010501004	满堂基础				
010501005	桩承台基础				
010501006	设备基础	1. 混凝土类别 2. 混凝土强度等级 3. 灌浆材料、灌浆材料强度等级			

【例 4.10】　计算如图 4.27 所示独立基础和垫层的混凝土工程量。注:独立基础及基础梁顶标高为 -1.2 m,独立基础及基础梁为 C25,基础垫层为 C15,独立基础及基础梁均设置 100 mm 厚垫层,每边宽出基础边 100 mm。

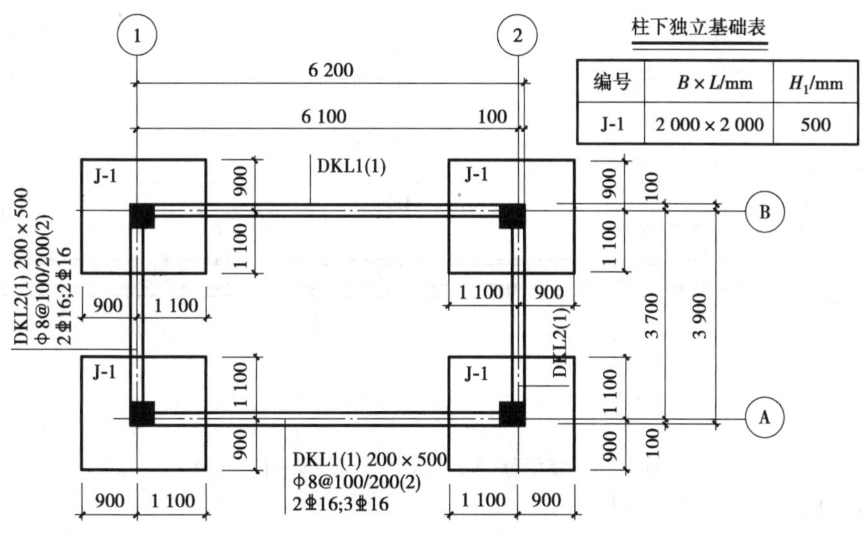

图 4.27 独立基础平面布置图(单位:mm)

【解】 (1)垫层混凝土工程量

$$V_{垫层}=2.2\times2.2\times0.1\times4+0.4\times0.4\times[(6.1-1.1\times2)+(3.7-1.1\times2)]\times2\times0.1$$
$$=2.34(m^3)$$

(2)独立基础混凝土工程量

$$V_{独基}=2\times2\times0.5\times4=8.0(m^3)$$

【例 4.11】 已知筏板基础如图 4.28 所示,土为三类土,基础梁尺寸为 300 mm × 600 mm,集水井深 1 200 mm,请计算筏板基础的工程量。

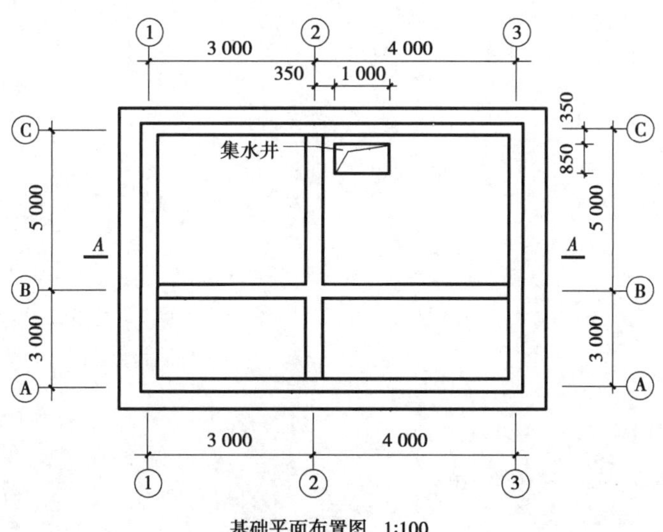

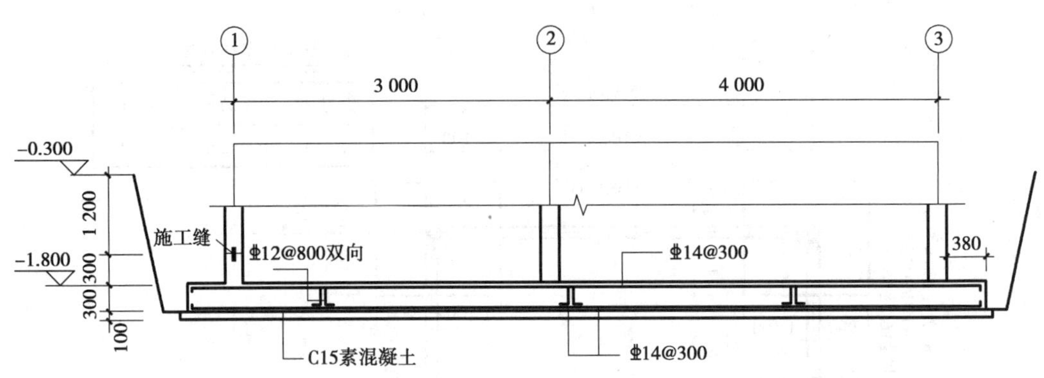

图 4.28　筏板基础平面及剖立面图(单位:mm)

【解】 $V_{集水井}=1\times0.85\times0.3=0.255(m^3)$

$V_{基础梁}=(7\times2+8\times2+7-0.3+8-0.6)\times0.3\times0.3=3.97(m^3)$

$V_{筏板}=(7+0.3+0.38\times2)\times(8+0.3+0.38\times2)\times0.3-0.255+3.97$

$=25.65(m^3)$

5

砌筑工程量计算

5.1 砌筑工程概述

5.1.1 砌筑工程材料

砌墙的材料主要是砖、砌块和砂浆。砌体墙是指用砌筑砂浆将砖或砌块按一定技术要求砌筑而成的砌体。

1)砖

(1)砖的种类

砌墙用砖的类型有很多,按照砖的外观形状可分为普通实心砖(标准砖)、多孔砖和空心砖3种。

①普通实心砖是指没有孔洞或孔洞率小于15%的砖。普通实心砖中最常见的是烧结普通砖,另外还有炉渣砖、烧结粉煤灰砖等。

②多孔砖是指孔洞率不小于15%,孔的直径小、数量多的砖,可以用于承重部位。

③空心砖是指孔洞率不小于15%,孔的尺寸大、数量少的砖,只能用于非承重部位。

(2)砖的尺寸

标准砖的规格为53 mm×115 mm×240 mm,如图5.1(a)所示。在加入灰缝尺寸后,砖的长、宽、厚之比为4:2:1,如图5.1(b)所示,即一个砖长等于两个砖宽加灰缝(240 mm=2×115 mm+10 mm)或等于4个砖厚加3个灰缝(240 mm=4×53 mm+3×9.5 mm)。在工程实际应用中,砌体的组合模数为一个砖宽加一个灰缝,即115 mm+10 mm=125 mm。

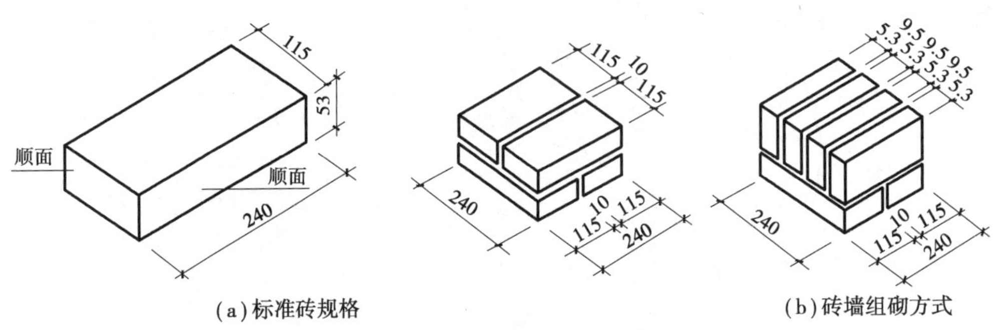

(a)标准砖规格　　(b)砖墙组砌方式

图5.1　标准砖的尺寸关系

多孔砖与空心砖的规格一般与普通实心砖在长、宽方向相同,但增加了厚度尺寸,并使其符合模数的要求,如240 mm×115 mm×95 mm。长、宽、高均符合现有模数协调的多孔砖和空心砖并不多见,而常见于新型材料的墙体砌块。

(3)砖的强度等级

烧结多孔砖和烧结实心砖统称为烧结普通砖,其强度等级是根据其抗压强度和抗折强度确定的,共分为MU10,MU15,MU20,MU25,MU30 5个等级。其中,建筑中砌墙常用的是MU10。

2)砌块

砌块按单块质量和规格可分为小型砌块、中型砌块和大型砌块。目前,采用中、小型砌块的居多。小型砌块的质量一般不超过20 kg,主块外形尺寸为190 mm×190 mm×390 mm,辅块外形尺寸为90 mm×190 mm×190 mm和190 mm× 190 mm×190 mm,适合人工搬运和砌筑。中型砌块的质量为20~350 kg。目前,各地的规格不统一,常见的有180 mm×845 mm×630 mm、180 mm×845 mm×1280 mm、240 mm×380 mm×280 mm、240 mm×380 mm×580 mm、240 mm× 380 mm× 880 mm等,需要用轻便机具搬运和砌筑。大型砌块的质量一般在350 kg以上,是向板材过渡的一种形式,需要用大型设备搬运和施工。

3)砌筑砂浆

砂浆是砌块的胶结材料。砖块需经砂浆砌筑成墙体,使其传力均匀,砂浆还起嵌缝作用,能提高防寒、隔热和隔声能力。

(1)现场拌制砂浆

砌筑砂浆按组成材料的不同进行分类,可分为水泥砂浆、石灰砂浆和水泥石灰混合砂浆。一般砌筑基础采用水泥砂浆;砌筑主体及砖柱常采用水泥石灰混合砂浆;石灰砂浆有时用于砌筑简易工程。常用的砂浆强度等级有M5,M7.5,M10,M15,M20等,工程中根据具体强度要求选择使用。

①水泥砂浆。其主要特点是强度高、耐久性和耐火性好,但其流动性和保水性差,相对而言施工较困难。在强度等级相同的条件下,采用水泥砂浆砌筑的砌体强度要比用其他砂浆低。水泥砂浆常用于地下结构或经常受侵蚀的砌体部位。

②混合砂浆。由水泥、石灰膏、砂和水拌和而成,其强度高,耐久性、流动性和保水性均较好,便于施工,容易保证施工质量,是砌体结构中常用的砂浆。

③石灰砂浆。由石灰、砂和水拌和而成。石灰砂浆强度低,耐久性也差,流动性和保水性

较好,通常用于临时建筑或简易建筑。

(2)预拌(商品)砂浆

预拌(商品)砂浆是由专业化生产厂家生产的,用于建设工程中的各种砂浆拌合物。预拌砂浆按性能可分为普通预拌砂浆和特种预拌砂浆;按生产方式可将预拌砂浆分为湿拌砂浆和干拌砂浆两大类(将加水拌和而成的湿拌拌合物称为湿拌砂浆;将干态材料混合而成的固态混合物称为干混砂浆)。湿拌砂浆包括湿拌砌筑砂浆、湿拌抹灰砂浆、湿拌地面砂浆和湿拌防水砂浆4种,因特殊用途的砂浆黏度大,无法采用湿拌的形式生产,湿拌砂浆中仅包括普通砂浆。干混砂浆又分为普通干混砂浆和特种干混砂浆两种。普通干混砂浆主要用于砌筑、抹灰、地面和普通防水工程。特种干混砂浆是指具有特种性能要求的砂浆。

▶ 5.1.2 砌筑工程砌筑方式

1)施工工艺

定位放线→卫生间反坎制作→拉墙钢筋植筋→摆砖撂底→挂垂直线和立皮数杆→分层砌筑→腰梁和窗台压顶梁→分层砌筑→门窗过梁施工→分层施工到梁板底留置高度(标准砖长度45°/60°,即16~20 cm双向斜顶设置)→砌体砂浆沉降稳定至少7天后砌筑斜顶砖→支模浇筑构造柱并在24小时后拆除模板和人工精细凿除凸出墙面的混凝土→线槽线盒切槽预留与封闭→分批验收。

2)砖墙的砌筑方式

砖墙的砌筑必须横平竖直、错缝搭接,砖缝砂浆饱满、厚薄均匀。烧结普通砖依其砌筑方式的不同,可组合成多种墙体。

(1)实砌砖墙

在砌筑中,每排列一层砖称为"一皮",将垂直于墙面砌筑的砖称为"丁砖",把长边沿墙面砌筑的砖称为"顺砖"。实体墙常见的砌筑方式有一顺一丁式、三顺一丁式、每皮丁顺相间式(梅花丁式)、两平一侧式(18墙)和全顺式(走砖式)等,如图5.2所示。

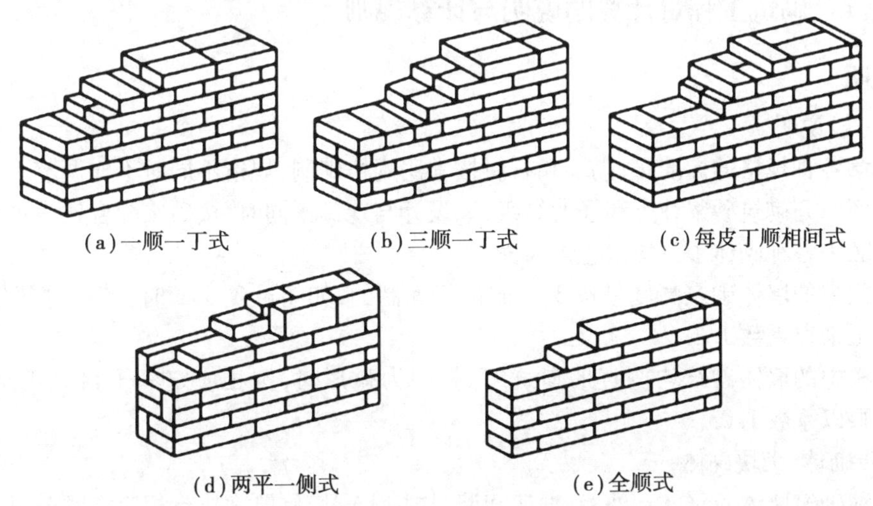

(a)一顺一丁式　(b)三顺一丁式　(c)每皮丁顺相间式

(d)两平一侧式　(e)全顺式

图5.2　砖墙砌筑方式

(2)空体墙

空体墙一般可分为空斗墙和空心墙两种。空斗墙是指用烧结普通砖平砌与侧砌相结合形成的空体墙。墙厚为一砖,砌筑方式常用一眠一斗、一眠二斗或一眠三斗以及无眠空斗墙,如图5.3所示。眠砖是指垂直于墙面的平砌砖,斗砖是指平行于墙面的侧砌砖,立砖是指垂直于墙面的侧砌砖。

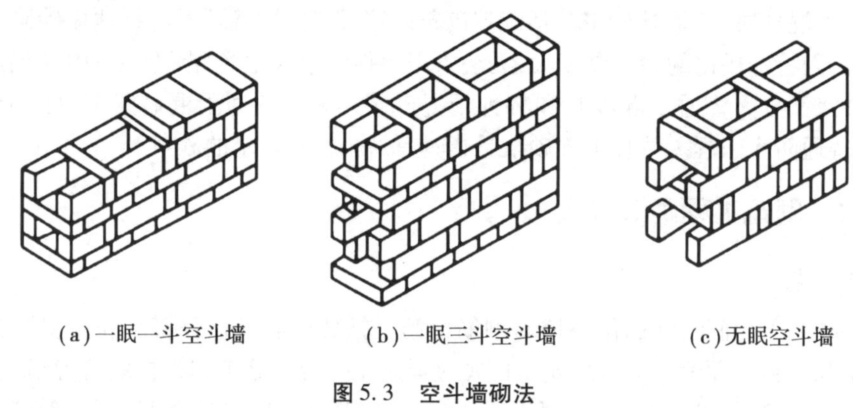

图5.3　空斗墙砌法

(3)组合墙

组合墙是指两种材料或两种以上材料组合而成的复合墙体。为满足墙体的结构强度和保温效果,在北方寒冷地区,常用砖与保温材料组合砌成的墙体。

组合墙的组合方式一般有3种:一是砖墙的一侧附加保温材料;二是砖墙中间填充保温材料;三是在砖墙中间设置空气间层或带有铝箔的空气间层。

5.2　定额工程量计算

▶ 5.2.1　砌筑工程量计算的说明与计算规则

1)说明

(1)一般说明

①本章各种规格的标准砖、砌块和石料按常用规格编制,规格不同时不作调整。

②定额所列砌筑砂浆种类和强度等级,如设计与定额不同时,按砂浆配合比表进行换算。

③定额中各种砌体子目均未包含勾缝。

④定额中的墙体砌筑高度是按3.6 m进行编制的,如超过3.6 m时,其超过部分工程量的定额人工乘以系数1.3。

⑤定额中的墙体砌筑均按直形砌筑编制,如为弧形时,按相应定额子目人工乘以系数1.2,材料乘以系数1.03。

(2)砖砌体、砌块砌体

①各种砌筑墙体,不分内、外墙,框架间墙,均按不同墙体厚度执行相应定额子目。

②页岩空心砖、页岩多孔砖、混凝土空心砌块、轻质空心砌块、加气混凝土砌块等墙体所需的配砖(除底部3皮砖和顶部斜砌砖外)已综合在定额子目内,实际用量不同时不得换算;

其底部3皮砖和顶部斜砌砖，执行零星砌砖定额子目。

③实心砖柱采用多孔砖等其他砌体材料砌筑时，按相应材质墙体子目执行，矩形砖柱人工乘以系数1.3，砌体材料乘以1.05，砂浆乘以0.95；异形砖柱人工乘以系数1.6，砌体材料乘以1.35，砂浆乘以1.15。

④零星砌体子目适用于砖砌小便池槽、厕所墩台、水槽腿、垃圾箱、梯带、阳台栏杆（栏板）、花台、花池、屋顶烟囱、污水斗、锅台、架空隔热砖墩，以及石墙的门窗立边、钢筋砖过梁、砖平碹、砖胎膜、宽度 <300 的门垛、阳光窗或空调板上砌体或单个体积在 0.3 m^3 以内的砌体。

2）工程量计算规则

①一般规则。标准砖砌体计算厚度按表5.1的规定计算。

表5.1 标准砖计算厚度表

设计厚度/mm	60	100	120	180	200	240	370
计算厚度/mm	53	95	115	180	200	240	365

②砖砌体、砌块砌体。实心砖墙、多孔砖墙、空心砖墙、砌块墙按设计图示体积以“m^3”计算。扣除门窗、洞口、嵌入墙内的钢筋混凝土柱、梁、板、圈梁、挑梁、过梁及凹进墙内的壁龛、管槽、暖气槽、消火栓箱所占体积，不扣除梁头、板头、檩头、垫木、木楞头、沿缘木、木砖、门窗走头、砖墙内加固钢筋、木筋、铁件、钢管及单个面积≤0.3 m^2 的孔洞所占的体积。凸出墙面的腰线、挑檐、压顶、窗台线、虎头砖、门窗套的体积亦不增加。凸出墙面的砖垛并入墙体体积内计算。

A. 墙长度。外墙按中心线、内墙按净长线计算。墙长计算方法如下：

a. 墙长在转角处的计算。墙体在90°转角时，用中轴线尺寸计算墙长就能算准墙体体积。例如，图5.4中的 *A* 图，按箭头方向尺寸算至两轴线的交点时，墙厚方向的水平断面积重复计算的矩形部分正好等于没有计算到的矩形面积。因此，凡是90°转角墙，算到中轴线交叉点时就算够了墙长。

b. T形接头的墙长计算。当墙体处于T形接头时，T形上部水平墙拉通算完长度后，垂直部分的墙只能从墙内边算净长。例如，图5.4中的 *B* 图，当③轴上的墙算完长度后，Ⓑ轴墙只能从③轴墙内边起计算Ⓑ轴的墙长，故内墙应按净长计算。

c. 十字形接头的墙长计算。当墙体处于十字形接头时，其计算方法基本同T形接头。例如，图5.4中的 *C* 图。因此，十字形接头处分断的两道墙也应算净长。

【例5.1】 根据图5.4，计算内外墙长（墙厚均为240 mm）。

【解】 （1）240 mm 厚外墙长

$$L_{中} = [(4.2 + 4.2) + (3.9 + 2.4)] \times 2 = 29.4(\mathrm{m})$$

（2）240 mm 厚内墙长

$$L_{内} = (3.9 + 2.4 - 0.24) + (4.2 - 0.24) + (2.4 - 0.12) \times 2 = 14.58(\mathrm{m})$$

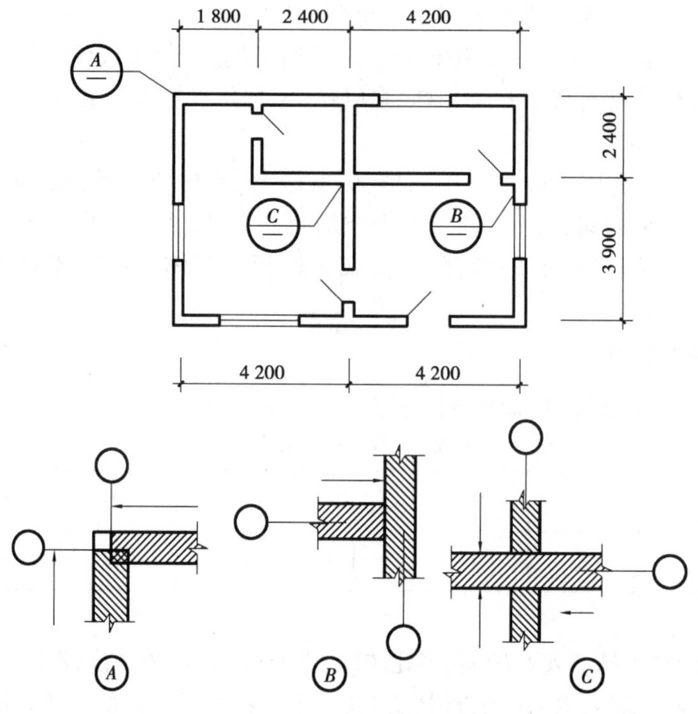

图 5.4　墙长计算示意图

B. 墙高度。

a. 外墙:按设计图示尺寸计算,斜(坡)屋面无檐口天棚者算至屋面板底,如图 5.5 所示;有屋架且室内外均有天棚者算至屋架下弦底另加 200 mm,如图 5.6 所示;无天棚者算至屋架下弦底另加 300 mm,出檐宽度超过 600 mm 时按实砌高度计算,如图 5.7 所示;有钢筋混凝土楼板隔层者算至板顶;平屋顶算至钢筋混凝土板底;有框架梁时算至梁底,如图 5.8 所示。

b. 内墙:位于屋架下弦者,算至屋架下弦底,如图 5.9 所示;无屋架者算至天棚底另加 100 mm,如图 5.10 所示;有钢筋混凝土楼板隔层者算至楼板顶,如图 5.11 所示;有框架梁时算至梁底。

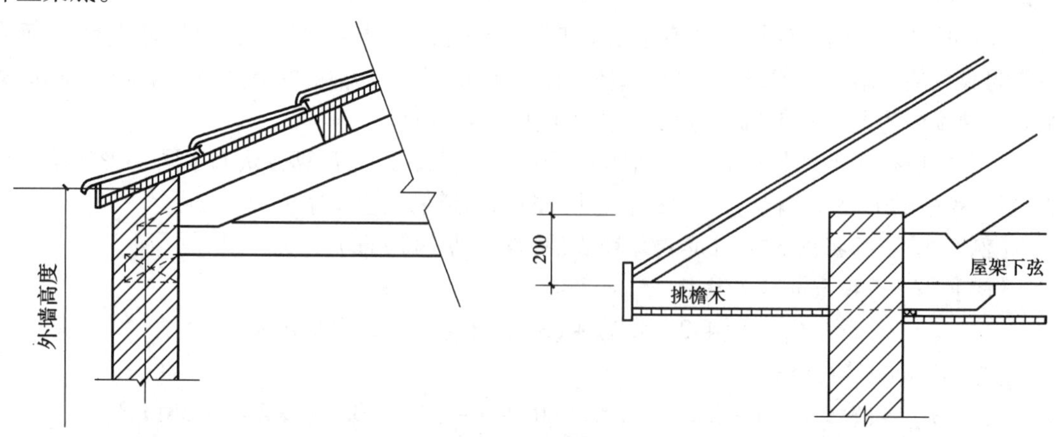

图 5.5　无檐口天棚时外墙高度示意图

图 5.6　室内外均有顶棚时外墙高度示意图

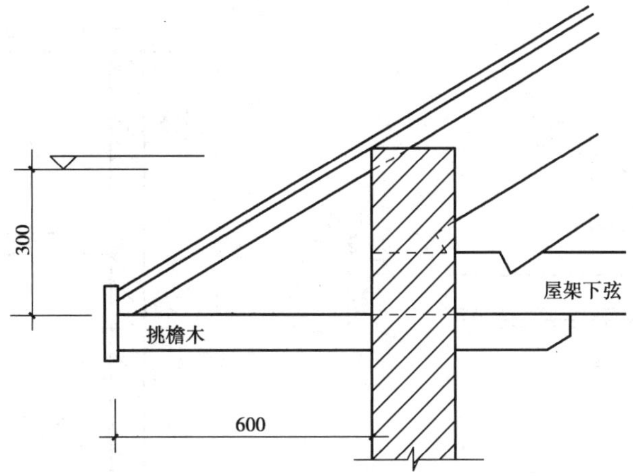

图 5.7 有屋架无顶棚时外墙高度示意图

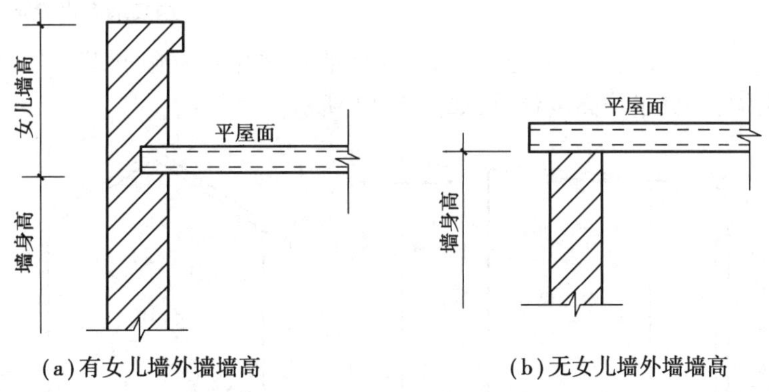

图 5.8 平屋面外墙墙身高度示意图

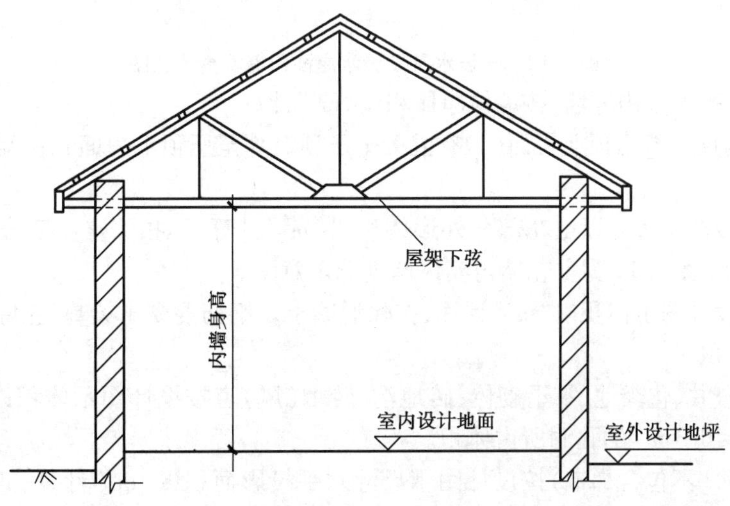

图 5.9 屋架下弦的内墙墙身高度示意图

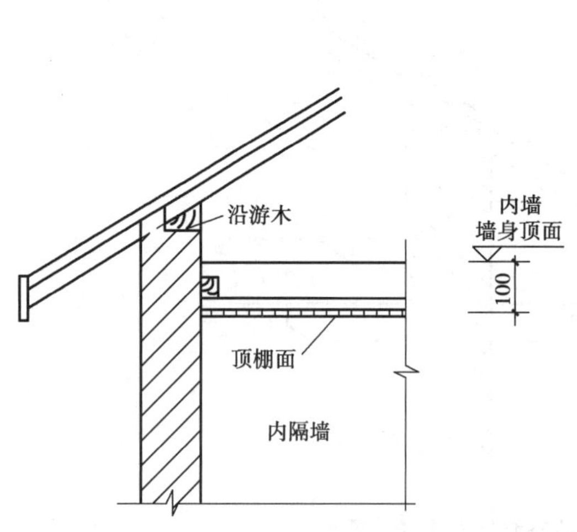

图 5.10　无屋架时内墙墙身高度示意图

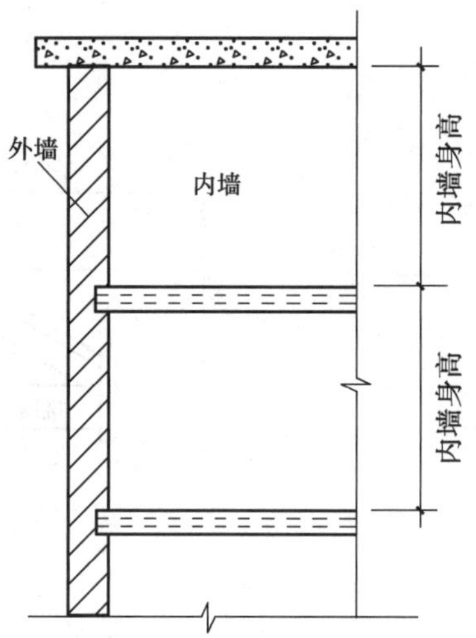

图 5.11　有混凝土楼板隔层时内墙墙身高度示意图

c. 女儿墙：从屋面板上表面算至女儿墙顶面（如有混凝土压顶时，算至压顶下表面）。

d. 内、外山墙：按其平均高度计算，如图 5.12 所示。

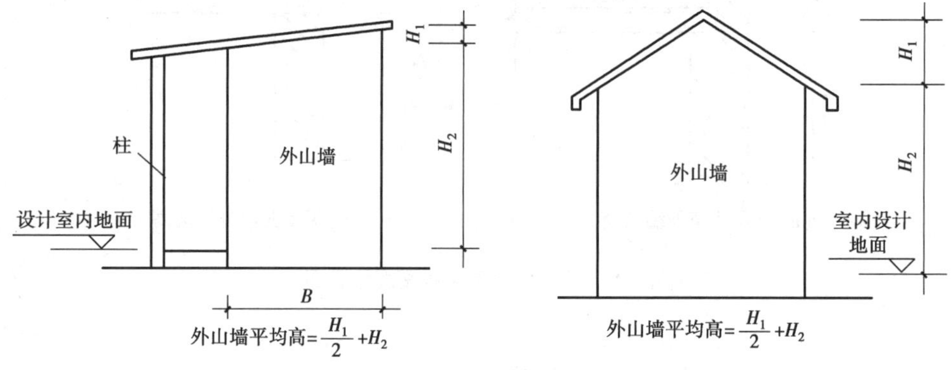

图 5.12　一坡水及二坡水屋面山墙墙高示意图

C. 框架间墙：不分内外墙，按墙体净体积以“m^3”计算。

D. 围墙：高度算至压顶上表面（如有混凝土压顶时算至压顶下表面），围墙柱并入围墙体积内。

③空花墙按图示尺寸以空花部分外形体积以“m^3”计算，不扣除空花部分体积。图 5.13 为空花墙实体图，图 5.14 为空花墙与实体墙划分示意图。

④砖柱按设计图示体积以“m^3”计算，扣除混凝土及钢筋混凝土梁垫，扣除伸入柱内的梁头、板头所占体积。

⑤砖砌检查井、化粪池、零星砌体、砖地沟、砖烟（风）道按设计图示体积以“m^3”计算，不扣除单个面积≤0.3 m^2 的孔洞所占体积。

⑥砖砌台阶（不包含梯带）按设计图示尺寸水平投影面积以“m^2”计算。图 5.15 为砖砌台阶示意图。

图 5.13　空花墙示意图

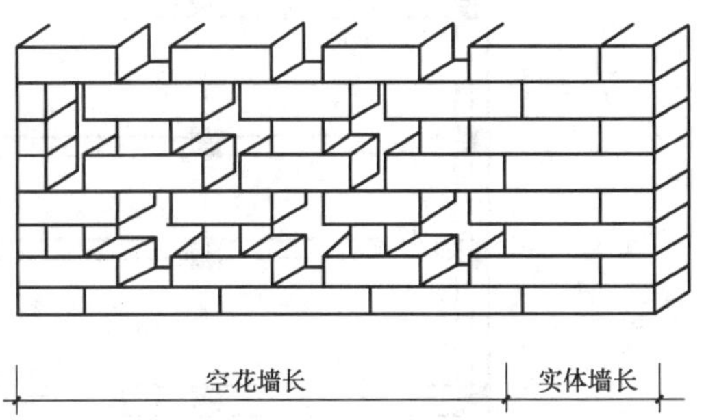

图 5.14　空花墙与实体墙划分示意图

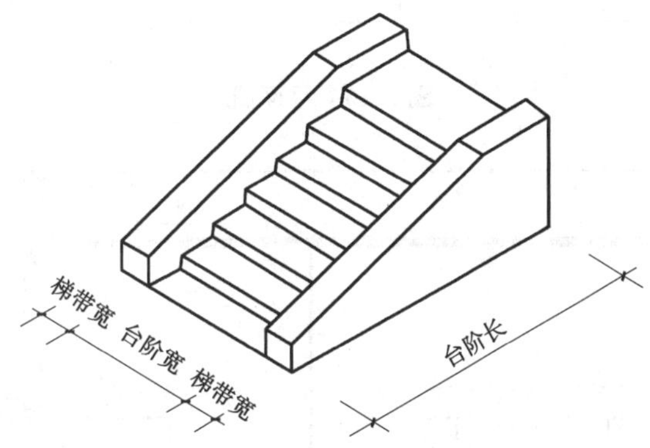

图 5.15　砖砌台阶示意图

⑦成品烟(气)道按图示尺寸以“延长米”计算,风口、风帽、止回阀按“个”计算。

⑧墙面勾缝按墙面垂直投影面积以“m^2”计算,应扣除墙裙的抹灰面积,不扣除门窗洞口、抹灰腰线、门窗套所占面积,但附墙垛和门窗洞口侧壁的勾缝面积亦不增加。

▶　5.2.2　砖墙工程量计算规则

【例 5.2】　某单层建筑物,框架结构,尺寸如图 5.16、图 5.17 所示。墙身用 M5.0 混合砂浆砌筑加气混凝土砌块,女儿墙砌筑煤矸石空心砖,混凝土压顶断面为 240 mm×60 mm,外墙设计厚度为 240 mm,内墙设计厚度为 120 mm,屋面板厚为 100 mm。框架柱断面为 240 mm×240 mm,到女儿墙顶。框架梁断面为 240 mm×400 mm,门窗洞口上均采用现浇钢筋混凝土过梁,断面为 240 mm×180 mm。每边各伸入墙体 250 mm。M1:1 560 mm×2 700 mm;M2:1 000 mm×2 700 mm;C1:1 800 mm×1 800 mm;C2:1 560 mm×1 800 mm。试计算墙体工程量。

【解】　(1)外墙工程量

外墙长度 $=(11.04-0.24\times4+10.44-0.24\times4)\times2=39.12$(m)

外墙高度 =3.6 m(从室外地坪算至框架梁底)

外墙门窗洞口面积 $=1.8\times1.8\times6+1.56\times1.8+1.56\times2.7=26.48$($m^2$)

外墙过梁体积 $=[(1.8+0.25\times2)\times6+1.56\times2]\times0.24\times0.18=0.73$($m^3$)

外墙工程量 $=(39.12\times3.6-26.48)\times0.24-0.73=26.71$($m^3$)

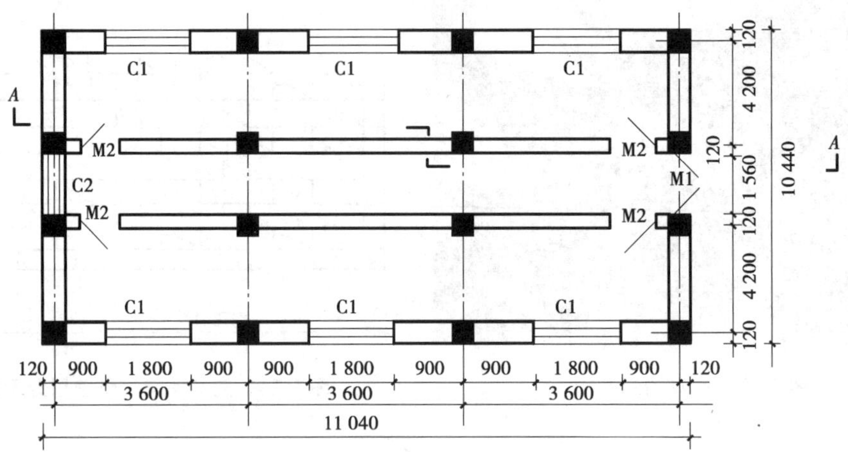

图 5.16　平面图

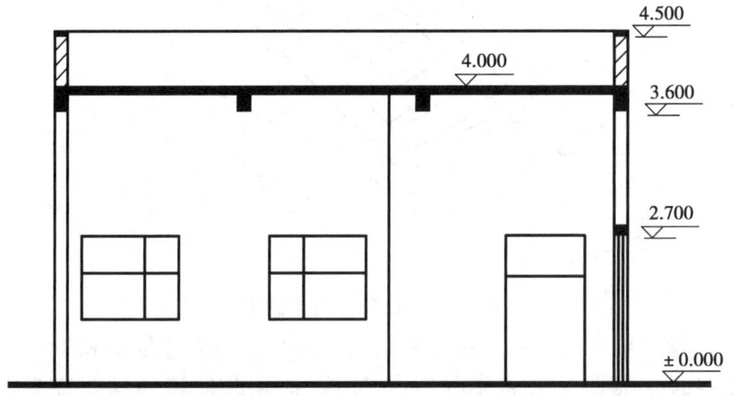

图 5.17　*A*—*A* 剖面图

(2)内墙工程量

内墙长度 = (11.04 − 0.24 × 4) × 2 = 20.16(m)

内墙高度 = 3.6 m

内墙厚度 = 0.12 m

内墙上门窗洞口面积 = 1 × 2.7 × 4 = 10.8(m^2)

内墙上过梁体积 = (1 + 0.25 × 2) × 0.24 × 0.18 = 0.065(m^3)

内墙工程量 = (20.16 × 3.6 − 10.8) × 0.12 − 0.065 = 7.35(m^3)

(3)女儿墙工程量

女儿墙长度 = 39.12 m(同外墙长度)

女儿墙高度 = 4.5 − 4 = 0.5(m)(从屋面板顶算至混凝土压顶底)

女儿墙工程量 = 39.12 × 0.5 × 0.24 = 4.69(m^3)

综上所述,加气混凝土砌块墙工程量 = 26.71 + 7.35 = 34.06(m^3)

煤矸石空心砖墙工程量 = 4.69(m^3)

5.3 清单工程量计算

▶ 5.3.1 砌筑工程量清单计算规则

1)砖砌体

砖砌体工程量清单项目设置、项目特征描述的内容、计量单位及工程量计算规则,按表5.2的规定执行,具体见《房屋建筑与装饰工程工程量计算规范》(GB 50854—2013)。

表5.2 部分砖砌体(编号:010401)

<table>
<tr><th>项目编码</th><th>项目名称</th><th>项目特征</th><th>计量单位</th><th>工程量计算规则</th><th>工作内容</th></tr>
<tr><td>010401001</td><td>砖基础</td><td>1. 砖品种、规格、强度等级
2. 基础类型
3. 砂浆强度等级
4. 防潮层材料种类</td><td rowspan="5">m^3</td><td>按设计图示尺寸以体积计算。包括附墙垛基础宽出部分体积,扣除地梁(圈梁)、构造柱所占体积,不扣除基础大放脚T形接头处的重叠部分及嵌入基础内的钢筋、铁件、管道、基础砂浆防潮层和单个面积≤0.3 m^2的孔洞所占体积,靠墙暖气沟的挑檐不增加。基础长度:外墙按外墙中心线,内墙按内墙净长线计算</td><td>1. 砂浆制作、运输
2. 砌砖
3. 防潮层铺设
4. 材料运输</td></tr>
<tr><td>010401002</td><td>砌挖孔桩护壁</td><td>1. 砖品种、规格、强度等级
2. 砂浆强度等级</td><td>按设计图示尺寸以立方米计算</td><td>1. 砂浆制作、运输
2. 砌砖
3. 材料运输</td></tr>
<tr><td>010401003</td><td>实心砖墙</td><td rowspan="3">1. 砖品种、规格、强度等级
2. 墙体类型
3. 砂浆强度等级、配合比</td><td rowspan="3">按设计图示尺寸以体积计算。扣除门窗、洞口、嵌入墙内的钢筋混凝土柱、梁、圈梁、挑梁、过梁及凹进墙内的壁龛、管槽、暖气槽、消火栓箱所占体积,不扣除梁头、板头、檩头、垫木、木楞头、沿缘木、木砖、门窗走头、砖墙内加固钢筋、木筋、铁件、钢管及单个面积≤0.3 m^2的孔洞所占的体积。凸出墙面的腰线、挑檐、压顶、窗台线、虎头砖、门窗套的体积亦不增加。凸出墙面的砖垛并入墙体体积内计算</td><td rowspan="3">1. 砂浆制作、运输
2. 砌砖
3. 刮缝
4. 砖压顶砌筑
5. 材料运输</td></tr>
<tr><td>010401004</td><td>多孔砖墙</td></tr>
<tr><td>010401005</td><td>空心砖墙</td></tr>
</table>

续表

项目编码	项目名称	项目特征	计量单位	工程量计算规则	工作内容
010401006	空斗墙	1. 砖品种、规格、强度等级 2. 墙体类型 3. 砂浆强度等级、配合比	m³	按设计图示尺寸以空斗墙外形体积计算。墙角、内外墙交接处、门窗洞口立边、窗台砖、屋檐处的实砌部分体积并入空斗墙体积内	1. 砂浆制作、运输 2. 砌砖 3. 装填充料 4. 刮缝 5. 材料运输
010401007	空花墙			按设计图示尺寸以空花部分外形体积计算，不扣除空洞部分体积	
010401008	填充墙	1. 砖品种、规格、强度等级 2. 墙体类型 3. 填充材料种类及厚度 4. 砂浆强度等级、配合比		按设计图示尺寸以填充墙外形体积计算	
⋮	⋮	⋮	⋮	⋮	⋮
010401014	砖地沟、明沟	1. 砖品种、规格、强度等级 2. 沟截面尺寸 3. 垫层材料种类、厚度 4. 混凝土强度等级 5. 砂浆强度等级	m	以米计量，按设计图示以中心线长度计算	1. 土方挖、运、填 2. 铺设垫层 3. 底板混凝土制作、运输、浇筑、振捣、养护 4. 砌砖 5. 刮缝、抹灰 6. 材料运输

2)砌块砌体

砌块砌体工程量清单项目设置、项目特征描述的内容、计量单位及工程量计算规则，应按表 5.3 的规定执行。

表 5.3　砌块砌体(编号:010402)

项目编码	项目名称	项目特征	计量单位	工程量计算规则	工作内容
010402001	砌块墙	1. 砌块品种、规格、强度等级 2. 墙体类型 3. 砂浆强度等级	m³	按设计图示尺寸以体积计算。扣除门窗、洞口、嵌入墙内的钢筋混凝土柱、梁、圈梁、挑梁、过梁及凹进墙内的壁龛、管槽、暖气槽、消火栓箱所占体积，不扣除	1. 砂浆制作、运输 2. 砌砖、砌块 3. 勾缝 4. 材料运输

续表

项目编码	项目名称	项目特征	计量单位	工程量计算规则	工作内容
010402001	砌块墙	1. 砌块品种、规格、强度等级 2. 墙体类型 3. 砂浆强度等级	m^3	梁头、板头、檩头、垫木、木楞头、沿缘木、木砖、门窗走头、砌块墙内加固钢筋、木筋、铁件、钢管及单个面积≤0.3 m^2 的孔洞所占的体积。凸出墙面的腰线、挑檐、压顶、窗台线、虎头砖、门窗套的体积亦不增加。凸出墙面的砖垛并入墙体体积内计算	1. 砂浆制作、运输 2. 砌砖、砌块 3. 勾缝 4. 材料运输
010402002	砌块柱			按设计图示尺寸以体积计算。扣除混凝土及钢筋混凝土梁垫、梁头、板头所占体积	

3)石砌体

石砌体工程量清单项目设置、项目特征描述的内容、计量单位及工程量计算规则，应按《房屋建筑与装饰工程工程量计算规范》(GB 50854—2013)的规定执行。

4)垫层

垫层工程量清单项目设置、项目特征描述的内容、计量单位及工程量计算规则，应按表5.4的规定执行。

表5.4　垫层(编号:010404)

项目编码	项目名称	项目特征	计量单位	工程量计算规则	工作内容
010404001	垫层	垫层材料种类、配合比、厚度	m^3	按设计图示尺寸以立方米计算	1. 垫层材料的拌制 2. 垫层铺设 3. 材料运输

▶ 5.3.2　砌筑工程清单计算规则

【例5.3】　某工程平面图及剖面图如图5.18和图5.19所示。已知M1尺寸为1.2 m×2.4 m,M2尺寸为0.9 m×2.0 m,C1尺寸为1.8 m×1.8 m,砖墙为M5混合砂浆砌筑，纵横墙均设C20混凝土圈梁，圈梁尺寸为0.24 m×0.18 m,板厚120 mm,墙厚240 mm。试根据《房屋建筑与装饰工程工程量计算规范》(GB 50854—2013)计算砖墙工程量。

【解】　外墙中心线长度 $L_{中}=(3.6+4.8+3.6+5)\times2=34(m)$

内墙净长线长度 $L_{净}=(5-0.12\times2)\times2=9.52(m)$

圈梁体积 $=0.24\times0.18\times(34+9.52)=1.88(m^3)$

砖墙工程量 $=(34\times5.1+9.52\times4.2-1.2\times2.4-0.9\times2\times2-1.8\times1.8\times5)\times0.24-1.88$

$=43.89(m^3)$

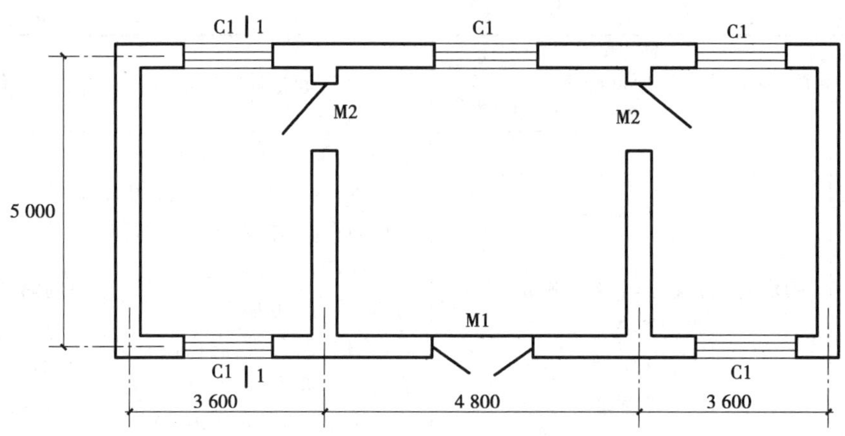

图 5.18 平面图

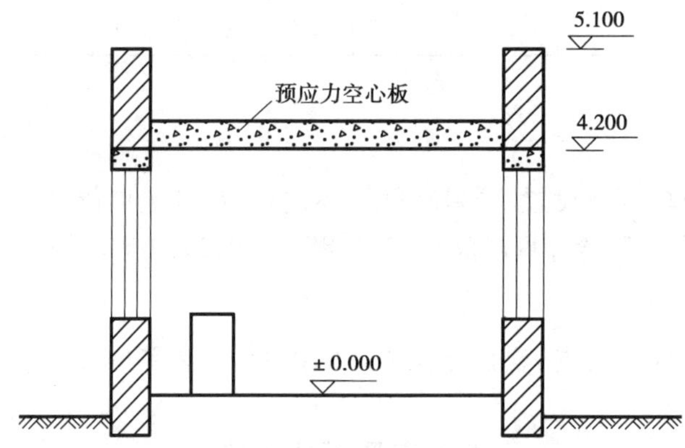

图 5.19 断面图

【例 5.4】 如图 5.20 和图 5.21 所示的单层建筑，内外墙均用 M5 水泥砂浆砌筑。外墙中圈梁、过梁体积为 1.0 m^3，门窗面积为 15.40 m^2；内墙中圈梁、过梁体积为 0.4 m^3，门窗面积为 1.5 m^2。顶棚抹灰厚度为 10 mm，外墙为 1.5 砖墙，内墙为一砖墙。试根据《房屋建筑与装饰工程工程量计算规范》(GB 50854—2013)计算砖墙工程量(图中轴线均为中轴线)。

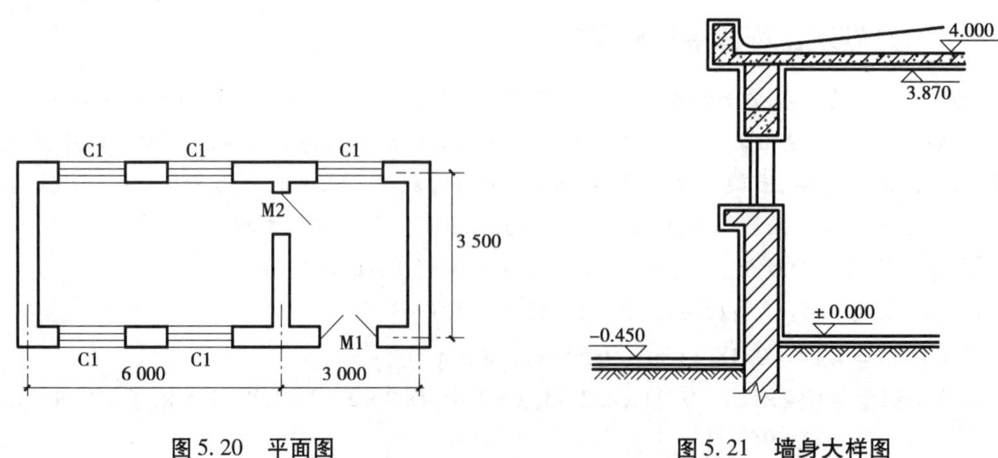

图 5.20 平面图

图 5.21 墙身大样图

【解】 墙体高度 $H=3.87+0.01=3.88(\mathrm{m})$

外墙体积 $=[(6+3+3.5)\times2\times3.88-15.4]\times0.365-1=28.78(\mathrm{m}^3)$

内墙体积 $=[(3.5-0.365)\times3.88-1.5]\times0.24-0.4=2.16(\mathrm{m}^3)$

砖墙工程量 $=28.78+2.16=30.94(\mathrm{m}^3)$

混凝土及钢筋混凝土工程量计算

6.1 混凝土工程概述

混凝土和钢筋混凝土结构是现代建筑工程中使用最多的结构形式。混凝土和钢筋混凝土工程量计算是建筑工程计量中最重要的部分,相对于其他类工程的工程量计算来说,混凝土和钢筋混凝土工程的计算比较复杂,学习时应重点掌握。

钢筋混凝土工程从工艺上可分为混凝土、钢筋、模板3个部分。各种混凝土及钢筋混凝土构件的混凝土及模板工程量按计算规则规定的类型分别计算;钢筋不分构件类型,根据施工方法的不同划分为现浇钢筋、预制钢筋和预应力钢筋等类别。

本章主要讲述混凝土和钢筋混凝土的工程量计算,套用定额时应熟悉定额说明,按定额规定正确进行工程量计算。

6.2 定额工程量计算

一般来说,混凝土的构件种类、截面形状、截面尺寸不同,混凝土强度等级及拌合物要求不同,项目的消耗量有差别。在选择套用定额子目时,一定要熟悉定额章节的说明,熟悉各个定额子目的工作内容和工料机内容。下面内容选自《重庆市房屋建筑与装饰工程计价定额》(CQJZZSDE—2018)。

▶ 6.2.1 混凝土及钢筋混凝土工程量计算说明

1)混凝土一般说明

①现浇混凝土分为自拌混凝土和商品混凝土。自拌混凝土子目包括筛砂子、冲洗石子、后台运输、搅拌、前台运输、清理、润湿模板、浇筑、捣固、养护。而商品混凝土子目只包含清理、润湿模板、浇筑、捣固、养护。

②预制混凝土子目包括预制厂(场)内构件转运、堆码等工作内容。

③预制混凝土构件适用于加工厂预制和施工现场预制,预制混凝土按自拌混凝土编制,采用商品混凝土时,按相应定额执行并作以下调整:

a. 人工按相应子目乘以系数 0.44,并扣除子目中的机械费。

b. 取消子目中自拌混凝土及消耗量,增加商品混凝土消耗量 10.15 m^3。

④本章块(片)石混凝土的块(片)石用量是按 15% 的掺入量编制的,设计掺入量不同时,混凝土及块(片)石用量允许调整,但人工、机械不作调整。

⑤自拌混凝土按常用强度等级考虑,强度等级不同时可以换算。

⑥按规定需要进行降温及温度控制的大体积混凝土,降温及温度控制费用根据批准的施工组织设计(方案)按实计算。

2)现浇构件说明

①现浇混凝土薄壁柱适用于框架结构体系中存在的薄壁结构柱。单肢:肢长小于或等于肢宽 4 倍的按薄壁柱执行;肢长大于肢宽 4 倍的按墙执行。多肢:肢总长小于或等于 2.5 m 的按薄壁柱执行;肢总长大于 2.5 m 的按墙执行。肢长按柱和墙配筋的混凝土总长确定。

②定额中的有梁板是指梁(包括主梁、次梁,圈梁除外)、板构成整体的板;无梁板是指不带梁(圈梁除外)直接用柱支撑的板;平板是指无梁(圈梁除外)直接由墙支撑的板。

③异形梁子目适用于梁横断面为 T 形、L 形、十字形的梁。

④有梁板中的弧形梁按弧形梁定额子目执行。

⑤现浇钢筋混凝土柱、墙子目,均综合了每层底部灌注水泥砂浆的消耗量,水泥砂浆按湿拌商品砂浆进行编制,实际采用现拌砂浆、干混商品砂浆时,需按定额原则进行调整。

⑥斜梁(板)子目适用于 15° < 坡度 ≤ 30° 的现浇构件,30° < 坡度 ≤ 45° 的在斜梁(板)相应定额子目基础上人工乘以系数 1.05,45° < 坡度 ≤ 60° 的在斜梁(板)相应定额子目基础上人工乘以系数 1.10。

⑦压型钢板上浇捣混凝土板,执行平板定额子目,人工乘以系数 1.10。

⑧弧形楼梯是指一个自然层旋转弧度小于 180° 的楼梯;螺旋楼梯是指一个自然层旋转弧度大于 180° 的楼梯。

⑨与主体结构不同时浇筑的卫生间、厨房墙体根部现浇混凝土带,高度 200 mm 以内执行零星构件定额子目,其余执行圈梁定额子目。

⑩空心砖内灌注混凝土,按实际灌注混凝土的体积计算,执行零星构件定额子目,人工乘以系数 1.3。

⑪现浇零星定额子目适用于小型池槽、压顶、垫块、扶手、门框、阳台立柱、栏杆、栏板、挡水线、挑出梁柱、墙外宽度小于 500 mm 的线(角)、板(包含空调板、阳光窗、雨篷),以及单个

体积不超过0.02 m^3 的现浇构件等。

⑫挑出梁柱、墙外宽度大于500 mm的线(角)、板(包含空调板、阳光窗、雨篷),执行悬挑板定额子目。

⑬混凝土结构施工中,三面挑出墙(柱)外的阳台板(含边梁、挑梁),执行悬挑板定额子目。

⑭悬挑板的厚度是按100 mm编制的,厚度不同时,按折算厚度同比例进行调整。

⑮现浇挑檐、天沟与板(包括屋面板、楼板)连接时,以外墙外边线为分界线;与梁(包括圈梁等)连接时,以梁外边线为分界线。外墙外边线以外或梁外边线以外为挑檐、天沟,如图6.1所示。

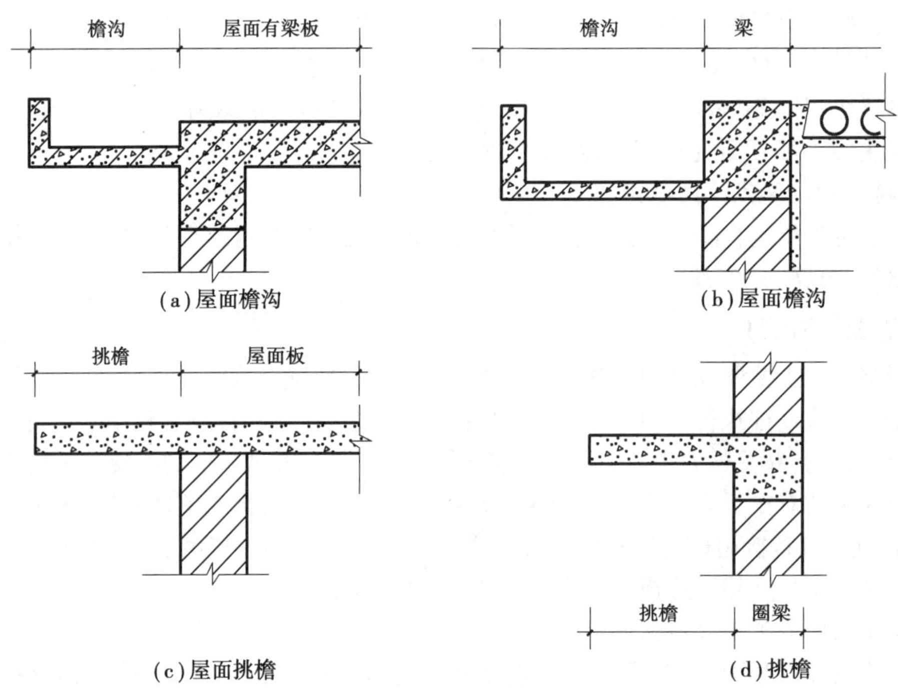

图6.1　挑檐示意图

⑯现浇有梁板中梁的混凝土强度与现浇板不一致,如图6.2所示,应分别计算梁、板工程量。现浇梁工程量乘以系数1.06,现浇板工程量应扣除现浇梁所增加的工程量,执行相应有梁板定额子目。

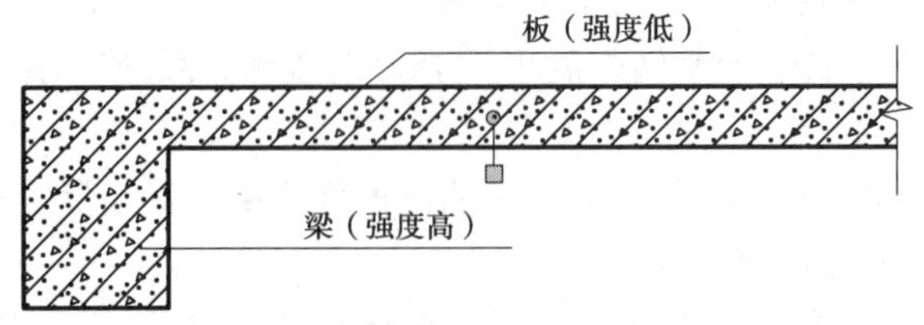

图6.2　有梁板中梁板混凝土强度不一致示意图

⑰凸出混凝土墙的中间柱,凸出部分如大于或等于墙厚的1.5倍者,其凸出部分执行现浇柱定额子目,如图6.3所示。

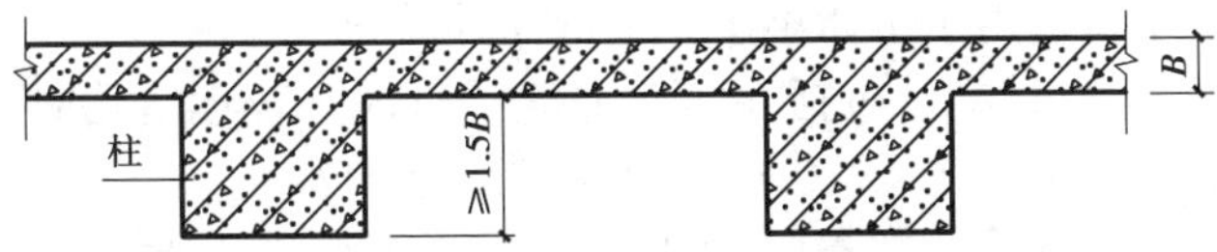

图 6.3 凸出混凝土墙的中间柱示意图

⑱柱(墙)和梁(板)强度等级不一致时,有设计的按设计计算,无设计的按柱(墙)边 300 mm距离加 45°角计算,用于分隔两种混凝土强度等级的钢丝网另行计算,如图 6.4 所示。

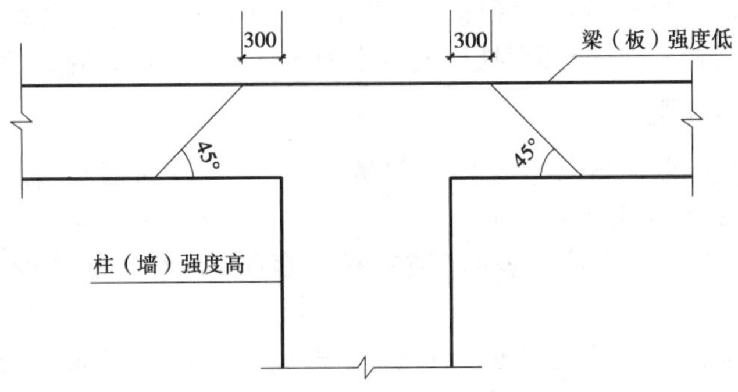

图 6.4 柱和梁强度等级不一致示意图

⑲弧形及螺旋形楼梯定额子目按折算厚度 160 mm 编制,直形楼梯定额子目按折算厚度 200 mm 编制。设计折算厚度不同时,执行相应增减定额子目。

⑳因设计或已批准的施工组织设计(方案)要求添加外加剂时,自拌混凝土外加剂根据设计用量或施工组织设计(方案)另加 1% 损耗,水泥用量根据外加剂性能要求进行相应调整;商品混凝土按外加剂增加费用叠加计算。

㉑后浇带混凝土浇筑按相应定额子目执行,人工乘以系数 1.2。

㉒定额植筋子目深度按 10 d(d 为植筋钢筋直径)编制,设计要求植筋深度不同时同比例进行调整;植筋胶泥价格按国产胶进行编制,实际采用进口胶时价格按实调整。

㉓散水、台阶、防滑坡道的垫层执行楼地面垫层子目,人工乘以系数 1.2。

3)预制构件说明

①零星构件定额子目适用于小型池槽、扶手、压顶、漏空花格、垫块和单件体积在 0.05 m^3 以内未列出子目的构件。

②预制板的现浇板带执行现浇零星构件定额子目。

4)预制构件运输和安装说明

①预制构件按构件的类型和外形尺寸划分为 3 类(表 6.1),分别计算相应的运输费用。

表 6.1 预制构件类型划分

构件分类	构件名称
Ⅰ类	天窗架、挡风架、侧板、端壁板、天窗上下档及单体积在 0.1 m^3 以内的小构件
	隔断板、池槽、楼梯踏步、通风道、烟道、花格等
Ⅱ类	空心板、实心板、屋面板、梁(含过梁)、吊车梁、楼梯段、薄腹梁等
Ⅲ类	6 m 以上至 14 m 梁、板、柱、各类屋架、桁架、托架等

②零星构件安装子目适用于单体小于0.1 m^3 的构件安装。

③空心板堵孔的人工、材料已包括在接头灌缝子目内。若不堵孔时，应扣除子目中堵孔材料(预制混凝土块)和堵孔人工每10 m^3 空心板2.2工日。

④大于14 m的构件运输、安装费用，根据设计和施工组织设计按实计算。

▶ 6.2.2　现浇混凝土工程量的计算规则

混凝土的工程量按设计图示体积以"m^3"计算(楼梯、雨篷、悬挑板、散水、防滑坡道除外)。不扣除构件内钢筋、螺栓、预埋铁件及单个面积0.3 m^2 以内的孔洞所占体积。

1)柱工程量计算规则

按设计断面面积乘以柱高以体积"m^3"计算，不扣除构件内钢筋、螺栓、预埋铁件及单个面积0.3 m^2 以内的孔洞所占体积。

①有梁板的柱高，应以柱基上表面(或梁板上表面)至上一层楼板上表面之间的高度计算。

②无梁板的柱高，应以柱基上表面(或楼板上表面)至柱帽下表面之间的高度计算。

③有楼隔层的柱高，应以柱基上表面至梁上表面高度计算。

④无楼隔层的柱高，应以柱基上表面至柱顶高度计算。现浇混凝土柱高示意图如图6.5所示。

⑤附属于柱的牛腿，如图6.6所示，并入柱身体积内计算。

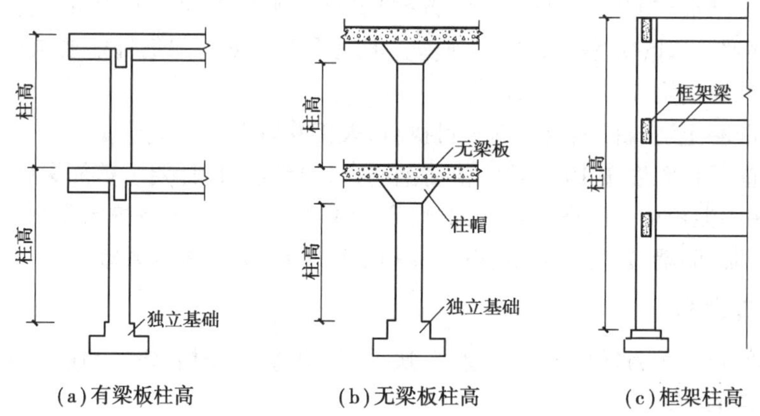

图6.5　现浇混凝土柱高示意图

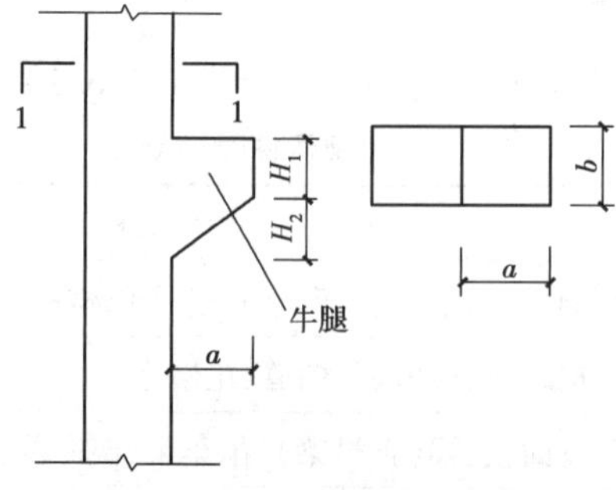

图6.6　牛腿柱示意图

⑥构造柱(抗震柱)应包括马牙槎的体积在内,以"m^3"计算。

构造柱如图6.7所示,是砖混结构中重要的混凝土构件。为了加强混凝土与砖墙的连接,构造柱需留设马牙槎,这样一来,构造柱断面与设计断面相比将发生变化。马牙槎的计算是构造柱计算的难点,按经验估算,如果不计算马牙槎将少算大约14%的混凝土工程量。

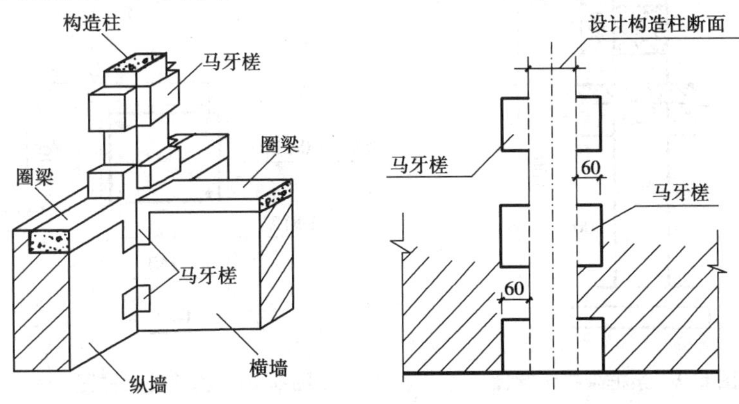

图6.7　构造柱与砖墙嵌接部分体积(马牙槎)示意图

a. 按实体积计算,包括与砖墙咬接部分的体积(马牙槎混凝土体积),计算时把马牙槎60 mm折半处理,移挖作填。

b. 构造柱的高度:自柱基上表面至柱顶高。

构造柱体积 V = 构造柱截面积 × 柱高 + 马牙槎体积

常见构造柱的断面形式一般有"一"字形、转角L形 、T形接头、"十"字形接头4种,如图6.8所示。

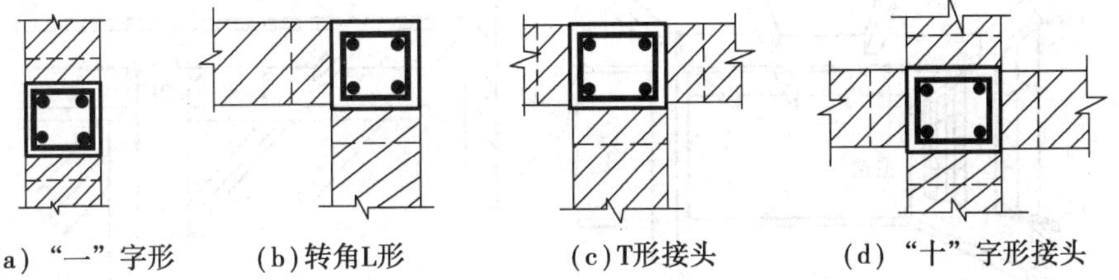

图6.8　构造柱常见的4种断面示意图

【例6.1】　某钢筋混凝土框架柱如图6.9所示,请计算该柱混凝土工程量。

【解】　根据柱的工程量计算公式,柱的体积 = 柱的断面面积 × 柱高。

柱的混凝土工程量 $=0.5\times0.5\times(5.1+3.6)=2.18(m^3)$

【例6.2】　计算如图6.10所示构造柱的工程量,柱高3.6 m,其中四面槎5根,三面槎17根,两面槎9根。请计算该构造柱的混凝土工程量。

【解】　①四面槎体积 $V_{四面槎}=(0.24\times0.24+0.03\times0.24\times4)\times3.6\times5=1.56(m^3)$

②三面槎体积 $V_{三面槎}=(0.24\times0.24+0.03\times0.24\times3)\times3.6\times17=4.85(m^3)$

③两面槎 $V_{两面槎}=(0.24\times0.24+0.03\times0.24\times2)\times3.6\times9=2.33(m^3)$

2)梁工程量计算规则

按设计断面面积乘以梁长以体积"m^3"计算,不扣除构件内钢筋、螺栓、预埋铁件及单个面积0.3 m^2 以内的孔洞所占体积。

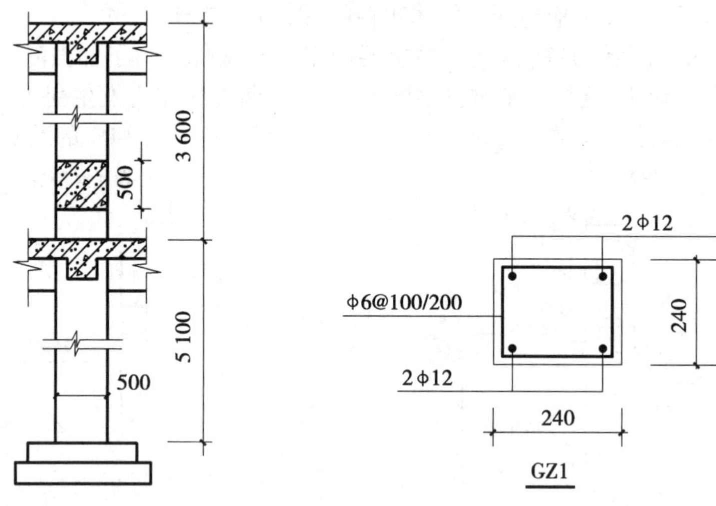

图 6.9　某框架柱示意图　　　　图 6.10　构造柱大样图

①梁与柱(墙)连接时,梁长算至柱(墙)侧面。

②次梁与主梁连接时,次梁长算至主梁侧面。图 6.11 为主、次梁示意图,图 6.12 为主、次梁计算长度示意图。

③伸入砌体墙内的梁头(图 6.13)、梁垫(图 6.14)体积,并入梁体积内计算。

④梁的高度算至梁顶,不扣除板的厚度。

⑤预应力梁按设计图示体积(扣除空心部分)以"m^3"计算。

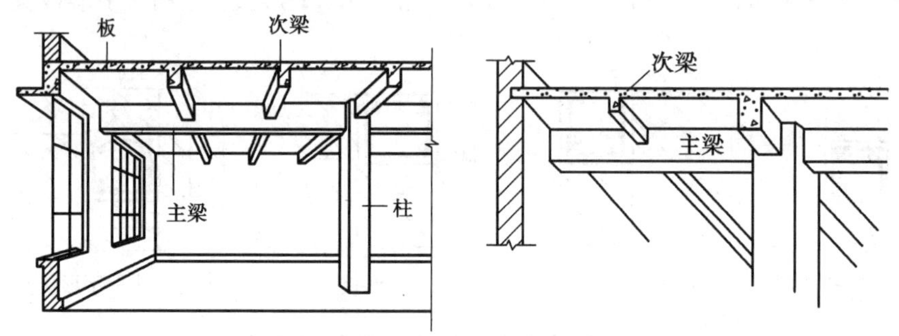

图 6.11　主、次梁示意图

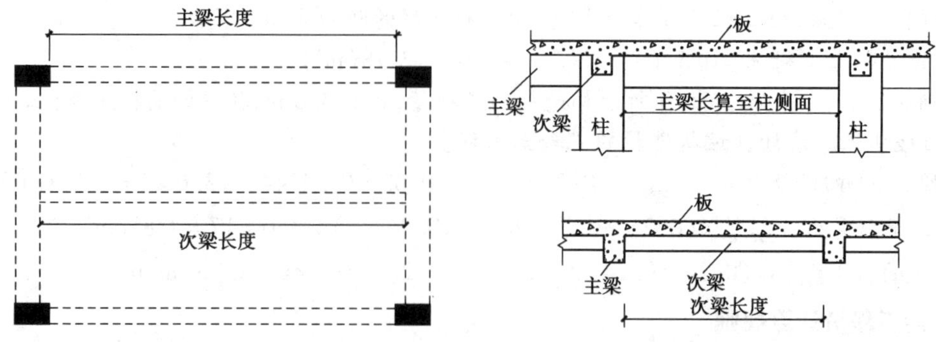

图 6.12　主、次梁计算长度示意图

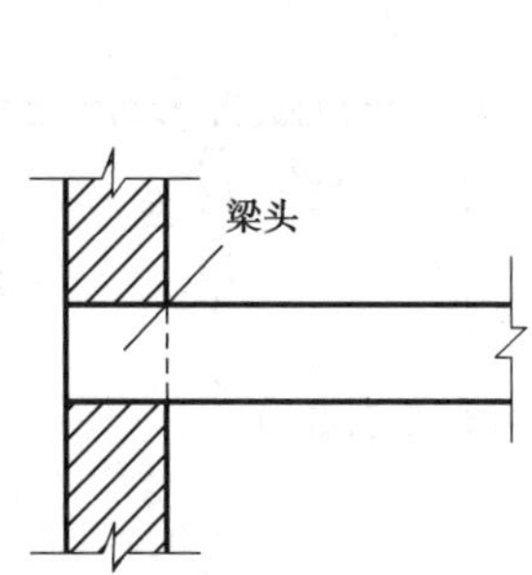

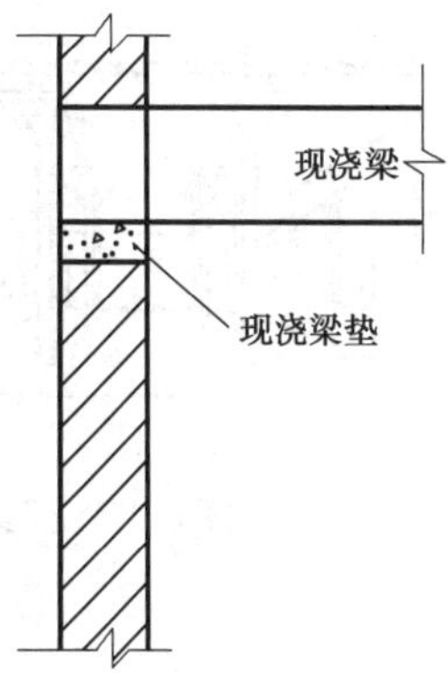

图 6.13　现浇梁头并入现浇梁体积内计算示意图　　图 6.14　现浇梁垫并入现浇梁体积内计算示意图

【例 6.3】　某框架梁如图 6.15 所示，有变截面，柱子尺寸都为 500 mm×500 mm，计算框架梁工程量。

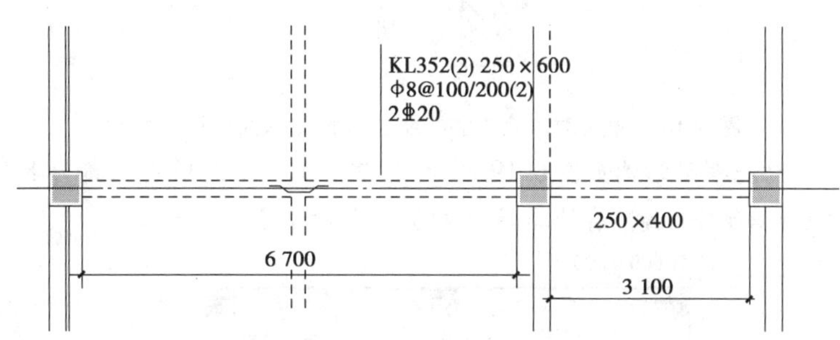

图 6.15　某框架梁结构图

【解】　框架梁工程量 $=0.25\times0.6\times6.7+0.25\times0.4\times3.1=1.315(m^3)$

3) 板工程量计算规则

按设计面积乘以板厚以体积"m^3"计算，不扣除构件内钢筋、螺栓、预埋铁件及单个面积 0.3 m^2 以内的孔洞所占体积。

①有梁板(包括主、次梁与板)按梁、板体积合并计算，如图 6.16 所示。

②无梁板按板和柱头(帽)的体积之和计算，如图 6.17 所示。

③各类板伸入砌体墙内的板头并入板体积内计算，如图 6.18 所示。

④复合空心板应扣除空心楼板筒芯、箱体等所占体积。

⑤薄壳板的肋、基梁并入薄壳体积内计算。

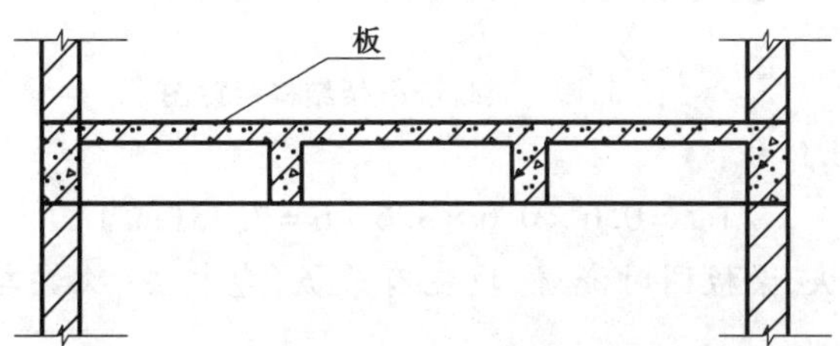

图 6.16　有梁板按梁、板体积合并计算示意图

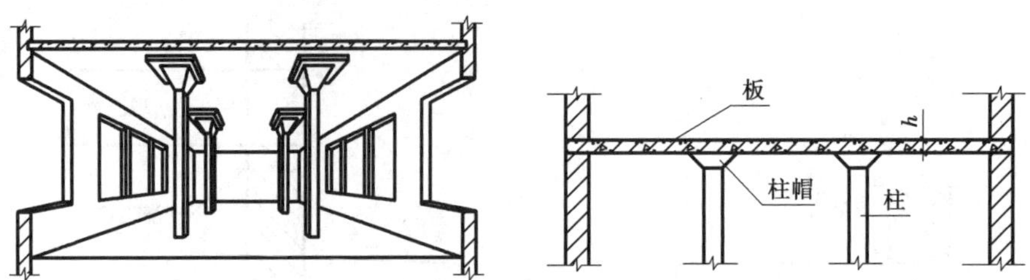

图 6.17 无梁板按板和柱头(帽)体积合并计算示意图

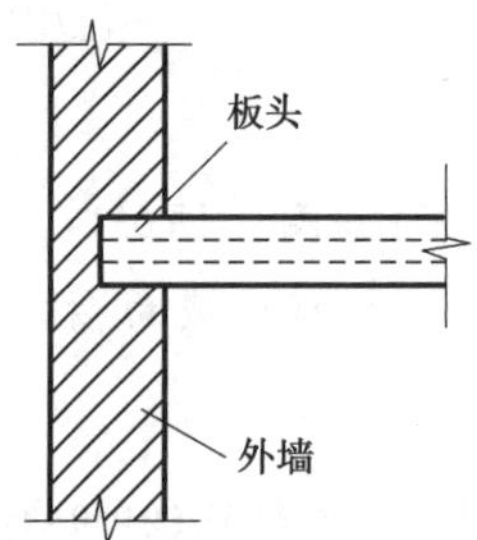

图 6.18 伸入砌体墙内的板头并入板体积内计算示意图

【例 6.4】 某现浇框架结构如图 6.19 所示,板厚为 120 mm,所有柱都为 KZ1,高为 3.6 m,截面尺寸为 600 mm×600 mm。请计算该有梁板和柱的混凝土体积。

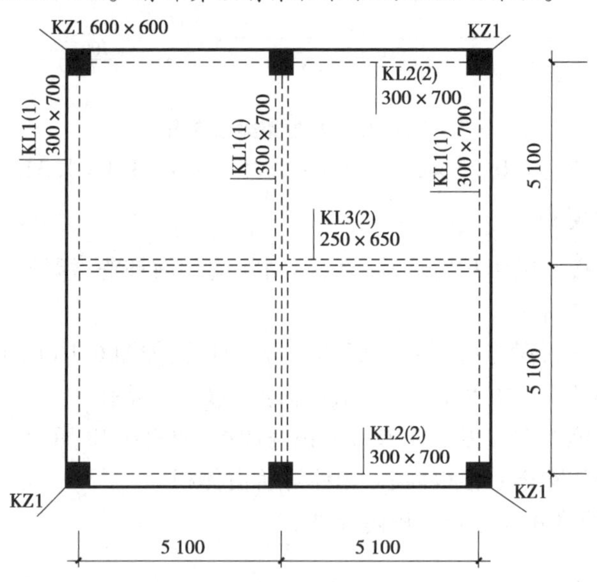

图 6.19 某现浇框架结构示意图

【解】 ①柱混凝土体积:

$$V_{柱}=0.6\times0.6\times3.6\times6=7.78(\mathrm{m}^3)$$

②图 6.19 为有梁板,梁板同时浇筑,现浇有梁板(包括主、次梁与板)按梁、板体积合并计算。

$V_{有梁板}=(5.1+5.1+0.3+0.3)\times(5.1+5.1+0.3+0.3)\times0.12-(0.6\times0.6\times0.12\times6)+0.3\times(0.7-0.12)\times(5.1+5.1-0.3-0.3)\times3+0.3\times(0.7-0.12)\times(5.1+5.1-0.3-0.6-0.3)\times2+0.25\times(0.65-0.12)\times(5.1+5.1-0.3)=23.19(\mathrm{m}^3)$

【例 6.5】 某工程现浇钢筋混凝土无梁板尺寸如图 6.20 所示,请计算现浇钢筋混凝土无梁板混凝土工程量。

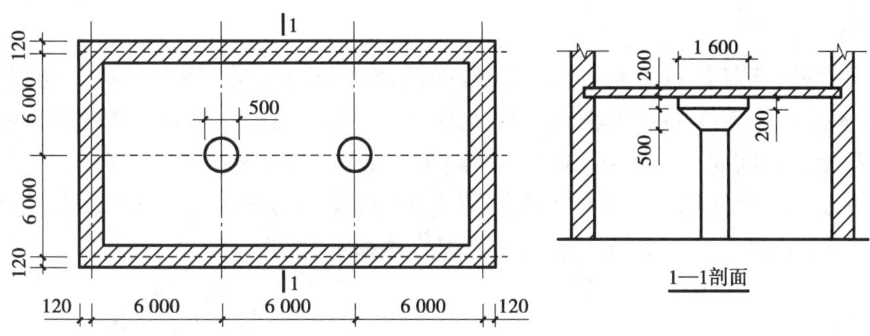

图 6.20 现浇混凝土无梁板

【解】 计算公式为:现浇钢筋混凝土无梁板混凝土工程量=图示长度×图示宽度×板厚+柱帽体积

则

$V = 18 \times 12 \times 0.2 + 3.14 \times 0.8 \times 0.8 \times 0.2 \times 2 + (0.25 \times 0.25 + 0.8 \times 0.8 + 0.25 \times 0.8) \times 3.14 \times 0.5 \div 3 \times 2 = 44.95(m^3)$

4)墙工程量计算规则

按设计中心线长度乘以墙高和墙厚以体积"m^3"计算,不扣除构件内钢筋、螺栓、预埋铁件及单个面积 0.3 m^2 以内的孔洞所占体积。

①与混凝土墙同厚的暗柱(梁)并入混凝土墙体积计算。

②墙垛与凸出部分<墙厚的 1.5 倍(不含 1.5 倍)者,并入墙体工程量内计算。

【例 6.6】 计算如图 6.21 所示剪力墙的混凝土工程量,混凝土强度等级都为 C30,剪力墙高度为 4 m。

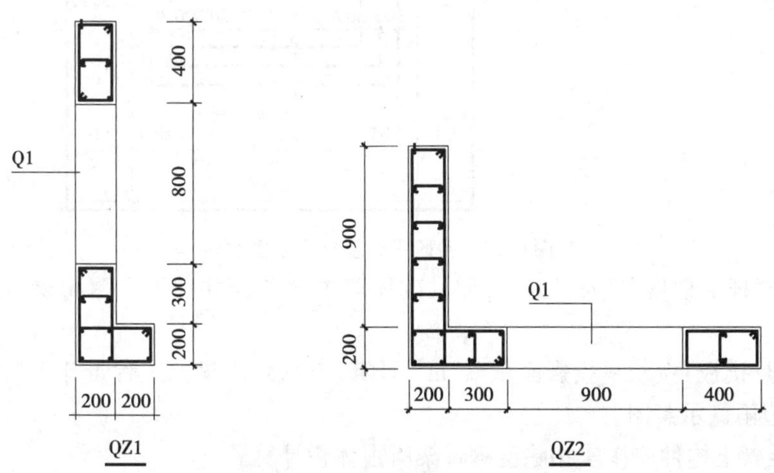

图 6.21 剪力墙结构示意图

【解】 与混凝土墙同厚的暗柱并入混凝土墙体积计算。

$V_{QZ1} = [0.2 \times 0.2 + (0.2 + 0.3 + 0.8 + 0.4) \times 0.2] \times 4 = 1.52(m^3)$

$$V_{QZ2}=[0.9\times0.2+(0.2+0.3+0.9+0.4)\times0.2]\times4=2.16(m^3)$$
$$V=V_{QZ1}+V_{QZ2}=1.52+2.16=3.68(m^3)$$

5)其他

①整体楼梯(包括休息平台、平台梁、斜梁及楼梯的连接梁)按水平投影面积以“m^2”计算,不扣除宽度小于500 mm的楼梯井,伸入墙内部分亦不增加。当整体楼梯与现浇楼层板无梯梁连接且无楼梯间时,以楼梯的最后一个踏步边缘加300 mm为界。

②弧形及螺旋形楼梯(包括休息平台、平台梁、斜梁及楼梯的连接梁)以水平投影面积以“m^2”计算。图6.22为弧形楼梯,图6.23为螺旋楼梯示意图。

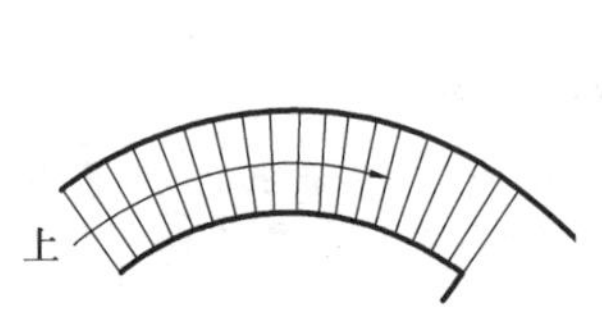

图6.22 弧形楼梯示意图

图6.23 螺旋形楼梯示意图

③台阶混凝土按实体体积以“m^3”计算,台阶与平台连接时,应算至最上层踏步外沿加300 mm。图6.24为台阶平面及立面示意图。

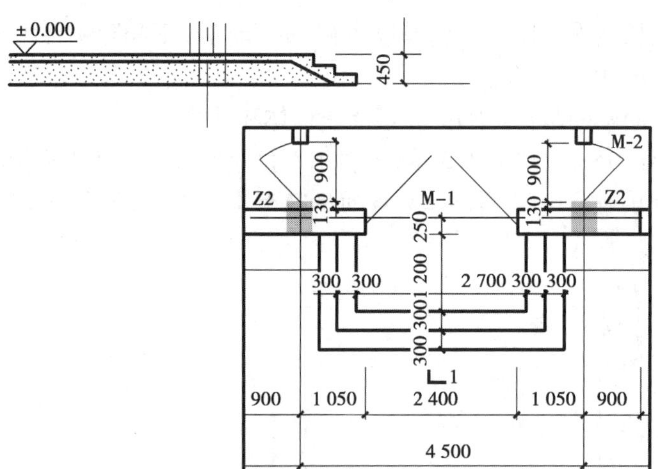

图6.24 台阶平面及立面示意图

④栏板、栏杆工程量以“m^3”计算,伸入砌体墙内部分合并计算。图6.25为阳台栏板示意图。

⑤雨篷(悬挑板)按水平投影面积以“m^2”计算。挑梁、边梁的工程量并入折算体积内,图6.26为带反边雨篷示意图。

⑥钢骨混凝土构件应按实扣除型钢骨架所占体积计算。

⑦原槽(坑)浇筑混凝土垫层、满堂(筏板)基础、桩承台基础、基础梁时,混凝土工程量按设计周边(长、宽)尺寸每边增加20 mm计算;原槽(坑)浇筑混凝土带形、独立、杯形、高杯(长颈)基础时,混凝土工程量按设计周边(长、宽)尺寸每边增加50 mm计算。

⑧楼地面垫层按设计图示体积以“m^3”计算,应扣除凸出地面的构筑物、设备基础、室外

铁道、地沟等所占体积，但不扣除柱、剁、间壁墙、附墙烟囱及面积≤0.3 m² 孔洞所占面积，而门洞、空圈、暖气包槽、壁龛的开口部分面积亦不增加。

⑨散水、防滑坡道按设计图示水平投影面积以"m²"计算。

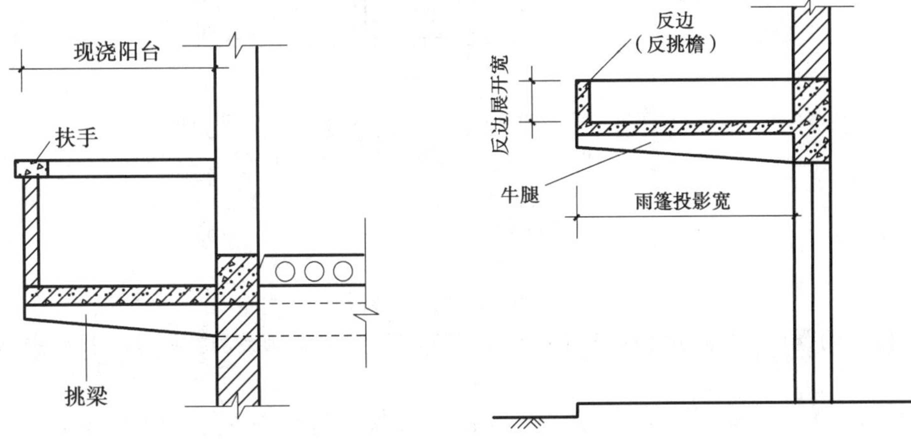

图 6.25　阳台栏板示意图　　图 6.26　带反边雨篷示意图

【例 6.7】　计算图 6.27 楼梯的混凝土工程量，其中楼梯井的尺寸为 3 500 mm×500 mm。

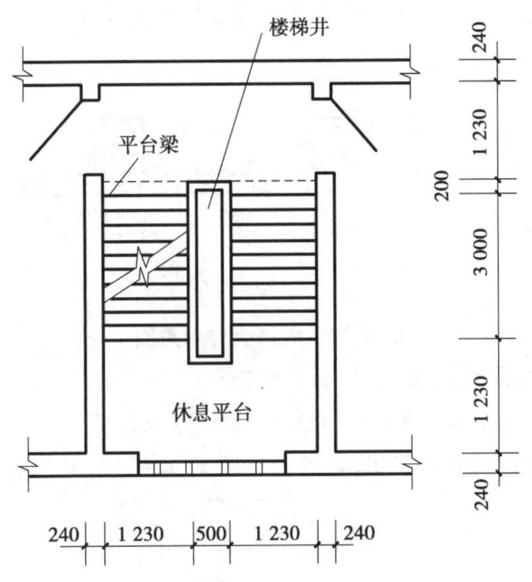

图 6.27　楼梯平面示意图

【解】　本例题考 500 mm 以内楼梯井扣不扣除。根据《重庆市房屋建筑与装饰工程计价定额》(CQJZZSDE—2018)总说明第十四条规定：本定额中注有"×××以内"或者"×××以下"者，均包括×××本身；"×××以外"或者"×××以上"者，则不包括×××本身。

$$S=(1.23+0.5+1.23)\times(1.23+3+0.2)=13.11(\text{m}^2)$$

需要注意的是，本章弧形及螺旋形楼梯定额子目按折算厚度 160 mm 编制，直形楼梯定额子目按折算厚度 200 mm 编制。设计折算厚度不同时，执行相应增减定额子目。所以在套取定额时一样要计算出楼梯的混凝土体积工程量。

【例 6.8】　计算如图 6.28 所示阳台混凝土工程量。

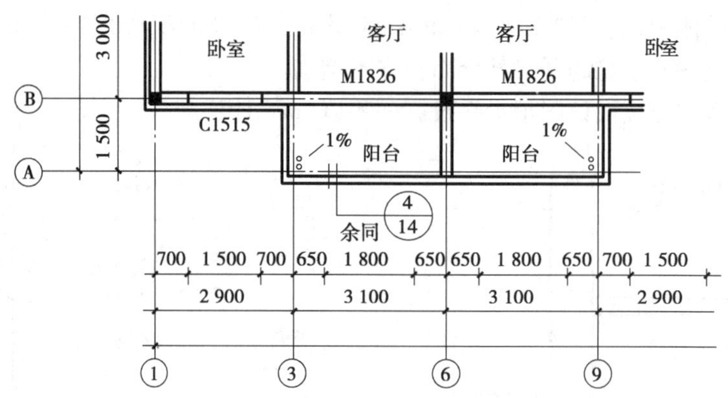

图 6.28　阳台平面图

【解】　雨篷(悬挑板)按水平投影面积以"m^2"计算。挑梁、边梁的工程量并入折算体积内。

$$S = 1.5 \times 6.2 = 9.3(m^2)$$

需要注意的是,悬挑板的厚度是按 100 mm 编制的,厚度不同时,按折算厚度同比例进行调整。因此,实际套取定额时,同样要计算出阳台的混凝土体积工程量。

【例 6.9】　计算如图 6.29 所示的雨篷工程量,雨篷宽为 1 500 mm。

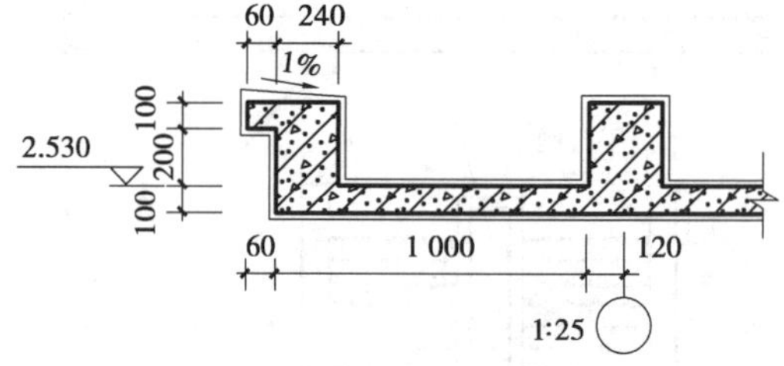

图 6.29　雨篷大样示意图

【解】　带反边的雨篷按展开面积进行计算。

$$S_{雨篷} = 1.5 \times (1 + 0.06 + 0.2) = 1.89(m^2)$$

【例 6.10】　计算如图 6.30 所示现浇挑檐天沟的工程量,天沟长度为 100 m。

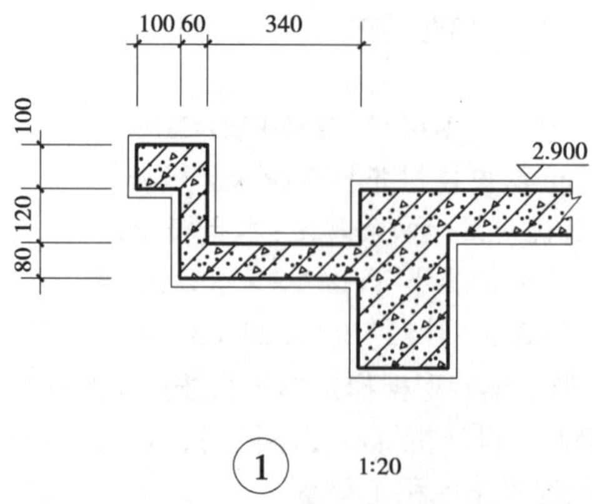

图 6.30　现浇挑檐天沟示意图

【解】　现浇挑檐天沟以体积为计算单位。

$$V_{挑檐天沟}=(0.34\times0.08+0.2\times0.06+0.16\times0.1)\times100=5.52(m^3)$$

【例 6.11】　计算如图 6.31 所示散水的工程量,散水长度为 100 m。

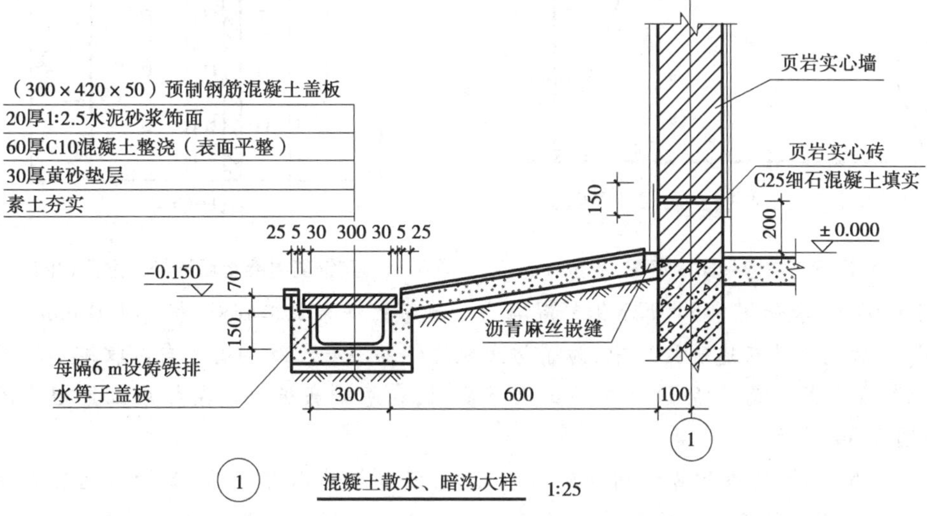

图 6.31　混凝土散水、暗沟大样示意图

【解】　$S_{散水}=100\times0.6=60(m^2)$

【例 6.12】　如图 6.32 所示,求栏板的现浇混凝土工程量。

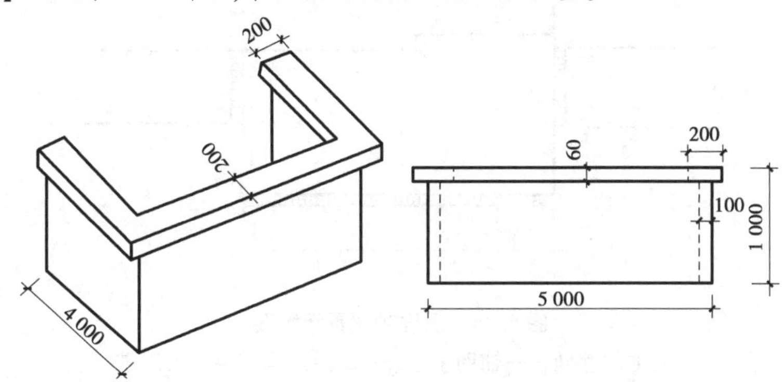

图 6.32　栏板示意图

【解】　现浇零星定额子目适用于小型池槽、压顶、垫块、扶手、门框、阳台立柱、栏杆、栏板、挡水线、挑出梁柱、墙外宽度小于 500 mm 的线(角)、板(包含空调板、阳光窗、雨篷),以及单个体积不超过 0.02 m³ 的现浇构件等。

栏板工程量:

$$V_{栏板}=(1-0.06)\times(5+4\times2-0.1\times2)\times0.1=1.203(m^3)$$

扶手工程量:

$$V_{扶手}=(4\times2+5-0.1\times2)\times0.06\times0.2=0.154(m^3)$$

$$V_{总}=1.203+0.154=1.357(m^3)$$

【例 6.13】　某普通行车坡道如图 6.33 所示,试求其工程量。

【解】 普通行车坡道工程量 $=(3.5+3.5+0.5\times2)\times1.5\times\frac{1}{2}=6.0(\text{m}^2)$

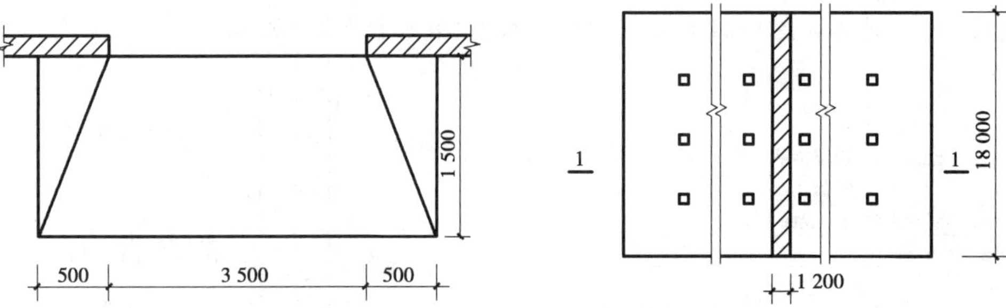

图 6.33 普通行车坡道平面示意图(单位:mm)　　图 6.34 某钢筋混凝土后浇带示意图(单位:mm)

【例 6.14】 求如图 6.34 所示钢筋混凝土后浇带的混凝土工程量,板厚 120 mm。

【解】 后浇带是在建筑施工中,为了防止现浇钢筋混凝土结构由于自身收缩不均或沉降不均可能产生有害裂缝,按照设计或施工规范要求,在基础底板、墙、梁相应位置留设的混凝土带,如图 6.34 所示。

如图 6.35 所示,将结构暂时划分为若干部分,经过构件内部收缩,若干时间后再浇捣该施工缝混凝土,将结构连成整体的地带。后浇带的浇筑时间宜选择在气温较低时,可浇筑水泥或水泥中掺微量铝粉的混凝土,其强度等级应比构件强度等级高一级,以防止新老混凝土之间出现裂缝,形成薄弱部位。设置后浇带的部位还应考虑模板等措施不同的消耗因素。

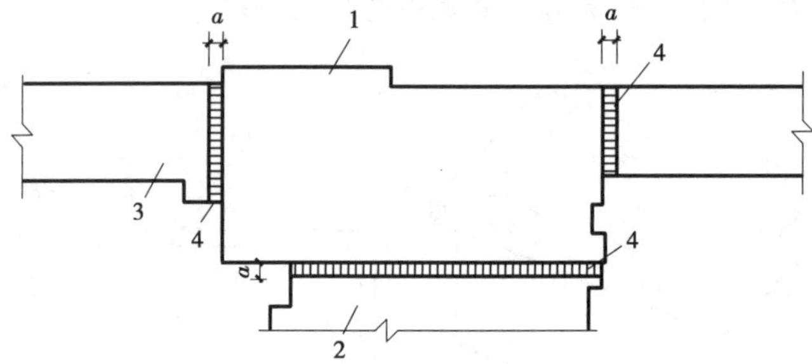

图 6.35 后浇带留置示意图

1—主体基础;2—辅助基础;3—辗道或沟道;4—后浇带

则后浇带混凝土工程量 $=18\times1.2\times0.12=2.59(\text{m}^3)$

6)现浇混凝土构件模板

现浇混凝土构件模板工程量的分界规则与现浇混凝土构件工程量的分界规则一致,其工程量的计算除本章另有规定外,均按模板与混凝土的接触面积以“m^2”计算。具体内容在第 10 章讲解。

▶ 6.2.3 预制构件混凝土工程量的计算

预制构件混凝土工程量的计算规则:混凝土的工程量按设计图示体积以“m^3”计算,不扣除构件内钢筋、螺栓、预埋铁件及单个面积小于 0.3 m^2 的孔洞所占体积。

①空心板、空心楼梯段应扣除空洞体积以“m^3”计算。

②混凝土和钢杆件组合的构件,混凝土按实体体积以“m^3”计算,钢构件按金属工程章节

中相应子目计算。

③预制镂空花格按折算体积以"m^3"计算，每 10 m^2 镂空花格折算为 0.5 m^3 混凝土。

④通风道、烟道按设计图示体积以"m^3"计算，不扣除构件内钢筋、螺栓、预埋铁件及单个面积小于等于 300 mm×300 mm 的孔洞所占体积，扣除通风道、烟道的孔洞所占体积。

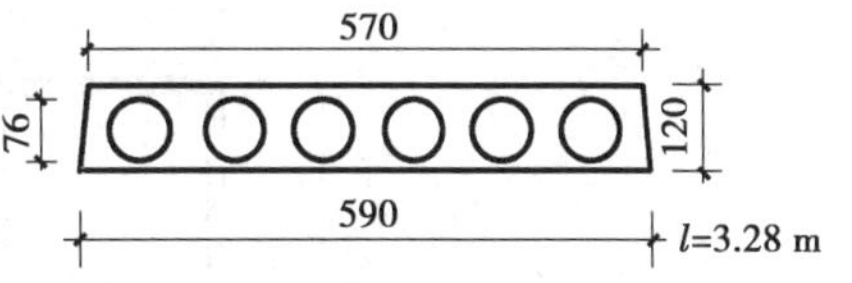

图 6.36　YKB-3364 预应力空心板

【例 6.15】　根据图 6.36 计算 20 块 YKB-3364 预应力空心板的工程量。

【解】　根据计算规则，空心板应扣除空洞体积以"m^3"计算。

$$V=\left[0.12\times(0.57+0.59)\times\frac{1}{2}-3.14\times\left(\frac{0.076}{2}\right)^2\times6\right]\times3.28\times20=2.78(m^3)$$

【例 6.16】　某预制槽形板示意图如图 6.37 所示，请计算槽形板的工程量。

【解】　预制槽形板按体积计算。

$$V=0.09\times0.05\times(3.7\times2+0.65\times2)+0.05\times0.75\times3.7=0.18(m^3)$$

【例 6.17】　如图 6.38 所示，请计算 120 块预制花格窗的混凝土工程量。

【解】　按计算规则规定预制镂空花格按折算体积以"m^3"计算，每 10 m^2 镂空花格折算为0.5 m^3混凝土。

$$花格窗外围面积=0.5\times0.5\times120=30(m^2)$$

$$折算体积=\frac{30}{10}\times0.5=1.5(m^3)$$

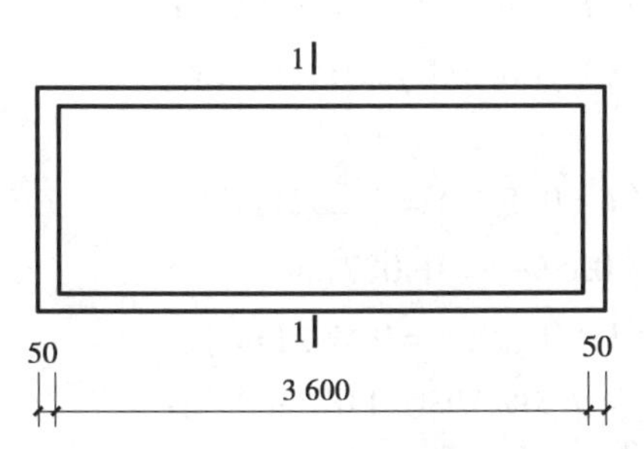

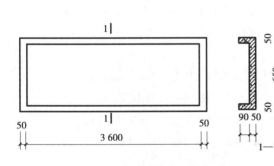

图 6.37　预制槽形板示意图

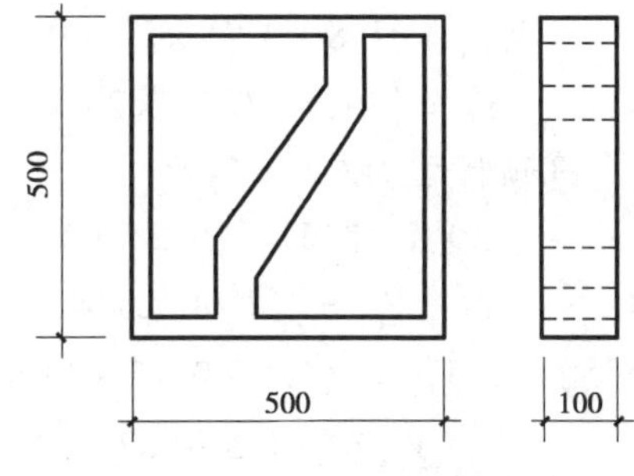

图 6.38　预制花格窗示意图

▶ 6.2.4　构件运输与安装工程量的计算

预制构件运输和安装工程量计算规则如下：

①预制混凝土构件制作、运输及安装损耗率，按下列规定计算后并入构件工程量内。

制作废品率：0.2%；运输堆放损耗：0.8%；安装损耗：0.5%。其中，预制混凝土屋架、桁架、托架及长度在 9 m 以上的梁、板、柱不计算损耗率。

②预制混凝土工字形柱、矩形柱、空腹柱、双肢柱、空心柱、管道支架均按柱安装计算。

③组合屋架安装以混凝土部分实体体积分别计算安装工程量。

④定额中就位预制构件起吊运输距离，按机械起吊中心回转半径 15 m 以内考虑，超出15 m时按实计算。

【例 6.18】 某单层建筑物如图 6.39 所示，内外墙厚均为 240 mm，门窗洞口上全部采用预制过梁，两边都深入墙内 250 mm，高度为 240 mm。其中，M1：1 500 × 2 700；M2：1 000 × 2 700；C1：1 800 × 1 800；C2：1 500 × 1 800。请计算该工程预制过梁制作、运输及安装工程量。

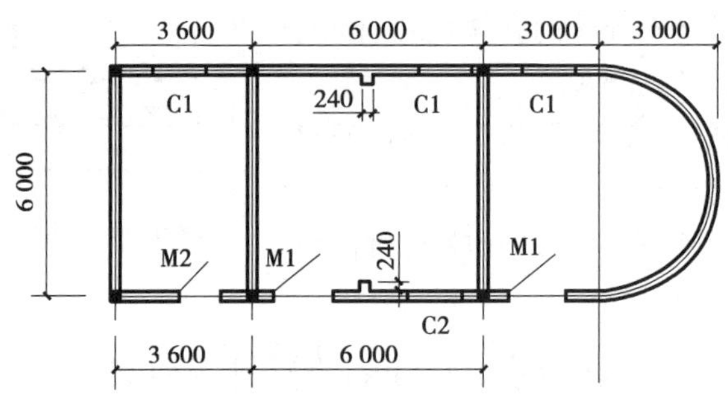

图 6.39 某单层建筑平面图

【解】 ①预制过梁制作工程量：

$$V_{m1}=[(1.5+0.25\times2)\times0.24\times0.24\times2]\times(1+1.5\%)=0.234(m^3)$$

$$V_{m2}=[(1+0.25\times2)\times0.24\times0.24]\times(1+1.5\%)=0.088(m^3)$$

$$V_{C1}=[(1.8+0.25\times2)\times0.24\times0.24\times3]\times(1+1.5\%)=0.403(m^3)$$

$$V_{C2}=[(1.5+0.25\times2)\times0.24\times0.24]\times(1+1.5\%)=0.117(m^3)$$

②预制过梁运输工程量：

$$V_{m1}=[(1.5+0.25\times2)\times0.24\times0.24\times2]\times(1+0.8\%+0.5\%)=0.233(m^3)$$

$$V_{m2}=[(1+0.25\times2)\times0.24\times0.24]\times(1+0.8\%+0.5\%)=0.088(m^3)$$

$$V_{C1}=[(1.8+0.25\times2)\times0.24\times0.24\times3]\times(1+0.8\%+0.5\%)=0.403(m^3)$$

$$V_{C2}=[(1.5+0.25\times2)\times0.24\times0.24]\times(1+0.8\%+0.5\%)=0.117(m^3)$$

③预制过梁安装工程量：

$$V_{m1}=[(1.5+0.25\times2)\times0.24\times0.24\times2]\times(1+0.5\%)=0.232(m^3)$$

$$V_{m2}=[(1+0.25\times2)\times0.24\times0.24]\times(1+0.5\%)=0.087(m^3)$$

$$V_{C1}=[(1.8+0.25\times2)\times0.24\times0.24\times3]\times(1+0.5\%)=0.399(m^3)$$

$$V_{C2}=[(1.5+0.25\times2)\times0.24\times0.24]\times(1+0.5\%)=0.116(m^3)$$

6.3 清单工程量计算

▶ 6.3.1 混凝土工程量清单计算规则

1）现浇混凝土构件

现浇混凝土构件工程量清单项目设置、项目特征描述的内容、计量单位、工程量计算规则应按表 6.2 至表 6.8 的规定执行，具体计算规则可查阅《房屋建筑与装饰工程工程量计算规范》（GB 50854—2013）中附录 E 混凝土及钢筋混凝土工程。

表 6.2 现浇混凝土柱(编号:010502)

<table>
<tr><th>项目编码</th><th>项目名称</th><th>项目特征</th><th>计量单位</th><th>工程量计算规则</th><th>工作内容</th></tr>
<tr><td>010502001</td><td>矩形柱</td><td rowspan="2">1. 混凝土类别
2. 混凝土强度等级</td><td rowspan="3">m³</td><td rowspan="3">按设计图示尺寸以体积计算。不扣除构件内钢筋,预埋铁件所占体积。型钢混凝土柱扣除构件内型钢所占体积。
柱高:
1. 有梁板的柱高,应自柱基上表面(或楼板上表面)至上一层楼板上表面之间的高度计算
2. 无梁板的柱高,应自柱基上表面(或楼板上表面)至柱帽下表面之间的高度计算
3. 框架柱的柱高,应自柱基上表面至柱顶高度计算
4. 构造柱按全高计算,嵌接墙体部分(马牙槎)并入柱身体积
5. 依附柱上的牛腿和升板的柱帽,并入柱身体积计算</td><td rowspan="3">1. 模板及支架(撑)制作、安装、拆除、堆放、运输及清理模内杂物、刷隔离剂等
2. 混凝土制作、运输、浇筑、振捣、养护</td></tr>
<tr><td>010502002</td><td>构造柱</td></tr>
<tr><td>010502003</td><td>异形柱</td><td>1. 柱形状
2. 混凝土类别
3. 混凝土强度等级</td></tr>
</table>

表 6.3 现浇混凝土梁(编号:010503)

<table>
<tr><th>项目编码</th><th>项目名称</th><th>项目特征</th><th>计量单位</th><th>工程量计算规则</th><th>工作内容</th></tr>
<tr><td>010503001</td><td>基础梁</td><td rowspan="6">1. 混凝土类别
2. 混凝土强度等级</td><td rowspan="6">m³</td><td rowspan="6">按设计图示尺寸以体积计算。不扣除构件内钢筋、预埋铁件所占体积,伸入墙内的梁头、梁垫并入梁体积内。型钢混凝土梁扣除构件内型钢所占体积
梁长:
1. 梁与柱连接时,梁长算至柱侧面
2. 主梁与次梁连接时,次梁长算至主梁侧面</td><td rowspan="6">1. 模板及支架(撑)制作、安装、拆除、堆放、运输及清理模内杂物、刷隔离剂等
2. 混凝土制作、运输、浇筑、振捣、养护</td></tr>
<tr><td>010503002</td><td>矩形梁</td></tr>
<tr><td>010503003</td><td>异形梁</td></tr>
<tr><td>010503004</td><td>圈梁</td></tr>
<tr><td>010503005</td><td>过梁</td></tr>
<tr><td>010503006</td><td>弧形、拱形梁</td></tr>
</table>

表 6.4　现浇混凝土墙(编号:010504)

<table>
<tr><th>项目编码</th><th>项目名称</th><th>项目特征</th><th>计量单位</th><th>工程量计算规则</th><th>工作内容</th></tr>
<tr><td>010504001</td><td>直形墙</td><td rowspan="4">1. 混凝土类别
2. 混凝土强度等级</td><td rowspan="4">m^3</td><td rowspan="4">按设计图示尺寸以体积计算。不扣除构件内钢筋、预埋铁件所占体积,扣除门窗洞口及单个面积 >0.3 m^2 的孔洞所占体积,墙垛及凸出墙面部分并入墙体体积计算内</td><td rowspan="4">1. 模板及支架(撑)制作、安装、拆除、堆放、运输及清理模内杂物、刷隔离剂等
2. 混凝土制作、运输、浇筑、振捣、养护</td></tr>
<tr><td>010504002</td><td>弧形墙</td></tr>
<tr><td>010504003</td><td>短肢剪力墙</td></tr>
<tr><td>010504004</td><td>挡土墙</td></tr>
</table>

表 6.5　现浇混凝土板(编号:010505)

<table>
<tr><th>项目编码</th><th>项目名称</th><th>项目特征</th><th>计量单位</th><th>工程量计算规则</th><th>工作内容</th></tr>
<tr><td>010505001</td><td>有梁板</td><td rowspan="3">1. 混凝土类别
2. 混凝土强度等级</td><td rowspan="3">m^3</td><td rowspan="3">按设计图示尺寸以体积计算,不扣除构件内钢筋、预埋铁件及单个面积≤0.3 m^2 的柱、垛以及孔洞所占体积
压形钢板混凝土楼板扣除构件内压形钢板所占体积</td><td rowspan="9">1. 模板及支架(撑)制作、安装、拆除、堆放、运输及清理模内杂物、刷隔离剂等
2. 混凝土制作、运输、浇筑、振捣、养护</td></tr>
<tr><td>010505002</td><td>无梁板</td></tr>
<tr><td>010505003</td><td>平板</td></tr>
<tr><td>010505004</td><td>拱板</td><td rowspan="6">1. 混凝土类别
2. 混凝土强度等级</td><td rowspan="6">m^3</td><td rowspan="3">有梁板(包括主、次梁与板)按梁、板体积之和计算,无梁板按板和柱帽体积之和计算,各类板伸入墙内的板头并入板体积内,薄壳板的肋、基梁并入薄壳体积内计算</td></tr>
<tr><td>010505005</td><td>薄壳板</td></tr>
<tr><td>010505006</td><td>栏板</td></tr>
<tr><td>010505007</td><td>天沟(檐沟)、挑檐板</td><td>按设计图示尺寸以体积计算</td></tr>
<tr><td>010505008</td><td>雨篷、悬挑、板、阳台板</td><td>按设计图示尺寸以墙外部分体积计算。包括伸出墙外的牛腿和雨篷反挑檐的体积</td></tr>
<tr><td>010505009</td><td>其他板</td><td>按设计图示尺寸以体积计算</td></tr>
</table>

表 6.6 现浇混凝土楼梯(编号:010506)

项目编码	项目名称	项目特征	计量单位	工程量计算规则	工作内容
010506001	直形楼梯	1. 混凝土类别 2. 混凝土强度等级	1. m^2 2. m^3	1. 以平方米计量,按设计图示尺寸以水平投影面积计算。不扣除宽度≤500 mm的楼梯井,伸入墙内部分不计算 2. 以立方米计量,按设计图示尺寸以体积计算	1. 模板及支架(撑)制作、安装、拆除、堆放、运输及清理模内杂物、刷隔离剂等 2. 混凝土制作、运输、浇筑、振捣、养护
010506002	弧形楼梯				

表 6.7 现浇混凝土其他构件(编号:010507)

项目编码	项目名称	项目特征	计量单位	工程量计算规则	工作内容
010507001	散水、坡道	1. 垫层材料种类、厚度 2. 面层厚度 3. 混凝土类别 4. 混凝土强度等级 5. 变形缝填塞材料种类	m^2	以平方米计量,按设计图示尺寸以面积计算。不扣除单个≤0.3 m^2的孔洞所占面积	1. 地基夯实 2. 铺设垫层 3. 模板及支撑制作、安装、拆除、堆放、运输及清理模内杂物、刷隔离剂等 4. 混凝土制作、运输、筑、振捣、养护 5. 变形缝填塞
010507002	电缆沟、地沟	1. 土壤类别 2. 沟截面净空尺寸 3. 垫层材料种类、厚度 4. 混凝土类别 5. 混凝土强度等级 6. 防护材料种类	m	以米计量,按设计图示以中心线长计算	1. 挖填、运土石方 2. 铺设垫层 3. 模板及支撑制作、安装、拆除、堆放、运输及清理模内杂物、刷隔离剂等 4. 混凝土制作、运输、浇筑、振捣、养护 5. 刷防护材料
⋮	⋮	⋮	⋮	⋮	⋮

表 6.8 后浇带(编号:010508)

项目编码	项目名称	项目特征	计量单位	工程量计算规则	工作内容
010508001	后浇带	1. 混凝土类别 2. 混凝土强度等级	m^3	按设计图示尺寸以体积计算	1. 模板及支架(撑)制作、安装、拆除、堆放、运输及清理模内杂物、刷隔离剂等 2. 混凝土制作、运输、浇筑、振捣、养护及混凝土交接面、钢筋等的清理

2)预制混凝土构件

预制混凝土构件工程量清单项目设置、项目特征描述的内容、计量单位、工程量计算规则查阅《房屋建筑与装饰工程工程量计算规范》(GB 50854—2013)中附录E混凝土及钢筋混凝土工程。本书不再赘述。

▶ 6.3.2 混凝土工程量清单计算

通过定额计算规则和清单计算规则分析,可以发现混凝土这章的计算规则,清单和定额基本都是一样的,只是有的分项工程清单计量既可以计算平方米,又可以计算立方米。大家可以学习总结。

【例6.19】 如图6.40所示的混凝土台阶宽为5 m,求混凝土台阶的清单工程量。

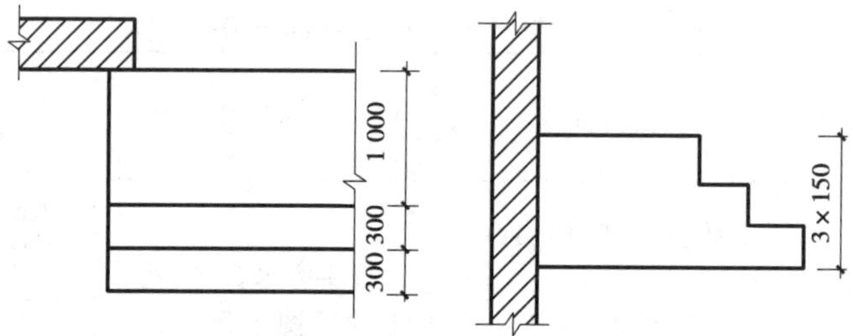

图6.40 混凝土台阶

【解】 通过计算规则分析,可以发现混凝土台阶清单可以计算平方米,也可以计算立方米。这里按照"m^2"计算。

$$台阶工程量 = 5 \times (0.3 + 0.3 + 0.3) = 4.5(m^2)$$

【例6.20】 请计算如图6.41所示地沟清单工程量。

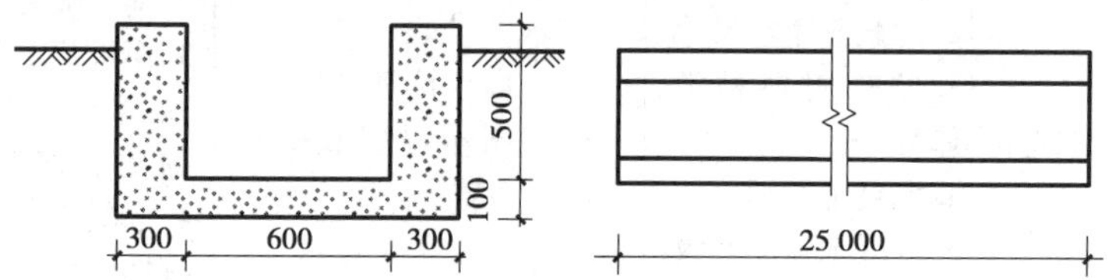

图6.41 地沟示意图

【解】 地沟工程量 = 25 m。

6.4 钢筋工程量计算

▶ 6.4.1 钢筋工程说明

1)钢筋工程定额说明

①现浇钢筋、箍筋、钢筋网片、钢筋笼子目适用于高强钢筋(高强钢筋指抗拉屈服强度达到400 MPa级及400 MPa级以上的钢筋)、成型钢筋以外的现浇钢筋。高强钢筋、成型钢筋按《重庆市绿色建筑工程计价定额》相应子目执行。

②钢筋子目是按绑扎、电焊(除电渣压力焊和机械连接外)综合编制的,实际施工不同时,不作调整。

③钢筋的施工损耗和钢筋除锈用工已包括在定额子目内,不另计算。

④预应力预制构件中的非预应力钢筋执行预制构件钢筋相应子目。

⑤现浇构件中固定钢筋位置的支撑钢筋、双(多)层钢筋用的铁马(垫铁),按现浇钢筋子目执行。

⑥机械连接综合了直螺纹和锥螺纹连接方式,均执行机械连接定额子目。该部分钢筋不再计算搭接损耗。

⑦非预应力钢筋不包括冷加工,如设计要求冷加工时,另行计算。$\phi10$ 以内冷轧带肋钢筋需专业调直时,调直费用按实计算。

⑧预应力钢筋如设计要求人工时效处理时,每吨预应力钢筋按 200 元计算人工时效费,进入按实费用中。

⑨后张法钢丝束(钢绞线)子目是按 $\phi20$ 编制的,若钢丝束(钢绞线)组成根数不同时,乘以表 6.9 中的系数进行调整。

表 6.9　钢丝束系数调整表

子目	12 Φ^s5	14 Φ^s5	16 Φ^s5	18 Φ^s5	20 Φ^s5	22 Φ^s5	24 Φ^s5
人工系数	1.37	1.14	1.1	1.02	1.00	0.97	0.92
材料系数	1.66	1.42	1.25	1.11	1.00	0.91	0.83
机械系数	1.10	1.07	1.04	1.02	1.00	0.99	0.98

注:碳素钢丝不乘系数。

⑩弧形钢筋按相应定额子目人工乘以系数 1.20。

⑪植筋定额子目不含植筋用钢筋,其钢筋按现浇钢筋子目执行。

⑫钢筋接头因设计规定采用电渣压力焊、机械连接时,接头按相应定额子目执行;采用了电渣压力焊、机械连接接头的现浇钢筋,在执行现浇钢筋制安定额子目时,同时应扣除人工 2.82工日、钢筋 0.02 t、电焊条 5 kg、其他材料费 3.00 元进行调整,电渣压力焊、机械连接的损耗已考虑在定额子目内,不得另计。

⑬预埋铁件运输执行金属构件章节中的零星构件运输定额子目。

⑭坡度 >15°的斜梁、斜板的钢筋制作安装,按现浇钢筋定额子目执行,人工乘以系数 1.25。

⑮钢骨混凝土构件中,钢骨柱、钢骨梁分别按金属构件章节中的实腹柱、吊车梁定额子目执行;钢筋制作安装按本章现浇钢筋定额子目执行,其中人工乘以系数 1.2,机械乘以系数 1.15。

⑯现浇构件冷拔钢丝按 $\phi10$ 内钢筋制作安装定额子目执行。

⑰后张法钢丝束、钢绞线等定额子目中,锚具实际用量与定额耗量不同时,按实调整。

2)钢筋工程量计算规则

①钢筋、铁件工程量按设计图示钢筋长度乘以单位理论质量以"t"计算。

a. 长度:按设计图示长度(钢筋中轴线长度)计算。钢筋搭接长度按设计图示及规范进行计算。

b. 接头:钢筋的搭接(接头)数量按设计图示及规范计算,设计图示及规范未标明的,以构件的单根钢筋确定。水平钢筋直径 $\phi10$ 以内按每 12 m 长计算一个搭接(接头);$\phi10$ 以上按每 9 m 长计算一个搭接(接头)。竖向钢筋搭接(接头)按自然层计算,当自然层层高大于 9 m 时,除按自然层计算外,应增加每 9 m 或 12 m 长计算的接头量。

c. 箍筋:箍筋长度(含平直段 10 d)按箍筋中轴线周长加 23.8 d 计算,设计平直段长度不同时允许调整。

d. 设计图未明确钢筋根数、以间距布置钢筋根数时,按向上取整加 1 的原则计算。

②机械连接(含直螺纹和锥螺纹)、电渣压力焊接头按数量以"个"计算,该部分钢筋不再计算其搭接用量。

③植筋连接按数量以"个"计算。

④预制构件的吊钩并入相应钢筋工程量。

⑤现浇构件中固定钢筋位置的支撑钢筋、双(多)层钢筋用的铁马(垫铁),设计或规范有规定的,按设计或规范计算;设计或规范无规定的,按批准的施工组织设计(方案)计算。

⑥先张法预应力钢筋按构件外形尺寸长度计算。后张法预应力钢筋按设计图规定的预应力钢筋预留孔道长度,并区别不同的锚具类型,分别按下列规定计算:

a. 低合金钢筋两端采用螺杆锚具时,预应力钢筋按预留孔道长度减 350 mm,螺杆另行计算。

b. 低合金钢筋一端采用镦头插片,另一端采用螺杆锚具时,预应力钢筋长度按预留孔道长度计算,螺杆另行计算。

c. 低合金钢筋一端采用镦头插片,另一端采用帮条锚具时,预应力钢筋长度增加150 mm。两端均采用帮条锚具时,预应力钢筋长度共增加 300 mm 计算。

d. 低合金钢筋采用后张混凝土自锚时,预应力钢筋长度增加 350 mm 计算。

e. 低合金钢筋或钢绞线采用 JM,XM,QM 型锚具和碳素钢丝采用锥形锚具时,孔道长度在 20 m 以内时,预应力钢筋长度增加 1 000 mm 计算;孔道长度在 20 m 以上时,预应力钢筋长度增加 1 800 mm 计算。

f. 碳素钢丝采用镦粗头时,预应力钢丝长度增加 350 mm 计算。

⑦声测管长度按设计桩长另加 900 mm 计算。

3)钢筋工程常用计算基数

(1)混凝土保护层厚度

混凝土最小保护层厚度见表 6.10。

表 6.10　混凝土最小保护层厚度

环境类别	板、墙、壳/mm	梁、柱、杆/mm
一	15	20
二 a	20	25
二 b	25	35

续表

环境类别	板、墙、壳/mm	梁、柱、杆/mm
三 a	30	40
三 b	40	50

注:①表中混凝土保护层厚度是指最外层钢筋外边缘至混凝土表面的距离,适用于设计使用年限为50年的混凝土结构。

②结构中受力钢筋的保护层厚度不应小于钢筋的公称直径。

③一类环境中,设计使用年限为100年的结构最外层钢筋的保护层厚度不应小于表中数值的14倍;二、三类环境中,设计使用年限为100年的结构应采取专门的有效措施。

④混凝土强度等级不大于C25时,表中保护层厚度数值应增加5 mm。

⑤基础底面钢筋的保护层厚度,有垫层时应从垫层顶面算起且不应小于40 mm。

(2)钢筋锚固长度

各类构件中的各类钢筋,都有基本的锚固和收头方式,如框架梁纵筋在支座的基本锚固方式分为直锚和弯锚。具体的锚固长度与抗震等级、钢筋级别和混凝土强度等级有关。平法图集16G101—1第57-58页给出了受拉钢筋基本锚固长度 l_{ab},l_{abE} 以及受拉钢筋锚固长度 l_a,l_{aE} 的取值。

(3)钢筋搭接长度

钢筋在绑扎过程中主要分为绑扎搭接、机械连接、焊接连接3种连接方式,其中,搭接长度是钢筋计算中的一个重要参数,平法图集16G101—1第60-61页直接给出了受拉钢筋搭接长度 l_l 和 l_{lE} 的取值。搭接长度影响因素:抗震等级、钢筋等级、搭接接头百分率、钢筋直径、混凝土强度等级。

(4)钢筋理论质量

钢筋算量的核心内容是钢筋设计长度、锚固长度、搭接长度、根数。

钢筋质量 = 长度 × 根数 × 每米理论质量 = 长度 × 根数 × 0.006 17d^2(kg/m)/1 000,其中 d 表示钢筋直径。

▶ 6.4.2　柱钢筋工程量的计算

1)柱的分类

在建筑工程中,通常将柱分为框架柱、转换柱、梁上柱、墙上柱、芯柱等,不同的柱放在不同的位置在结构中起着不同的作用,而其钢筋的绑扎方式也会有所不同,不同类型的柱其钢筋工程量计算的主要区别在于锚固长度的取值不同。本节主要介绍框架柱钢筋工程量计算。

2)基础插筋

一般基础和柱是分开施工的,这时柱钢筋如果直接留在基础里,因为钢筋很长不方便施工,所以就伸出一段钢筋用于柱钢筋搭接用,大小和根数和柱的相同,至于基础内的箍筋,一般是2~3道,用于固定插筋用,出了基础顶面就是柱的箍筋,按照图纸施工,伸入上层的钢筋长度要满足搭接或焊接要求,图6.42为独立基础柱插筋示意图。

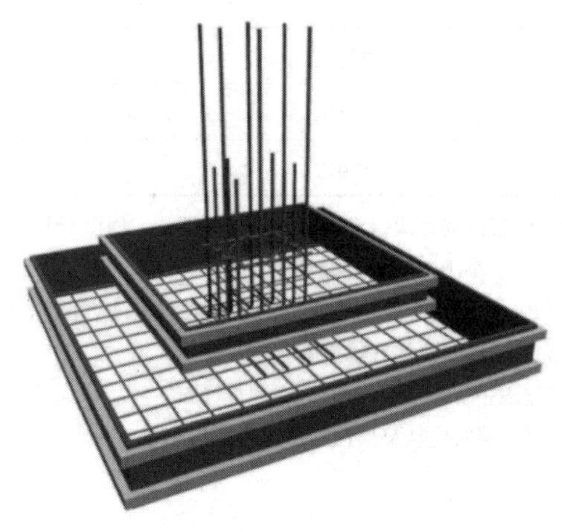

图 6.42　独立基础柱插筋示意图

查平法图集 16G101—3 第 66 页“柱纵向钢筋在基础中的构造”可知，基础高度不同时，基础插筋的锚固不同，因此，基础插筋在基础内的弯折长度取值需要根据基础深度确定。

当 $h_j - c < l_{aE}$时，弯锚，弯折长度为 $15d$；

当 $h_j - c \geq l_{aE}$时，直锚，弯折长度为 $\max(6d, 150\ \text{mm})$；

式中　h_j——基础高度；

c——基础保护层厚度；

d——纵筋直径。

基础插筋非连接区长度构造查平法图集 16G101—1 第 63 页，计算式如下（默认基础上部为嵌固部位，采用绑扎搭接连接，如果是机械连接或焊接连接，则不需要加搭接长度）：

当 $h_j - c < l_{aE}$时，基础插筋长度 $L = H_c/3 + h_j - c - D + 15d +$ 搭接长度

当 $h_j - c \geq l_{aE}$时，基础插筋长度 $L = H_c/3 + h_j - c - D + \max(6d, 150\ \text{mm}) +$ 搭接长度

式中　H_c——柱所在楼层净高（不包含梁高）；

h_j——基础高度；

c——基础保护层厚度；

D——基础纵筋直径；

d——柱纵筋直径。

3）首层及中间楼层纵筋长度计算

纵筋构造查平法图集 16G101—1 第 63 页，可知首层纵筋起点为基础插筋的顶端，终点为二层的非连接区，因此首层纵筋的长度为（机械连接或焊接连接，则不需要加搭接长度）：

纵筋长度 = 层高 - 基础插筋非连接区长度 + 二层非连接区长度 + 搭接长接

中间间层纵筋长 = 层高 - 本层非连接区长度 + 上层非连接区长度 + 搭接长接

$$嵌固部位非连接区长度 = \frac{H_n}{3}$$

非嵌固部位非连接区长度 $= \max(H_n/6,\ h_c, 500\ \text{mm})$

4)顶层纵筋长度计算

柱纵筋在顶层锚固长度因受力不同有所区别,因此要区分中柱、边柱、角柱。

(1)中柱锚固

如图 6.43 所示,中柱柱顶纵向钢筋构造分 4 种构造做法,施工人员应根据各种做法要求的条件正确选用。当选择③节点时,需要设计提供锚板规格尺寸。

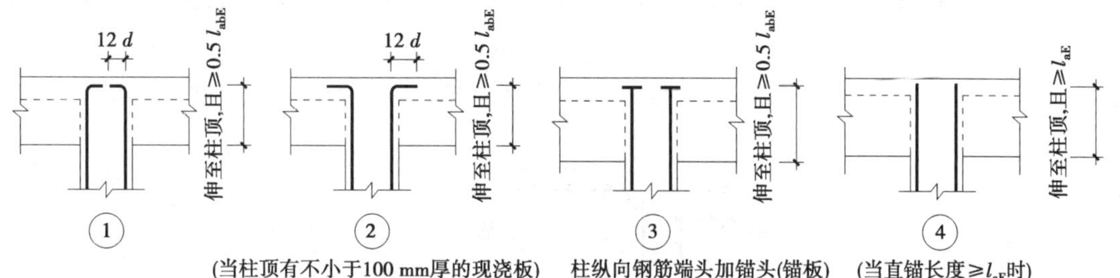

图 6.43 中柱柱顶纵向钢筋构造

当伸至柱顶且≥l_{aE}时,如图 6.43 中④节点所示采用直锚,即梁高 $-c \geq l_{aE}$时,锚固长度 = 梁高 $-c$。

否则选用①/②节点,即梁高 $-c < l_{aE}$时,锚固长度 = 梁高 $-c+12d$。

由此可得中柱纵筋长度计算式为:

中柱纵筋长度 = 顶层净高 - 顶层下部非连接区长度 + 锚固长度

(2)边角柱纵筋长度计算

在计算边角柱之前,要区分边角柱的内侧纵筋和外侧纵筋,划分方式如图 6.44 所示。边角柱内侧纵筋构造与中柱纵筋构造相同,外侧纵筋构造查平法图集 16G101—1 第 67 页。①节点是梁柱钢筋贯通布置,一般现场很少用,因为不便于施工。②、③节点是俗称的柱包梁,柱子钢筋伸到梁里。④节点是用于未伸入梁内的柱外侧纵筋锚固。⑤节点是梁包柱。一般情况下,柱的截面比梁的截面要大,因此会出现顶层柱边角筋伸不到梁中的构造,需要② + ④或③ + ④或① + ② + ④或① + ③ + ④配合使用,柱梁钢筋能通则通,不能通则多节点配合使用。

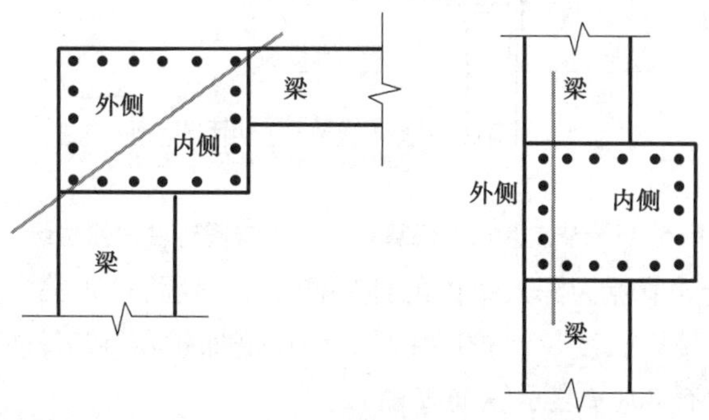

图 6.44 边角柱内外侧钢筋划分示意图

节点①柱筋作为梁上部钢筋使用,则柱外侧纵筋长度 = 顶层层高 - 顶层下部非连接区长度 - 保护层 + 弯入梁内的长度。

如图 6.45 所示,节点②从梁底算起 $1.5l_{abE}$ 超过柱内侧边缘时,边柱外侧伸入顶梁≥1. 5l_{abE},与梁上部纵筋搭接。当柱外侧纵向钢筋配筋率 >1. 2% 时,柱外侧纵筋伸入顶梁 1. 5l_{abE}后,分两批截断,断点间距≥20d,d 为纵筋直径。当配筋率≤1. 2% 时,柱外侧纵筋锚固长度为 1. 5l_{abE}。

当配筋率 >1. 2% 时,柱外侧纵筋锚固长度分为两个部分,有 1/2 根数柱外侧纵筋锚固长度为 1. 5l_{abE},另 1/2 根数柱外侧纵筋锚固长度为 1. 5l_{abE} +20d。柱内侧纵筋锚固同中柱。

顶层纵筋长度 = 顶层净高 - 顶层下部非连接区长度 + 锚固长度

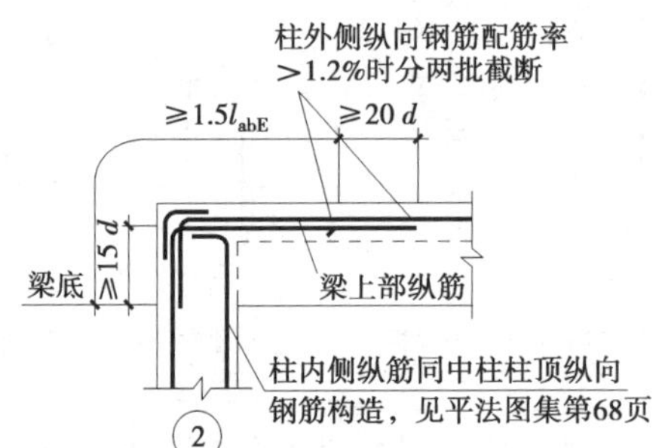

图 6. 45　节点②从梁底算起 1. 5 l_{abE}超过柱内侧边缘

如图 6. 46 所示,节点③从梁底算起 1. 5l_{abE}未超过柱内侧边缘时,边柱外侧纵筋伸入顶梁≥1. 5l_{abE},与梁上部纵筋搭接。当柱外侧纵向钢筋配筋率 >1. 2% 时,柱外侧纵筋伸入顶梁 1. 5l_{abE}后,分两批截断,断点间距≥20d,d 为纵筋直径。当配筋率≤1. 2% 时,锚固长度为 max(1. 5l_{abE},梁高 - c +15d);当配筋率 >1. 2% 时,锚固长度分为两部分:一半柱外侧纵筋锚固长度为 max(1. 5l_{abE},梁高 - c +15d),另一半柱外侧纵筋锚固长度为 max(1. 5l_{abE},梁高 - c + 15d) +20d。

顶层纵筋长度 = 顶层净高 - 顶层下部非连接区长度 + 锚固长度

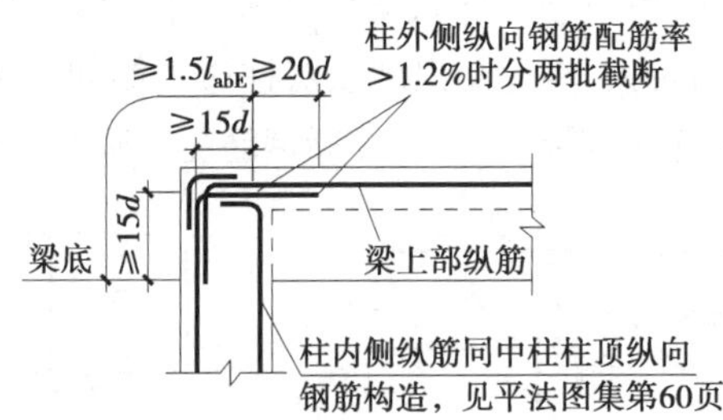

图 6. 46　节点③从梁底算起 1. 5l_{abE}未超过柱内侧边缘

节点④用于①、②、③节点为深入梁内的柱外侧钢筋锚固,柱顶第一层顶层纵筋长度 = 顶层层高 - 顶层下部非连接区长度 - 保护层 + 柱宽 -2 倍保护层 +8d;柱顶第二层顶层纵筋长度与第一层的区别为没有 8d(d 表示纵筋直径)。

节点⑤梁上部纵筋伸入柱内锚固与柱纵向钢筋搭接接头沿节点外侧直线布置,则柱外侧纵筋长度 = 顶层层高 - 顶层下部非连接区长度 - 保护层。

(3)柱纵筋变截面长度计算

柱纵筋变截面如图 6. 47 所示。

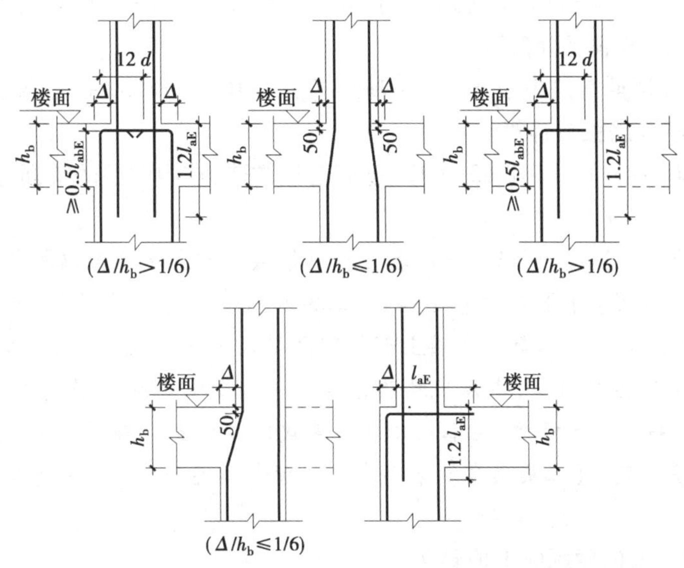

图 6.47　柱纵筋变截面节点构造

当柱发生截面变化时，柱内纵筋布置原则能通则通，不能通则可截断弯锚。当变截面尺寸 Δ 与梁高 h_b 的比值小于等于 1/6 时，柱纵筋无须截断，拉通布置；当变截面尺寸 Δ 与梁高 h_b 的比值大于 1/6 时，柱纵筋需要截断弯锚，锚固值如图 6.47 所示，上柱纵筋插入下柱内 1.2l_{aE}，下柱纵筋伸至柱顶弯折 12d；当柱处于建筑物外边缘时，柱外侧纵筋伸至柱顶弯折变截面尺寸 Δ－保护层＋l_{aE}。

当柱同一构件相邻两个单元，应将规格大的钢筋单元伸入规格小的钢筋单元，钢筋根数多的单元伸入钢筋根数少的单元。

(4)柱箍筋根数及长度计算

柱箍筋在基础层的箍筋形式为非复合箍，箍筋从基础顶面往上起步距离为 50 mm，箍筋从基础顶面往下起步距离为 100 mm。在上部楼层的箍筋形式多为复合箍。根据平法图集 16G101—3 第 66 页柱纵向钢筋在基础中的构造详图所示，基础层箍筋的根数与柱基础插筋的保护层厚度有关。柱箍筋类型分为 7 类，具体可查平法图集 16G101—1 第 11 页。

①柱箍筋根数计算步骤。

第一步，先计算出柱的净高，柱的净高对于中间楼层来说就是结构层高减去顶板梁的截面高度。

第二步，计算加密区高度，并按加密区间距计算加密区箍筋根数，每个楼层都有上下两个加密区。加密区取值等于柱纵筋非连接区取值，嵌固部位加密区取值 $H_n/3$，非嵌固部位取 max($H_n/6$，h_c，500 mm)，梁高范围始终加密。

第三步，计算非加密区高度，并按非加密区间距计算加密区箍筋根数。

②柱箍筋根数计算。

A. 基础部分箍筋根数计算。柱基础插筋外(不含弯折段)保护层厚度≤5d(d 为插筋最小直径)，箍筋间距为 min(5d，100 mm)。

$$基础插筋箍筋根数 =(基础高度 - 100 - c)/\min(5d,100\ \text{mm}) + 1$$

柱基础插筋外(不含弯折段)保护层厚度 > 5d(d 为插筋最小直径),箍筋间距为≤500 mm,且不少于两道非复合箍筋。

基础插筋箍筋根数 = max[(基础高度 − 100 − c)/500 + 1, 两道]

B. 上部楼层柱箍筋根数计算。

根据平法图集 16G101—1 第 63 页 KZ 钢筋连接构造,柱中间层的箍筋分为加密区和非加密区箍筋,根数为:

柱中间层箍筋根数 = 加密区箍筋根数 + 非加密区箍筋根数

加密区范围:本层底端非连接区、本层顶部非连接区、节点区(梁高)。

加密区的箍筋根数 = 本层上部加密区根数 + 本层底部加密区根数

底部箍筋加密区根数 = (本层底端非连接区 − 起步距离 50)/箍筋加密间距 + 1

上部箍筋加密区根数 = (本层顶部非连接区 + 梁高)/箍筋加密间距 + 1

非加密区箍筋根数 = (本层层高 − 梁高 − 本层顶部非连接区 − 底端非连接区)/箍筋非加密区间距 − 1

注意:箍筋根数取值原则向上取整 +1。

其中,本层底端非连接区长度,若为嵌固部位时,长度为 $H_n/3$;若为非嵌固部位时,长度为 max($H_n/6$, h_c, 500 mm);本层顶部非连接区长度 max($H_n/6$, h_c, 500 mm)。

③柱箍筋单根长度计算。

大箍筋长度 = 周长 − 8c − 4d + [1.9d + max(10d, 75 mm)] × 2

小箍筋长度 = [h − 2c + (b − 2c)/n] × 2 − 4d + [1.9d + max(10d, 75 mm)] × 2 或小箍筋长度 = [(h − 2c)/n + (b − 2c)] × 2 − 4d + [1.9d + max(10d, 75 mm)] × 2

单肢箍筋长度 = h − 2c − d + [1.9d + max(10d, 75 mm)] × 2 或单肢箍筋长度 = b − 2c − d + [1.9d + max(10d, 75 mm)] × 2

其中,h 为柱长,b 为柱宽,c 为保护层厚度,d 为箍筋直径,n 为小箍短边长占相应柱边尺寸的几等分。

注意:《重庆市房屋建筑与装饰工程计价定额》(CQJZZSDE—2018)第一册规定,箍筋的计算为箍筋中轴线周长加 23.8d。

【例 6.21】 某工程为框架结构,抗震等级二级,抗震设防烈度 7 度。其中一层至顶层主体结构柱、梁、板、楼梯混凝土强度等级为 C30,混凝土保护层厚度:柱 30 mm、基础 40 mm,独立基础厚度 600 mm;KZ1:截面为 600 mm × 600 mm,柱全部纵筋为 12 ⌀25,箍筋为 Φ8@100/200;钢筋机械连接,如图 6.48 所示,请计算 1 根角柱 KZ1 的钢筋工程量。

楼层	顶标高/m	层高/m	顶梁高/mm
4	15.1	3.6	700(板厚 120)
3	11.9	3.6	700
2	8.3	4.2	700
1	4.1	4.2	700
基础	−0.9	基础厚 0.6	嵌固部位在基础顶面

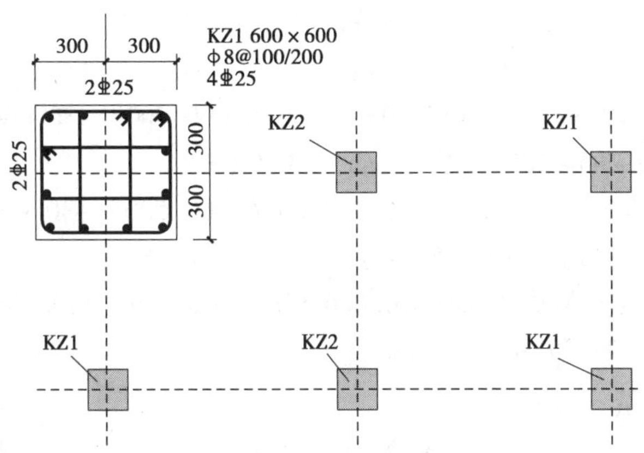

图 6.48 某框架结构柱结构施工图(局部)

【解】 根据设计说明，查平法图集 16G101—1 得知，$l_{abE}=l_{aE}=40d=40\times25=1\ 000$(mm)。

1) KZ1 纵筋工程量

(1)基础插筋长度

因为 $h_j-c=600-40=560<L_{aE}$，所以弯折长度为 15d；基础顶面为嵌固部位，基础顶面上露长度为 $H_n/3$；钢筋为机械连接，故搭接长度为 0。

基础插筋单根长度 $=15d+h_j-c+H_n/3=15\times25+600-40+(4\ 100+900-700)/3=2\ 368(\text{mm})=2.368(\text{m})$

基础插筋总长度 $=2.368\times12=28.56(\text{m})$

(2)中间层柱纵筋长度 $=4\ 100+900-(4\ 100+900-700)/3+\max[(4\ 200-700)/6,600,500]=5\ 000-1\ 433+600=4\ 167(\text{mm})=4.167(\text{m})$

二层纵筋单根长度 $=4\ 200-\max[(4\ 200-700)/6,600,500]+\max[(3\ 600-700)/6,600,500]=4\ 200-600+600=4\ 200(\text{mm})=4.2(\text{m})$

三层纵筋单根长度 $=3\ 600-\max[(3\ 600-700)/6,600,500]+\max[(3\ 600-700)/6,600,500]=3\ 600-600+600=4\ 200(\text{mm})=4.2(\text{m})$

中间层柱纵筋总长度 $=(4.167+4.2+4.2)\times12=150.804(\text{m})$

(3)顶层柱纵筋长度

KZ1 为角柱，纵筋一共 12 根，其中外侧纵筋 7 根、内侧纵筋 5 根。

配筋率 = 钢筋截面面积(外侧纵筋)/构件截面面积(柱) $=\pi\times(25/2)^2\times7/(600\times600)\times100\%=0.95\%<1.2\%$，柱外侧纵筋按一批截断计算。

①因为梁高 $-c=700-30=670\ \text{mm}<l_{aE}=1\ 000\ \text{mm}$，所以：

内侧纵筋单根长度 $=3\ 600-\max[(3\ 600-700)/6,600,500]-30+12\times25=3\ 600-600-30+300=3\ 270(\text{mm})=3.27(\text{m})$

内侧纵筋总长度 $=3.27\ \text{m}\times5=16.35(\text{m})$

$1.5l_{abE}=1.5\times1\ 000=1\ 500>$ 梁高 $-c+$ 柱宽 $-c=700-30+600-30=1\ 240(\text{mm})$

柱外侧纵筋选用 65% 的②节点(5 根)与 35% 的④节点(2 根)计算：

a. 65% 的柱外侧纵筋单根长度 $=3\ 600-\max[(3\ 600-700)/6,600,500]-700+\max(700-30+15\times25,1.5\times825)=3\ 537(\text{mm})=3.537(\text{m})$

65%的柱外侧纵筋总长度=3.537×5=17.3(m)

b.35%的④节点2根,柱外侧纵筋长度:

第一层外侧纵筋=3 600－max[(3 600－700)/6,600,500]－30+600－2×30+8×25=3 600－600－30+600－60+200=3 770(mm)=3.77(m)

第二层外侧纵筋=3 600－max[(3 600－700)/6,600,500]－30+600－2×30=3 600－600－30+600－60=3 570(mm)=3.57(m)

KZ1柱纵筋工程量=钢筋总长度×0.006 17d^2=(28.56+150.804+16.35+17.685+3.77+3.57)×0.006 17×25^2≈851.22(kg)

2)KZ1箍筋工程量

KZ1的箍筋Φ8@100/200是复合箍筋,由一个封闭大箍和两个封闭小箍组成,所以先算箍筋的单根长度,再计算根数。

(1)大箍筋单根长度=2×[(600－2×30－8)+(600－2×30－8)]+23.8×8=2 318(mm)=2.318(m)

小箍筋长度=2×(600－2×30－8)/3+2×(600－2×30－8)+23.8×8=1 609(mm)=1.609(m)

因为柱截面b边和h边都是600 mm,所以小箍筋长度相同。

(2)箍筋根数

①基础层箍筋根数=max[(600－100－40)/500+1,2]=2(根)

②中间层箍筋根数。

a.一层加密区箍筋根数=15+16+9=40(根)

一层底部箍筋加密区根数=[(4 100+900－700)/3－50]/100+1=15(根)

一层上部箍筋加密区根数=[(4 100+900－700)/6+700]/100+1=16(根)

一层非加密区根数=[4 100+900－700－(4 100+900－700)/3－(4 100+900－700)/6]/200－1=9(根)

b.二层加密区箍筋根数=7+14+11=32(根)

二层底部加密区根数=[(4 200－700)/6－50]/100+1=7(根)

二层上部加密区根数=[(4 200－700)/6+700]/100+1=14(根)

二层非加密区根数=[4 200－700－(4 200－700)/6－(4 200－700)/6]/200－1=11(根)

c.三层加密区箍筋根数=6+13+9=28(根)

三层底部加密区根数=[(3 600－700)/6－50]/100+1=6(根)

三层上部加密区根数=[(3 600－700)/6+700]/100+1=13(根)

三层非加密区根数=[3 600－700－(3 600－700)/6－(3 600－700)/6]/200－1=9(根)

中间层总根数=40+32+28=100(根)

③顶层箍筋根数。顶层层高及梁高同第三层,所以箍筋计算同第三层,顶层总根数=28(根)。

(3)箍筋工程量

总长度=2.318×2+(2.318+1.609+1.609)×128=713.244(m)

箍筋工程量=总长度×0.006 17d^2=713.244×0.006 17×8^2=281.54(kg)

▶ 6.4.3　梁钢筋工程量的计算

在建筑工程中,梁一般承受的外力以横向力为主,主要承受梁自重、梁上墙体重和板传来的荷载,其杆件变形以弯曲为主,是典型的受弯构件。

1)梁的分类

梁主要分为楼层框架梁、屋面框架梁、非框架梁、悬挑梁、转换梁、井字梁、框架扁梁等。本节主要介绍楼层框架梁钢筋工程量计算。

楼层框架梁:一般是指非顶层的框架梁,按抗震等级分为一、二、三、四级抗震及非抗震。

屋面框架梁:一般是顶层的框架梁,按抗震等级分为一、二、三、四级抗震及非抗震。

非框架梁:一般是以框架梁或框支梁为支座的梁,没有抗震等级要求,按非抗震等级构造要求配筋。

悬挑梁:一端有支座,一端悬空的梁称为悬挑梁。

转换梁:框支剪力墙结构通过在某些楼层的剪力墙上开洞获得需要的大空间,上部楼层的部分剪力墙不能直接连续贯通落地,需设置结构转换构件,其中的转换梁就是框支梁。

井字梁:由同一平面内相互正交或斜交的梁组成的结构构件。

2)梁的钢筋种类及工程量计算

框架梁中主要钢筋种类如图 6.49 所示,有上部通长筋、侧面纵向钢筋——构造或抗扭、下部钢筋、下部通长筋、左支座筋、架立筋、右支座筋、箍筋、附加箍筋、吊筋、次梁加筋、加腋钢筋、加腋箍筋等。

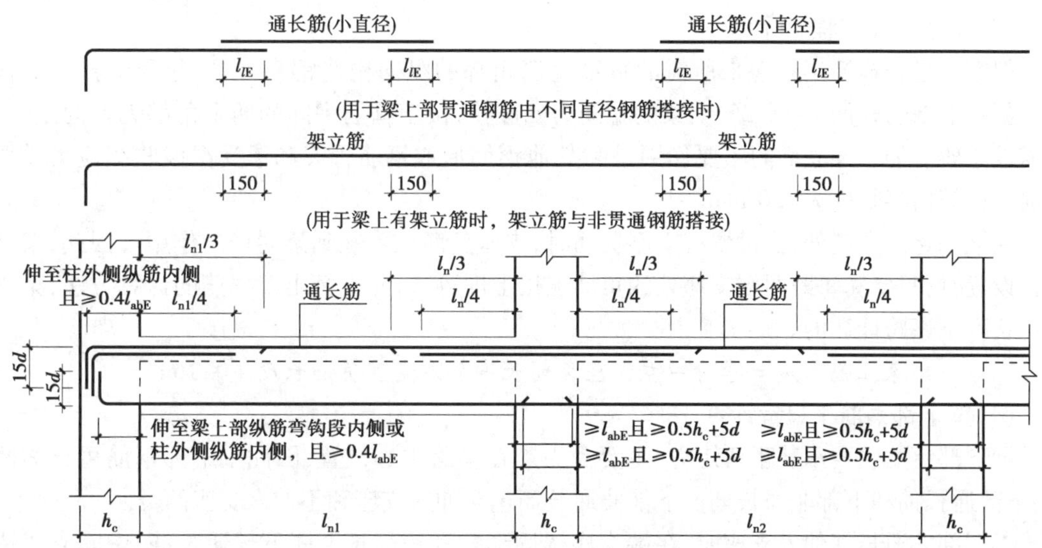

图 6.49　楼层框架梁 KL 纵向钢筋构造

(1)梁上部通长筋工程量计算

梁上部通长筋是贯通整根梁,在两端进行锚固。梁的支座为柱或剪力墙,钢筋伸入支座即为锚固,因此计算式为:

上部通长筋单根长 = 净跨长 + 锚固长度 ×2 + 搭接长度

梁上部通长筋锚固分为直锚和弯锚，当 h_c（柱宽）$-c \geqslant l_{aE}$ 时，选择直锚，直锚长度 = max$(0.5h_c+5d, l_{aE})$；当 h_c（柱宽）$-c < l_{aE}$ 时，选择弯锚，弯锚长度 $= h_c$（柱宽）$-c+15d$。

搭接长度 $= l_{lE} \times n$，n 表示接头个数，n = 梁纵筋单根总长/钢筋定尺长度，n 的计算结果向下取整。

梁下部通长筋的计算方法同上部通长筋。

(2)梁支座负筋工程量计算

梁支座负筋是支座上部纵向非贯通受力钢筋。一般结构构件受力弯矩分正弯矩和负弯矩，抵抗负弯矩所配备的钢筋称为负筋，通常指板、梁的上部钢筋，有些上部配置的构造钢筋习惯上也称为负筋。当梁、板的上部钢筋通长时，人们习惯地称之为上部钢筋。

①端支座负筋是梁两端支座处的钢筋，见平法图集 16G101—1 第 84 页。

第一排负筋长度 $= l_n/3$ + 锚固长度

第二排负筋长度 $= l_n/4$ + 锚固长度

支座负筋的根数 = 梁支座处上部原位标注根数 − 梁通长筋根数

端支座处锚固同上部通长筋，分为直锚和弯锚。

②中间支座负筋长度计算。中间支座是指支撑在框架梁（连续梁）中间的那些柱（或墙）。中间支座负筋与支座的关系像扛在肩上的扁担，俗称“扁担筋”，中间支座处负筋在支座处拉通布置。

第一排中间支座负筋长度 $= 2 \times (l_{n大}/3)$ + 支座宽度

第二排中间支座负筋长度 $= 2 \times (l_{n大}/4)$ + 支座宽度

“$l_{n大}$”为中间支座左右跨净长取大值，即 max$(L_{n左}, L_{n右})$。

(3)梁架立筋工程量计算

架立筋是把箍筋架立起来所需的贯穿箍筋角部的纵向构造钢筋，主要起固定箍筋的作用。如梁上部通长筋为 2⌀25，而梁的箍筋为四肢箍，位于箍筋中间的两个角部无处固定时，就需设置架立筋。架立筋的主要作用是和其他钢筋形成钢筋骨架和承受温度收缩应力。架立筋与负筋搭接长度为 150 mm。

在梁每跨的支座处，当设置有支座负筋时，支座负筋也可起到架立筋的作用。因此，架立筋在设置时，只要和每跨两端支座处的负筋连接上即可，由此推算出架立筋的计算方法，架立筋的长度是逐跨计算的。

架立筋长度 = 净跨 − 左支座负筋长度 − 右支座负筋长度 + 0.3 m

(4)梁下部钢筋工程量计算

梁下部钢筋主要承载正弯矩力，主要受力点在梁跨中心位置，因此梁下部钢筋可分为两类：下部通长筋和下部非通长筋。下部非通长筋包含伸入支座和不伸入支座两类。

①下部非通长筋伸入支座时，在端支座锚固形式和锚固长度同下部通长筋，中间支座锚固长度统一直锚，锚固长度 = max$(0.5h_c+5d, l_{aE})$

②下部非通长筋不伸入支座时，构造见平法图集 16G101—1 第 90 页。如图 6.50 所示，L_n 为净跨，由图集可知，不伸入支座的下部钢筋，其端部距支座边为 $0.1L_n$，即不伸入支座下部钢筋长 $=0.8L_n$。

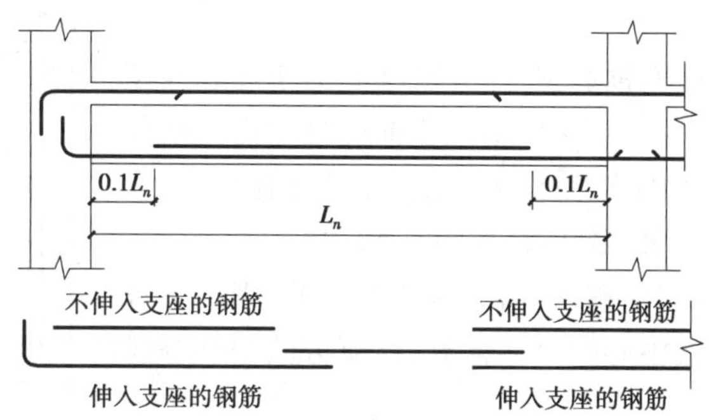

图 6.50　楼层框架梁 KL 不伸入支座下部钢筋构造

(5)梁侧面钢筋工程量计算

梁侧面钢筋分为构造钢筋、抗扭钢筋和拉筋 3 类,如图 6.51 所示。构造钢筋与抗扭钢筋非常相似,在梁的相对位置上是相同的,两者统称为梁侧面钢筋或腰筋。

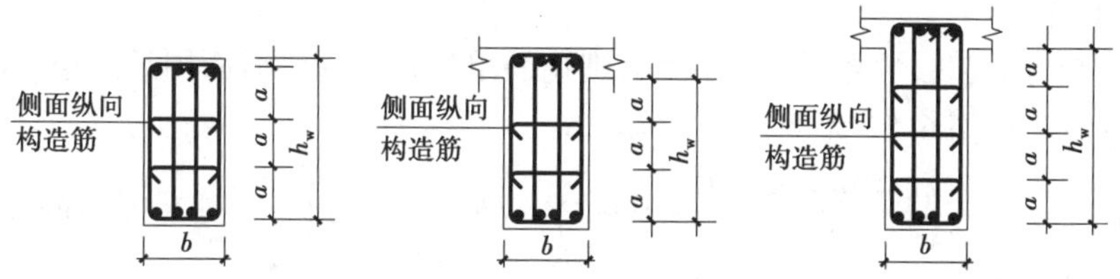

图 6.51　楼层框架梁 KL 侧面钢筋构造

当 $h_w \geqslant 450$ mm 时,在梁的两个侧面应沿高度配置纵向构造钢筋,纵向构造钢筋间距 $a \leqslant 200$ mm,h_w 为梁腹高度,即梁高－板厚。

当梁侧面配有直径不小于构造纵筋的受扭纵筋时,受扭钢筋可以代替构造钢筋。

梁侧面构造纵筋的搭接与锚固长度可取 $15d$。梁侧面受扭纵筋的搭接长度为 l_{lE} 或 l_l,其锚固长度为 l_{aE} 或 l_a,锚固方式同框架梁下部纵筋。

当梁宽≤350 mm 时,拉筋直径为 6 mm;梁宽＞350 mm 时,拉筋直径为 8 mm。拉筋间距为非加密区箍筋间距的 2 倍。当设有多排拉筋时,上下两排拉筋竖向错开设置。

相对于受力钢筋而言,构造钢筋是钢筋混凝土结构中按照构造需要设置的钢筋。构造钢筋不承受主要作用力,只起维护、拉结、分布作用。当梁两侧受力不均衡时,梁内承受一定的扭矩,抗扭钢筋要承受扭矩。因此,抗扭钢筋属于受力筋。当梁侧面配有直径不小于构造钢筋的受扭钢筋时,受扭钢筋可代替构造钢筋。

$$梁的构造钢筋\ L = 2 \times 15d + 净跨长 + 绑扎搭接长度$$

$$梁的抗扭钢筋\ L = 2 \times 锚固长度 + 净跨长 + 搭接长度$$

$$梁的侧面拉筋根数\ n = [(梁净跨长 - 2 倍起步距)/2 倍梁箍筋非加密区间距 + 1] \times 排数$$

其中,排数＝梁侧面钢筋根数/2。

拉筋间距为非加密区箍筋间距的 2 倍。当设有多排拉筋时,上下两排拉筋竖向错开设置。这里需要说明的是,上述的“拉筋间距为非加密区箍筋间距的 2 倍”,只是给出了一个计算拉筋间距的算法。例如,梁箍筋的标注为⏀8@100/200(2),可以看出非加密区箍筋间距为 200 mm,则拉筋间距为 200×2＝400(mm)。

(6)梁箍筋工程量计算

箍筋是用来满足斜截面抗剪强度,并联结受力主筋和受压区混凝土使其共同工作,以及用来固定主钢筋的位置而使构件(梁或者柱)内各种钢筋构成钢筋骨架的钢筋。箍筋的种类很多,梁内最常见的是双肢箍和多肢箍,如图 6.52 所示。

箍筋设计原则:大箍套小箍,中间如有侧面钢筋,则设置水平拉筋。箍筋和拉筋均按中心线尺寸计算,计算方法与柱箍筋类似。

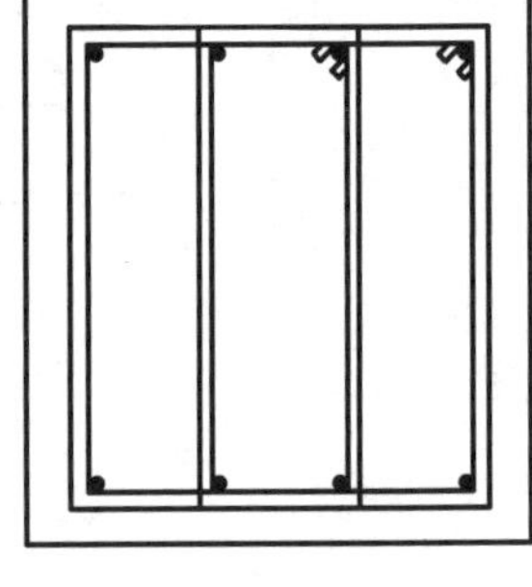

图 6.52　梁四肢箍示意图

$$箍筋工程量=单根长度\times根数$$

①箍筋单根长度计算。

$$大箍筋单根长度=周长-8c-4d+[1.9d+\max(10d,75\ \text{mm})]\times 2$$

用于箍筋的钢筋直径一般为 6.5 ~ 12 mm,当箍筋直径大于等于 8 mm 时可以取梁截面周长 $-8c-4d+23.8d$。

当构件为非抗震时,平直段长度为 $5d$,则箍筋单根长度为梁截面周长 $-8c-4d+13.8d$。

小箍筋计算,以图 6.52 为例。

$$小箍单根长度=2\times\left[\left(\frac{b-2c-2d-D}{3}+D+d\right)+(h-2c-d)\right]+2\times[1.9d+\max(10d,75\ )]$$

式中　b——梁宽;

h——梁高;

c——保护层厚度;

d——箍筋直径;

D——纵筋直径。

②箍筋根数计算。梁的箍筋根数分跨计算,每一跨都有左右两个加密区和中间非加密区。当抗震等级为一级时,梁箍筋加密区取 $\max(2h_b,500)$,当抗震等级为二~四级时梁箍筋加密区取 $\max(1.5h_b,500)$。

梁每跨箍筋根数=[(加密区长度-50)/加密区间距+1]×2+(梁净跨长-左右两端加密区长)/非加密区间距-1

【例 6.22】　工程背景:构件混凝土强度等级为 C30,一级抗震结构,柱、梁的混凝土保护层厚度为 20 mm,定尺长度为 9 m,钢筋直径小于 16 mm 时为绑扎搭接,大于等于 16 mm 时为机械连接。图 6.53 为 KL1 平法标注示意图,请计算梁钢筋工程量。

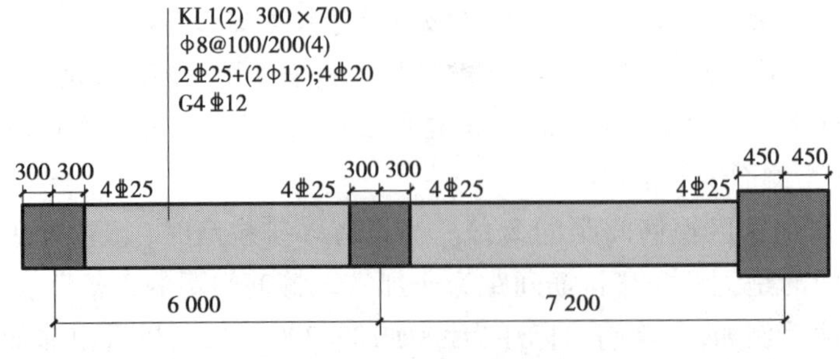

图 6.53　KL1 平法标注示意图

【解】 梁钢筋工程量计算见表 6.11。

表 6.11 梁构件钢筋工程量计算

序号	钢筋类别	钢筋信息	单根长度或根数计算式
1	上部 通长筋	2 Φ25	左支座 $h_c - c = 600 - 20 = 580 < l_{aE} = 40d = 1\ 000$，弯锚，锚固长度 $= h_c - c + 15d = 600 - 20 + 15 \times 25 = 955$(mm) 右支座 $h_c - c = 900 - 20 = 880 < l_{aE} = 40d = 1\ 000$，弯锚，锚固长度 $= 900 - 20 + 15 \times 25 = 1\ 255$(mm) 单根长度 = 955 + (6 000 + 7 200 − 300 − 450) + 1 255 = 14 660(mm) 单根接头个数 = (14 660/9 000) − 1 = 1(个)，机械连接 根数 = 2 根 总长 = 14 660 × 2 = 29 320(mm)；总接头个数 = 2 个，机械连接
2	支座负筋	左支座负筋 2 Φ25	左端支座锚固长度计算同上部通长筋，弯锚，锚固长度 955 mm 单根长度 = 955 + (6 000 − 300 × 2)/3 = 2 755(mm) 根数 = 2 根 总长 = 2 755 × 2 = 5 510(mm)
		中间支座负筋 2 Φ25	单根长度 = [(7 200 − 300 − 450)/3] × 2 + 600 = 4 900(mm) 根数 = 2 根 总长 = 4 900 × 2 = 9 800(mm)
		右支座负筋 2 Φ25	右端支座锚固长度计算同上部通长筋，弯锚，锚固长度 1 255 mm 单根长度 = (7 200 − 300 − 450)/3 + 1 255 = 3 405(mm) 根数 = 2 根 总长 = 3 405 × 2 = 6 810(mm)
3	架立筋	2 φ12	第一跨架立筋单根长度 = (6 000 − 300 × 2) − (6 000 − 300 × 2)/3 − (7 200 − 300 − 450)/3 + 150 × 2 = 1 750(mm) 第二跨架立筋单根长度 = (7 200 − 300 − 450) − 2 × (7 200 − 300 − 450)/3 + 150 × 2 = 2 450(mm) 根数：每跨 2 根 总长 = 1 750 × 2 + 2 450 × 2 = 8 400(mm)
4	下部 通长筋	4 Φ20	左支座 $h_c - c = 600 - 20 = 580 < l_{aE} = 40d = 800$，弯锚，锚固长度 $= h_c - c + 15d = 600 - 20 + 15 \times 20 = 880$(mm) 右支座 $h_c - c = 900 - 20 = 880 > l_{aE} = 40d = 800$，直锚，锚固长度 $= \max(l_{aE}, 0.5h_c + 5d) = \max(800, 450 + 5 \times 20) = 800$(mm) 单根长度 = 880 + (6 000 + 7200 − 300 − 450) + 800 = 14 130(mm) 单根接头个数 = (14 130/9000) − 1 = 1(个)，机械连接 根数 = 4 根 总长 = 14 130 × 4 = 56 520(mm)；总接头个数 = 4 个，机械连接

续表

序号	钢筋类别	钢筋信息	单根长度或根数计算式
5	侧面构造钢筋	4 Ф12	单根长度 =6 000 +7 200 -300 -450 +2 ×15 ×12 =12 810(mm) 接头个数 =(12 810/9 000) -1 =1(个),绑扎搭接,需增加搭接长度 15d 增加搭接长度后的实际单根长度 =12 810 +15 ×12 =12 990(mm) 根数 =4 根 总长 =12 990 ×4 =51 960(mm);总接头个数 =4 个,绑扎搭接
6	拉筋	ф6@400	单根长度 =300 -2 ×20 -6 +2 ×[1.9 ×6 +max(10 ×6,75)] =426.8(mm) 第一跨拉筋根数 =(6 000 -300 ×2 -50 ×2)/400 +1 =15(根) 第二跨拉筋根数 =(7 200 -300 -450 -50 ×2)/400 +1 =17(根) 两排拉筋总根数 =(15 +17) ×2 =64(根) 拉筋总长 =426.8 ×64 =27 315.2(mm)
7	箍筋	ф8@100/200 四肢箍	大箍单根长度 =2 ×(300 +700) -8 ×20 -4 ×8 +2 ×[1.9 ×8 +max(10 ×8,75)] =1 998.4(mm) 小箍单根长度 =2 ×(700 -2 ×20 -8) +2 ×[(300 -2 ×20 -2 ×8 -25)/3 +25 +8] +2 ×[1.9 ×8 +max(10 ×8,75)] =1 706.4(mm) 箍筋加密区长度 =max(2.0 ×700,500) =1 400(mm) 第一跨: 加密区箍筋根数 =(1 400 -50)/100 +1 =15(根) 非加密区箍筋根数 =(6 000 -2 ×300 -2 ×1 400)/200 -1 =12(根);箍筋根数 =15 ×2 +12 =42(根) 第二跨: 加密区箍筋根数 =(1 400 -50)/100 +1 =15(根) 非加密区箍筋根数 =(7 200 -300 -450 -2 ×1 400)/200 -1 =18(根) 箍筋根数 =15 ×2 +18 =48(根) 箍筋总根数 =42 +48 =90(根),大箍筋 90 根,小箍筋 90 根 箍筋总长 =(1 998.4 +1 706.4) ×90 =333 432(mm)

▶ 6.4.4 板钢筋工程量计算

1)板钢筋构造

(1)板钢筋类型及骨架

板内钢筋因受力不同,需要将荷载分布传递给钢筋,分担混凝土收缩和温度变化引起的拉应力,同时固定钢筋的位置,因此需要形成钢筋网。本节主要介绍有梁楼盖板,板筋按是否受力可分为图 6.54 所示的几种钢筋。

(2)板面钢筋

板面钢筋包含负筋、分布筋、温度筋、通长筋。负筋是指在板支座处承载负弯矩作用的钢筋。

分布筋位于受力筋上面，与受力筋成90°，起固定受力钢筋位置的作用，并将板上荷载分散到受力钢筋上，同时也能防止因混凝土的收缩和温度变化等原因，在垂直于受力钢筋方向产生裂缝。

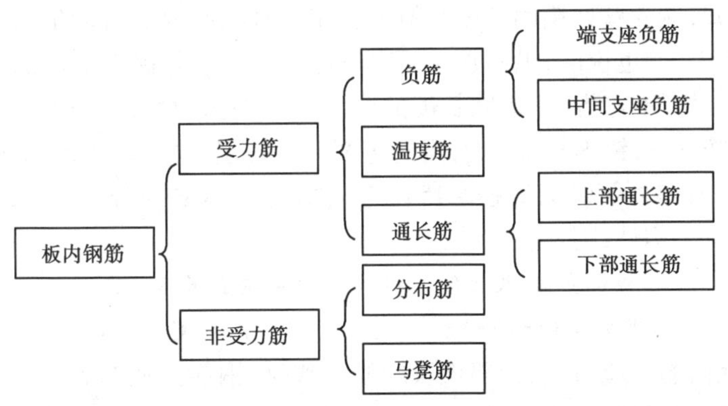

图6.54　板内钢筋分类图

温度筋是在温度收缩应力较大的现浇板区域内，在板表面双向配置的防裂构造钢筋，配筋率不小于0.10%，间距不宜大于200 mm。

(3)板底钢筋

板底X,Y方向的通长钢筋一般为HPB300级钢筋。平法图集16G101—1第57页图(a)规定，光圆钢筋末端做180°弯钩，弯钩内径不得小于2.5d(d为光圆钢筋直径)，平直段长度不小于3d。《混凝土结构工程施工质量验收规范》(GB 50204—2015)也对此做了规定，因此，当板内受力钢筋为HPB300级钢筋时，端部要做6.25d的弯钩增加值，两端共增加12.5d。

2)板钢筋工程量计算

(1)板底钢筋工程量计算

板底钢筋构造如图6.55或平法图集16G101—1第99页图(a)，板底钢筋伸入支座长度≥5d且至少到梁中线；如图6.56所示，板底钢筋在中间支座锚固长度为≥5d且至少到梁中线，与端支座处锚固长度相同。即板底筋在支座处锚固长度为max(5d,1/2支座宽)。

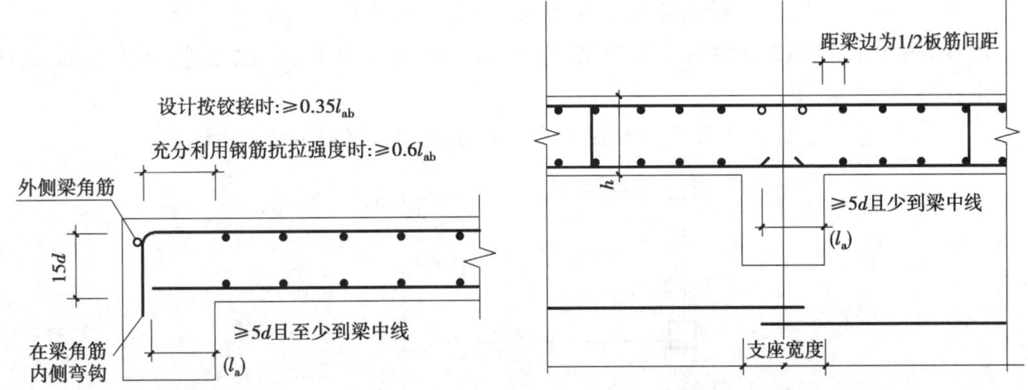

图6.55　板钢筋端支座锚固长度规定　　图6.56　板底钢筋中间支座锚固长度规定及钢筋起步距

板底筋的长度计算式可归纳为：

板底筋单根长度＝板净跨长＋2×锚固长度＝板净跨长＋2×max(5d,1/2支座宽)

由图 6. 56 可知,板筋在布置第一根时需距支座边为 1/2 板筋间距,则板筋根数为:

根数 =(板净跨长 -2 倍起步距)/板筋间距 +1 =(板净跨长 - 板筋间距)/间距 +1

(2)板面钢筋工程量计算

由图 6. 55 可知,端支座处锚固长度为伸至支座外侧纵筋内侧后弯折 $15d$,但国家建筑标准设计图集 16 G101—1 也说明,纵筋在端支座应伸至梁支座外侧纵筋内侧后弯折 $15d$,当平直段长度分别 $\geqslant l_a$ 时可不弯折,即锚固长度的取值分为直锚和弯锚两种形式,当支座宽 - 保护层 $\geqslant l_a$ 时,板面筋直锚,锚固长度 $= l_a$;当支座宽 - 保护层 $< l_a$ 时,板面筋弯锚,锚固长度 = 支座宽 - 保护层 - 支座外侧纵筋直径 $+15d$。其中,c 表示保护层厚度,l_a 表示非抗震时的锚固长度,板属于非抗震构件,则:

板面筋单根长度 = 板净跨长 + 锚固长度 ×2

根数 =(板净跨长 - 板筋间距)/板筋间距 +1

当设计要求板面筋贯通布置、相邻板块配筋一致时,钢筋拉通布置,不在中间支座锚固,类似于梁的上部通长筋,则:

板面筋单根长度 = 板贯通净跨长 + 锚固长度 ×2

因为支座范围内不能布置板筋,因此板面筋根数依然需要分跨计算,则:

根数 =(板净跨长 - 板筋间距)/板筋间距 +1

(3)板面支座负筋工程量计算

负筋长度包含两部分:一是标注尺寸,这里需要注意的是不同的设计师在标注负筋长度时起点会有区别,存在从支座边、支座轴线、支座中心线 3 种起点标注习惯,如图 6. 57 所示,①号负筋标注起点为支座内边线,②号负筋标注起点为支座轴线;③负筋标注起点为支座中心线。这里着重讲解以支座边线为起点的标注形式,即①号负筋,不同标注形式之间需要注意计算长度。

板支座负筋单根长 = 伸入支座锚固长度 + 伸入板内的直段长 + 板内弯折长

板端支座负筋锚固长度同板贯通筋锚固长度的规定,即当支座宽 - 保护层 $\geqslant l_a$ 时,板面筋直锚,锚固长度 $= l_a$;当支座宽 - 保护层 $< l_a$ 时,板面筋弯锚,锚固长度 = 支座宽 - 保护层 - 支座外侧纵筋直径 $+15d$。

板内弯折长度 = 板厚 -2 × 保护层

如图 6. 57 所示,①、②号为端支座负筋,③号为中间支座负筋,除此之外,还有跨板受力筋 3 种形式。

端支座负筋单根长度 = 锚固长度 + 标注尺寸 + 板厚 -2 × 保护层

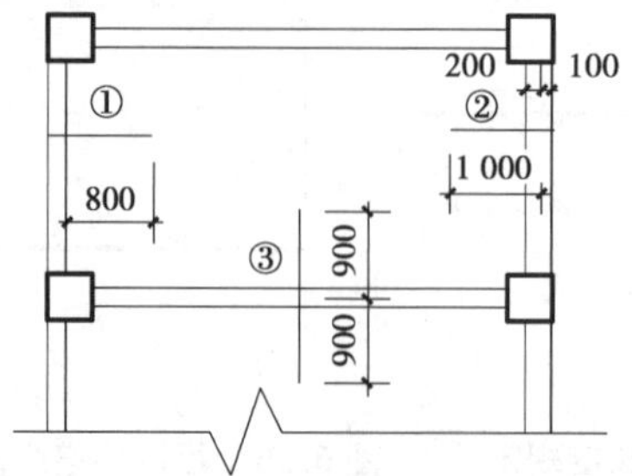

图 6. 57 负筋标注的 3 种不同形式

中间支座负筋单根长度＝左侧板厚－2×保护层＋左侧标注尺寸＋支座宽＋右侧标注尺寸＋右侧板厚－2×保护层

跨板受力筋如图6.58所示。

单根长度＝左侧板厚－2×保护层＋左侧标注尺寸＋左侧支座宽＋中间跨净跨长＋右侧支座宽＋右侧标注尺寸＋右侧板厚－2×保护层

负筋根数＝(板净跨长－板筋间距)/板筋间距＋1

板负筋布置如图6.59所示，布置在板的受负弯矩区，在板的转角区域(虚线框中)形成钢筋网。

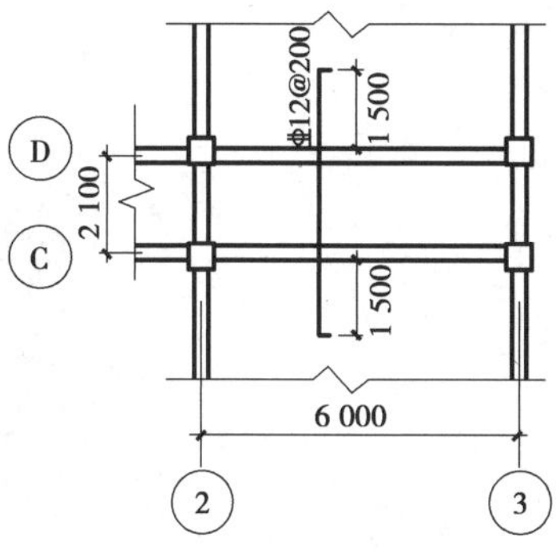

图6.58　跨板受力筋布置图

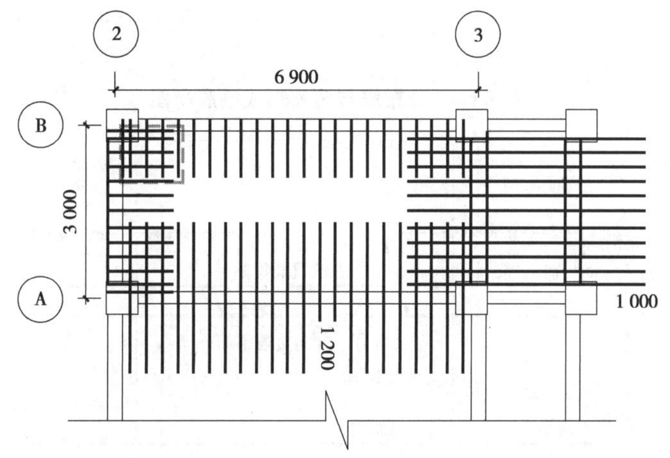

图6.59　负筋布置图

(4)板面分布钢筋工程量计算

在分离式配筋中，分布筋在负筋下方，其示意图如图6.60所示，俯视图如图6.61所示，与负筋共同形成钢筋网。在部分贯通式配筋中，分布筋还在上部贯通钢筋的下方，如图6.62所示。

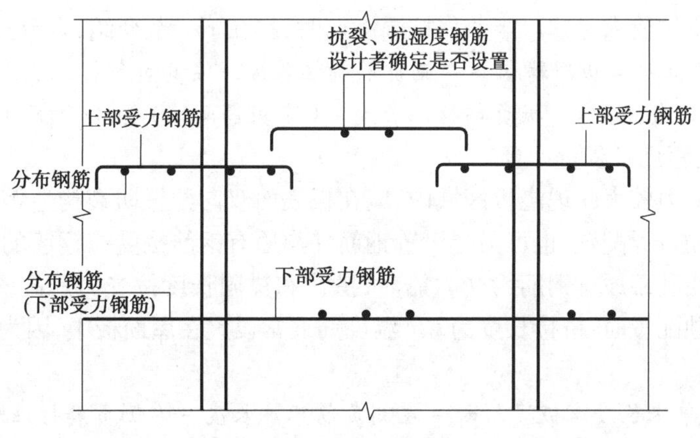

图6.60　分离式配筋

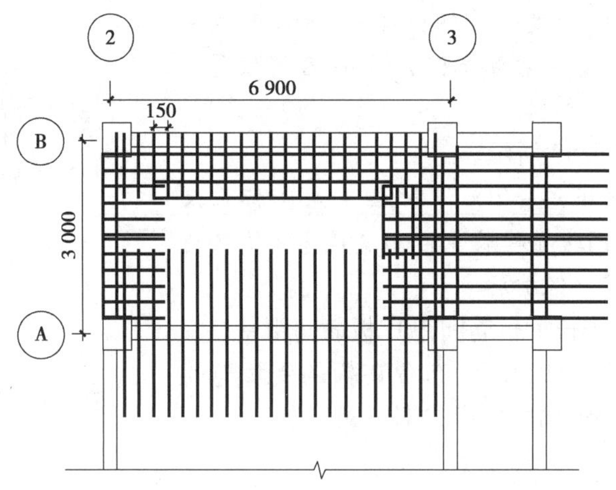

图 6.61　分布筋与负筋形成钢筋网图

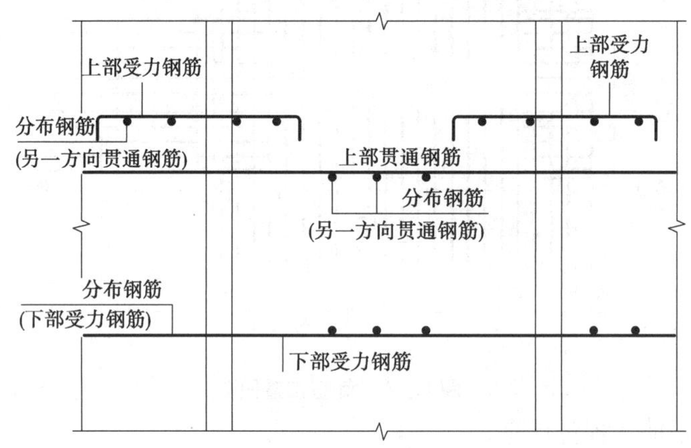

图 6.62　部分贯通式配筋

平法图集 16G101—1 第 102 页注第 4 条，分布筋自身及与受力主筋、构造钢筋的搭接长度为 150 mm；当分布筋兼作抗温度筋时，其自身及与受力主筋、构造钢筋的搭接长度为 l_l，其在支座的锚固按受拉要求考虑。当兼作抗温度筋时，将在下一节介绍，本节只介绍分布筋。

分布筋单根长度 = 板净跨长 − 左侧负筋标注长度 − 右侧负筋标注长度 + 2 × 150

分布筋根数 = (板负筋标注长度 − 1/2 板筋间距)/板筋间距 + 1

(5)板面温度钢筋工程量计算

在温度收缩应力较大的现浇板区域内，应在板表面双向配置防裂构造钢筋。防裂构造钢筋可利用原有钢筋贯通配置，也可另行设置钢筋并与原有钢筋按受拉钢筋的要求搭接或在周边构件中锚固。当利用原有钢筋为受力筋时，搭接和锚固长度按受力筋配置，当利用原有钢筋为分布筋或单独配置时，搭接长度为 l_l。温度筋通常设置在屋面板中，因为只有屋面板受温度收缩应力较大。

板温度筋单根长度 = 板净跨长 − 左侧负筋标注长度 − 右侧负筋标注长度 + $2l_l$

板温度筋根数 = (板净跨长 − 左侧负筋标注长度 − 右侧负筋标注长度)/温度筋间距 − 1

【例6.23】 某办公楼板配筋平面布置图如图6.63所示,抗震等级为二级,抗震设防烈度为7度。其中,一层—顶层主体结构柱、梁、板、楼梯混凝土强度等级为C30,混凝土保护层厚度:柱为30 mm,梁、过梁、圈梁、构造柱、压顶为25 mm,板、楼梯为15 mm,板内分布筋除注明者外均按Φ8@200布置,梁宽300 mm,②轴上梁居中布置,其余三轴梁与轴线相对位置外侧宽250 mm,内侧宽50 mm。板厚120 mm。直径8 mm、10 mm为一级光圆钢筋,直径12 mm为三级热轧带肋钢筋,试计算Ⓓ~Ⓕ/①~②轴位置的板钢筋工程量。

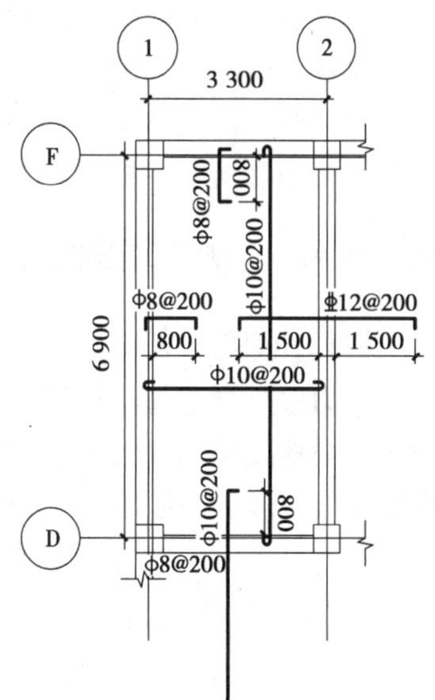

图6.63 板配筋平面布置图

【解】 由设计说明可知,梁保护层为25 mm,底筋锚固长度$=\max(5d,1/2$梁宽$)=\max(5\times10,0.5\times300)=150$(mm)

①X方向底筋Φ10@200。

单根长度$=3\ 300-50-150+2\times150+12.5\times10$(HPB300级钢筋端部做180°弯钩)$=3\ 525(mm)=3.525$(m)

根数$=[6\ 900-50-50-200]/200+1=34$(根)

X方向钢筋$=3.525\times34\times0.006\ 17\times10^2=73.947$(kg)

②Y方向底筋Φ10@200。

单根长度$=6\ 900-50-50+2\times150+12.5\times10=7\ 225(mm)=7.225$(m)

根数$=[3\ 300-50-150-200]/200+1=15.5$(根)$=16$(根)

X方向钢筋$=7.225\times16\times0.006\ 17\times10^2=71.325$(kg)

③①/Ⓓ~Ⓕ轴负筋Φ8@200。

由设计说明可知C30混凝土,Φ8@200,通过查表可知$l_a=30d=30\times8=240$(mm)

锚固长度$=300-25=275$(mm)>240(mm),直锚,锚固长度$=240$(mm)

单根长度$=240+800+120-2\times15+6.25\times8=1\ 180(mm)=1.18$(m)

根数$=(6\ 900-50-50-200)/200+1=34$(根)

负筋量$=1.18\times34\times0.006\ 17\times8^2=15.847$(kg)

④Ⓕ/①~②轴负筋Φ8@200。

单根长度$=240+800+120-2\times15+6.25\times8=1\ 180(mm)=1.18$(m)

根数$=(3\ 300-50-150-200)/200+1=17$(根)

负筋量$=1.18\times17\times0.006\ 17\times8^2=7.923$(kg)

⑤②/Ⓓ~Ⓕ轴负筋Φ12@200。

单根长度$=120-2\times15+1\ 500+300+1\ 500+120-2\times15=3\ 480(mm)=3.48$(m)

根数$=(6\ 900-50-50-200)/200+1=34$(根)

负筋量$=3.48\times34\times0.006\ 17\times12^2=105.12$(kg)

⑥①/Ⓓ~Ⓕ轴负筋下的分布筋Φ8@200。

单根长度$=6\ 900-2\times50-800-800+2\times150=5\ 500(mm)=5.5$(m)

根数$=(800-100)/200+1=5$(根)

负筋量$=5.5\times5\times0.006\ 17\times8^2=10.859$(kg)

⑦Ⓕ/①~②轴负筋下的分布筋Φ8@200。

单根长度 =3 300 - 50 - 150 - 800 - 1 500 +2 ×150 =1 100(mm) =1.1(m)

根数 =(800 - 100)/200 +1 =5(根)

负筋量 =1.1 ×5 ×0.006 17 ×8^2 =2.172(kg)

其他钢筋不一一列举。

▶ 6.4.5 剪力墙钢筋工程量计算

1)构件类型介绍

剪力墙是指建筑结构设置的既能抵抗竖向荷载,又能抵抗水平荷载的墙体。由于水平剪力主要由地震引起,所以剪力墙又称为“抗震墙”。剪力墙一般是钢筋混凝土墙。剪力墙的构件组成有一墙、二柱、三梁,如图 6.64 所示。

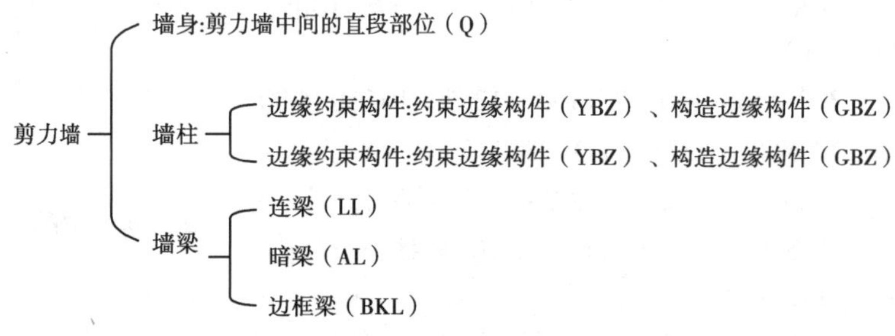

图 6.64 剪力墙构件组成

墙柱、墙梁钢筋计算方法与本节前面的柱、梁钢筋算法基本一致,本节不再赘述。本节主要介绍墙身竖向分布筋、水平分布筋和拉筋。

2)剪力墙钢筋构造

(1)竖向钢筋计算

当墙插筋保护层厚度 $>5d$,基础高度 $h_j > l_{aE}(l_a)$时,墙插筋插至基础底板,支在底板钢筋网上,再作弯折。

基础高度不同时,基础插筋的锚固不同,查平法图集 16G101—3 第 64 页可知,基础插筋在基础内的 90°弯钩长度取值需要根据基础深度确定。

当 $h_j - c < l_{aE}$时,弯锚,基础内长度 $= h_j - c - D + 15d$;

当 $h_j - c \geq l_{aE}$时,直锚,隔二下一。

下一:基础内长度为 $= h_c - c - D + \max(6d, 150\ \text{mm})$;

隔二:插入基础内长度为 $= l_{aE}$;

式中 h_j——基础高度;

l_{aE}——抗震锚固长度;

c——基础保护层厚度;

D——基础纵筋直径;

d——墙插筋直径。

基础插筋非连接区长度构造如图 6.65 或平法图集 16G101—1 第 73 页图,竖向纵筋深入上层的纵筋长度为:

当一、二级抗震剪力墙底部为加强部位采用绑扎搭接时,伸入上层的长度为 $1.2l_{aE}$,错开搭接长度为500 mm。当采用机械连接或焊接时，伸入上层的长度为500 mm，错开搭接长度为35d。当一、二级抗震剪力墙底部为非加强部位采用绑扎搭接时，伸入上层的长度为1.2l_{aE}，不需错开搭接。

墙身基础插筋长度＝底部弯折长度＋插入基础内的垂直长度＋伸入上层长度

中间层竖向钢筋长度＝层高＋搭接长度

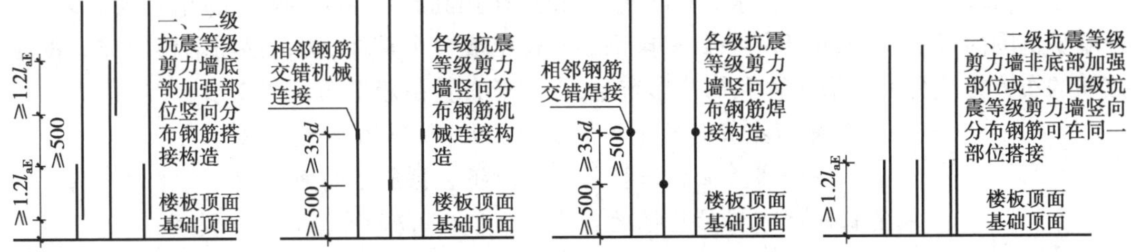

图6.65　剪力墙身竖向分布钢筋连接构造

顶层竖向钢筋长度计算如图6.66所示。

当剪力墙顶部有边框梁且边框梁高度大于l_{aE}时，长度＝层高－梁高＋l_{aE}。

当剪力墙顶无边框梁或边框梁高小于l_{aE}时，长度＝层高－c＋12d。

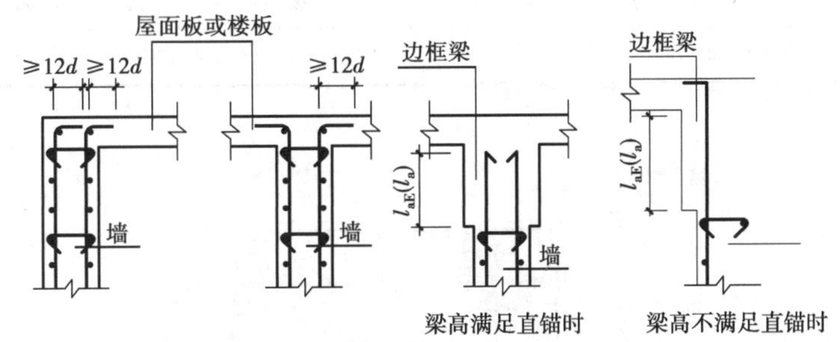

图6.66　剪力墙竖向钢筋顶层构造

单侧根数＝(墙净长－2×起步距)/间距＋1

起步距离为距边缘构件1/2竖向钢筋间距。

(2)水平钢筋计算

①基础部分水平筋根数计算。墙基础高度范围内水平筋根数计算，当保护层厚度≤5d(d为插筋最小直径)，水平筋间距为min(5d,100 mm)。

墙基础高度范围内水平筋根数＝(基础高度－100－c)/min(5d,100 mm)＋1

当保护层厚度≤5d(d为插筋最小直径)，水平筋间距为≤500 mm，且不少于两道。

墙基础高度范围内水平筋根数＝max[(基础高度－100－c)/500＋1,两道]

其他层剪力墙水平分布筋根数＝(层高－起步距50)/水平筋间距＋1

注意：计算墙身水平筋和竖向钢筋根数时还需考虑墙身内的钢筋排数。常用的剪力墙内都有两排水平加竖向钢筋网，也有一排、三排、四排等，详细计算式按照设计要求，不可漏算和重复计算。

②剪力墙墙身水平分布筋长度的计算。

剪力墙墙身水平分布筋单根长度＝剪力墙长度－2倍保护层＋弯折长×2

注意：剪力墙长度包含与墙长同一方向的边缘构件长度，墙身水平筋所处的位置不同，其弯折长度也有所不同。

$$“一”字形剪力墙墙身水平分布筋长度 = 剪力墙长度 - 2c + 10d \times 2$$

$$转角墙内侧水平分布筋长度 = 剪力墙长度 - 2c + 15d \times 2$$

$$转角墙外侧水平分布筋长度 = 剪力墙长度 - 2c + 0.8l_{aE} \times 2 或拉通布置$$

(3)墙身拉筋计算

当剪力墙墙身内侧有大于等于两排钢筋网时,在扣除暗(端)柱、暗(连)梁等构件以后的净墙身范围内设置拉筋,用于将墙身多排钢筋网拉结成一个整体,防止钢筋网移位或倾覆等。拉筋的布置方式分为矩形布置和梅花形布置,梅花形布置是矩形布置的2倍。

$$拉筋矩形布置时的根数 = 墙净面积/拉筋的布置面积$$

$$拉筋的布置面积 = 拉筋水平间距 \times 拉筋竖向间距$$

$$拉筋梅花形布置时的根数 = 墙净面积/拉筋的布置面积 \times 2$$

$$拉筋单根长度 = 墙厚 - 2 倍保护层 + [1.9d + \max(10d, 75)] \times 2$$

【例6.24】 某中间楼层剪力墙平面布置图(非加强部位),如图6.67所示,顶部有暗梁,且暗梁高600 mm,墙厚200 mm,拉筋Φ6@600×600矩形布置。求该墙身水平筋、竖向钢筋、拉筋工程量。

混凝土强度	水平和竖向配筋	保护层	抗震等级	定尺长度	层高	连接方式
C30	2Φ14@200	15	1级	9 000	3 000	绑扎

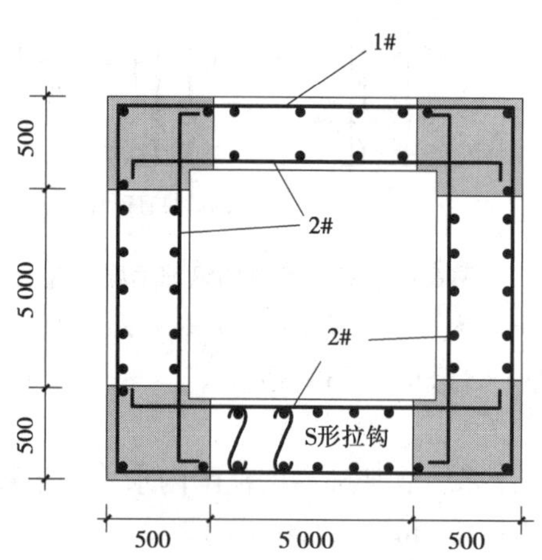

图6.67 中间楼层剪力墙平面布置图

【解】 墙端为暗柱,则外侧纵筋连续通过。

水平筋长度:查平法图集可知,$l_{aE} = 35d = 35 \times 14 = 490$(mm);$l_{lE} = 42d = 42 \times 14 = 588$(mm)。

因为定尺长度为9 000 mm,绑扎连接,24 664 mm>9 000 mm,所以外侧水平筋还需增加搭接长度,搭接接头个数=24 664/9 000=2(个),搭接长度$= 2 \times l_{lE} = 2 \times 42d = 2 \times 42 \times 14 = 1\ 176$(mm)。

①水平筋的单根长度和根数及计算:

1#水平筋单根长度$= [(5\ 000 + 500 \times 2) - 2 \times 15] \times 4 + 0.8 \times 490 \times 2 + 1\ 176 = 25\ 840$(mm)=

25.84(m)

2#水平筋单根长度 = (5 000 + 500 × 2 − 2 × 15) + 15 × 14 = 6 180(mm) = 6.18(m)

1#水平筋的根数 = (3 000 − 50)/200 + 1 = 16(根)

2#水平筋的根数 = [(3 000 − 50)/200 + 1] × 4 = 16 × 4 = 64(根)

水平筋钢筋总工程量 = (25.84 × 16 + 6.18 × 64) × 0.006 17 × 14^2 = 978.292(kg)

②竖向钢筋的单根长度和根数计算：

竖向钢筋的单根长度 = 3 000 + 1.2 × 490 = 3 588(mm) = 3.588(m)

竖向钢筋根数 = [(5 000 − 200)/200 + 1] × 8 = 25 × 8 = 200(根)

竖向钢筋总工程量 = 3.588 × 200 × 0.006 17 × 14^2 = 867.808(kg)

③拉筋工程量计算：

拉筋单根长度 = 200 − 2 × 15 + [1.9d + max(10d,75)] × 2 = 200 − 2 × 15 + (75 + 1.9 × 6) × 2 = 342.8(mm) = 0.343(m)

拉筋根数 = [(3 − 0.6) × 5 × 4]/(0.6 × 0.6) = 134(根)

拉筋总工程量 = 0.343 × 134 × 0.006 17 × 6^2 = 10.209(kg)

▶ 6.4.6 钢筋工程清单列项计价

《房屋建筑与装饰工程工程量计算规范》(GB 50854—2013)给出的钢筋工程清单见表6.11。钢筋工程在列项时主要区分钢筋种类、规格及连接方式。种类可分现浇钢筋、预制钢筋、箍筋、普通钢筋、高强钢筋、冷轧带肋钢筋、热轧钢筋、细精粒钢筋、预应力钢筋、预应力钢绞线等。规格主要指钢筋的不同直径。连接方式主要分绑扎搭接、机械连接、焊接连接3种。绑扎搭接的搭接长度已计算到钢筋工程量中，但焊接和机械连接的接头需要单独统计按"个"计算。这些都是影响钢筋组价的重要因素。

钢筋工程工程量清单项目设置、项目特征描述的内容、计量单位及工程量计算规则应按表6.12和表6.13的规定执行。

表6.12 钢筋工程(编号:010515)

项目编码	项目名称	项目特征	计量单位	工程量计算规则	工作内容
010515001	现浇构件钢筋	钢筋种类、规格	t	按设计图示钢筋(网)长度(面积)乘单位理论质量计算	1. 钢筋制作、运输 2. 钢筋安装 3. 焊接(绑扎)
010515002	预制构件钢筋				
010515003	钢筋网片	钢筋种类、规格	t	按设计图示钢筋(网)长度(面积)乘单位理论质量计算	1. 钢筋制作、运输 2. 钢筋安装 3. 焊接(绑扎)
010515004	钢筋笼				1. 钢筋制作、运输 2. 钢筋安装 3. 焊接(绑扎)
010515005	先张法预应力钢筋	1. 钢筋种类、规格 2. 锚具种类		按设计图示钢筋长度乘单位理论质量计算	1. 钢筋制作、运输 2. 钢筋张拉

续表

项目编码	项目名称	项目特征	计量单位	工程量计算规则	工作内容
010515006	后张法预应力钢筋	1. 钢筋种类、规格 2. 钢丝种类、规格 3. 钢绞线种类、规格 4. 锚具种类 5. 砂浆强度等级	t	按设计图示钢筋(丝束、绞线)长度乘单位理论质量计算	1. 钢筋、钢丝、钢绞线制作、运输 2. 钢筋、钢丝、钢绞线安装 3. 预埋管孔道铺设 4. 锚具安装 5. 砂浆制作、运输 6. 孔道压浆养护
010515007	预应力钢丝				
010515008	预应力钢绞线				
010515009	支撑钢筋(铁马)	钢筋种类、规格		按钢筋长度乘单位理论质量计算	钢筋制作、焊接、安装
010515010	声测管	1. 材质 2. 规格型号		按设计图示尺寸以质量计算	1. 检测管截断、封头 2. 套管制作、焊接 3. 定位、固定

表 6.13　螺栓、铁件(编号:010516)

项目编码	项目名称	项目特征	计量单位	工程量计算规则	工作内容
010516001	螺栓	1. 螺栓种类 2. 规格	t	按设计图示尺寸以质量计算	1. 螺栓、铁件制作、运输 2. 螺栓、铁件安装
010516002	预埋铁件	1. 钢材种类 2. 规格 3. 铁件尺寸			
010516003	机械连接	1. 连接方式 2. 螺纹套筒种类 3. 规格	个	按数量计算	1. 钢筋套丝 2. 套筒连接

金属结构工程量计算

7.1 概述

1)金属结构工程适用范围

金属结构工程适用于建筑物和构筑物的钢结构工程,包含的内容如图 7.1 所示。

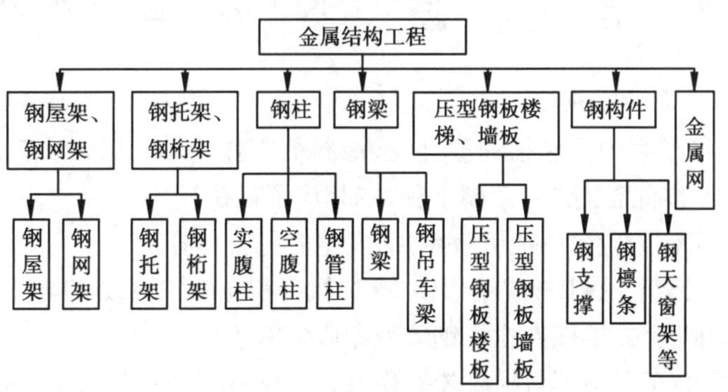

图 7.1　金属结构工程

2)钢结构基本介绍

钢结构是由钢板、角钢、槽钢、钢管和圆钢等热轧钢材或冷加工成型的薄壁型钢制造而成的结构。钢结构具有材料强度高、质量轻、安全可靠、制作简便等优点。在房屋建筑中,主要用于厂房、高层建筑和大跨度建筑。常见的钢结构构件有屋架、檩条梁、柱、支撑系统等。

高层钢结构一般是指6层以上(或30 m以上),主要采用型钢、钢板连接或焊接成构件,再经连接、焊接而成的结构体系。高层钢结构常用的有钢框架结构、钢框架-混凝土核心筒结构形式。

轻型钢结构因具有用钢量省、造价低、供货迅速、安装方便、外形美观、内部空旷等特点,是近十年来发展最快的领域。轻钢住宅是轻钢结构发展的一个重要方向。

大跨度结构主要有网架结构、悬索结构和网壳结构等。网架结构广泛用作体育馆、展览馆、俱乐部、影剧院、食堂、会议室、候车厅、飞机库、车间等的屋盖结构。其具有工业化程度高、自重轻、稳定性好、外形美观等特点。一般而言,网架钢结构有3种节点形式:焊接球节点、螺栓球节点、钢板节点。

7.2 定额工程量计算

▶ 7.2.1 金属结构说明

1)金属结构一般说明

(1)金属结构制作、安装

①钢构件制作定额子目适用于现场和加工厂制作的构件,构件制作定额子目中钢材的损耗量已包括切割和制作损耗,对于设计有特殊要求的,消耗量可进行调整。

②实腹钢柱(梁)是指H形、箱形、T形、L形、"十"字形等,图7.2为实腹钢柱。空腹钢柱是指格构形等,图7.3为空腹钢柱。

图7.2 实腹钢柱　　图7.3 空腹钢柱

③构件制作定额子目中不包括油漆、防火涂料的工作内容,如设计有防腐、防火要求时,按"本定额装饰分册的油漆、涂料、裱糊工程"的相应子目执行。

④钢构件制作定额未包含表面镀锌费用,发生时另行计算。

⑤柱间、梁间、屋架间的H形或箱形钢支撑,执行相应的钢柱或钢梁制作、安装定额子目;墙架柱、墙架梁和相配套连接杆件执行钢墙架相应定额子目。

⑥构件制作、安装子目中不包括磁粉探伤、超声波探伤等检测费,发生时另行计算。

⑦属施工单位承包范围内的金属结构构件由建设单位加工(或委托加工)交施工单位安装时,施工单位按以下规定计算:安装按构件安装定额基价(人工费+机械费)计取所有费用,并以相应制作定额子目的取费基数(人工费+机械费)收取60%的企业管理费、规费及税金。

⑧不锈钢天沟、彩钢板天沟展开宽度为600 mm,如实际展开宽度与定额不同时,板材按比例调整,其他不变。

⑨金属构件成品价包含金属构件制作工厂底漆及场外运输费用。金属构件成品价中未包括安装现场油漆、防火涂料的工料。

(2)钢构件运输

①构件运输中已考虑一般运输支架的摊销费,不另计算。

②金属结构构件运输适用于重庆市范围内的构件运输(路桥费按实计算),超出重庆市范围的运输按实计算。

③构件运输按表7.1分类。

表7.1 金属结构构件分类表

构件分类	构件名称
Ⅰ	钢柱、屋架、托架、桁架、吊车梁、网架
Ⅱ	钢梁、型钢檩条、钢支撑、上下档、钢拉杆、栏杆、盖板、篦子、爬梯、零星构件、平台、操纵台、走道休息台、扶梯、钢吊车梯台、烟囱紧固箍
Ⅲ	墙架、挡风架、天窗架、组合檩条、轻型屋架、滚动支架、悬挂支架、管道支架、其他构件

④单构件长度大于14 m的或特殊构件,其运输费用根据设计和施工组织设计按实计算。

⑤金属结构构件在运输过程中,如遇路桥限载(限高)而发生的加固、拓宽费用及有电车线路和公安交通管理部门的保安护送费用,应另行处理。

(3)金属结构楼(墙)面板及其他

①压型楼面板的收边板未包括在楼面板子目内,应单独计算。

②固定压型钢板楼板的支架费用另行套用定额计算。

③楼板栓钉另行套用定额计算。

④自承式楼层板上钢筋桁架列入钢筋子目计算。

⑤钢板楼板上浇筑钢筋混凝土,其混凝土和钢筋执行本定额"E混凝土及钢筋混凝土工程"中相应子目。

⑥其他封板、包角定额子目适用于墙面、板面、高低屋面等处需封边、包角的项目。

⑦金属网栏立柱的基础另行计算。

(4)其他说明

①本章未包含钢架桥的相关定额子目,发生时执行《重庆市市政工程计价定额》(CQSZGQDE—2018)相应子目。

②本章未包含砌块墙钢丝网加固的相关定额子目,发生时执行本定额"M墙、柱面装饰与隔断、幕墙工程"中相应子目。

2)常用型材理论质量计算方法

①钢材理论质量计算的计量单位为千克(kg)。

②钢材理论质量计算的基本公式:

$$W(\text{质量 kg}) = F(\text{断面积 mm}^2) \times L(\text{长度 m}) \times \rho(\text{密度 g/cm}^3) \times 1/1\ 000$$

具体见表7.2钢材断面积的计算公式表。

表 7.2　钢材断面积的计算公式表

项目	钢材类别	计算公式	代号说明
1	方钢	$F=a^2$	a—边宽
2	圆角方钢	$F=a^2-0.8584r^2$	a—边宽；r—圆角半径
3	钢板、扁钢、带钢	$F=a\times g$	a—宽度；g—厚度
4	圆角扁钢	$F=ag-0.8584r^2$	a—宽度；r—圆角半径；g—厚度
5	圆钢、圆盘条、钢丝	$F=0.7854d^2$	d—外径
6	六角钢	$F=0.866a^2=2.598s^2$	a—对边距离；s—边宽
7	八角钢	$F=0.8284a^2=4.8284s^2$	
8	钢管	$F=3.14168g(D-g)$	D—外径；g—壁厚
9	等边角钢	$F=d(2b-d)+0.2146(r^2-2r_1^2)$	d—边厚；b—边宽；r—内面圆角半径；r_1——端边圆角半径
10	不等边角钢	$F=d(B-b-d)+0.2146(r^2-2r_1^2)$	d—边厚；B—长边宽；b—短边宽；r—内面圆角半径；r_1—端边圆角半径
11	工字钢	$F=hd+2t(b-d)+0.8584(r^2-r_1^2)$	d—腰厚；h—高度；b—腿宽；t—平均腿厚；r—内面圆角半径；r_1—端边圆角半径
12	槽钢	$F=hd+2t(b-d)+0.4292(r^2-r_1^2)$	

注：①钢材比重一般按 $\rho=7.85\ \text{g/cm}^3$；

②其他型材如铜材、铝材等一般也可按此表计算。

▶ 7.2.2　金属结构工程量计算规则

1）工程量计算规则

（1）金属构件制作

①金属构件制作工程量按设计图示尺寸计算的理论质量以“t”计算。不扣除单个面积≤0.3 m^2 的孔洞质量，焊缝、铆钉、螺栓（高强螺栓、花篮螺栓、剪力栓钉除外）等不另增加质量。高强螺栓、花篮螺栓和剪力栓钉按设计图示数量以“套”为单位计算。

②钢网架计算工程量时，不扣除孔洞眼的质量，焊缝、铆钉等不另增加质量。焊接空心球网架质量包括连接钢管杆件、连接球、支托和网架支座等零件的质量，螺栓球节点网架质量包括连接钢管杆件（含高强螺栓、销子、套筒、锥头或封板）、螺栓球、支托和网架支座等零件的质量。

③依附在钢柱上的牛腿及悬臂梁的质量并入钢柱的质量内，钢柱上的柱脚板、加劲板、柱顶板、隔板和肋板并入钢柱工程量内。

④计算钢墙架制作工程量时，应包括墙架柱、墙架梁及连系拉杆的质量。

⑤钢管柱上的节点板、加强环、内衬管、牛腿等并入钢管柱工程量内。

⑥钢平台的工程量包括钢平台的柱、梁、板、斜撑的质量，依附于钢平台上的钢扶梯及平台栏杆应按相应构件另行列项计算。

⑦钢栏杆包括扶手的质量，合并执行钢栏杆子目。

⑧钢楼梯的工程量包括楼梯平台、楼梯梁、楼梯踏步等的质量，钢楼梯上的扶手、栏杆另行列项计算。

(2)钢构件运输、安装

①钢构件的运输、安装工程量等于制作工程量。

②钢构件现场拼装平台摊销工程量按实施拼装构件的工程量计算。

(3)金属结构楼(墙)面板及其他

①钢板楼板按设计图示铺设面积以"m^2"计算，不扣除单个面积≤0.3 m^2 的柱、垛及孔洞所占面积。

②钢板墙板按设计图示面积以"m^2"计算，不扣除单个面积≤0.3 m^2 的梁、孔洞所占面积。

③钢板天沟计算工程量时，依附天沟的型钢并入天沟工程量内。不锈钢天沟、彩钢板天沟按设计图示长度以"m"计算。

④槽铝檐口端面封边包角、槽铝混凝土浇捣收边板高度按 150 mm 考虑，工程量按设计图示长度以"延长米"计算，其他材料的封边包角、混凝土浇捣收边板按设计图示展开面积以"m^2"计算。

⑤成品空调金属百叶护栏及成品栅栏按设计图示框外围展开面积以"m"计算。

⑥成品雨篷适用于挑出宽度 1 m 以内的雨篷，工程量按设计图示接触边长度以"延长米"计算。

⑦金属网栏按设计图示框外围展开面积以"m^2"计算。

⑧金属网定额子目适用于后浇带及混凝土构件中不同强度等级交接处铺设的金属网，其工程量按图示面积以"m^2"计算。

2)案例运用

钢构件计算规则按设计图示尺寸以质量计算，不扣孔眼、切边、切肢的质量，不增加焊条、铆钉、螺栓等质量。

不规则或多边形钢板以其外接矩形面积乘以厚度再乘以单位理论质量计算。

多边形钢板质量 = 最大对角线长度(m) × 最大宽度(m) × 单位理论质量(kg/m^2)

不规则或多边形钢板按矩形计算，如图 7.4 所示，即 $S = A \times B$。

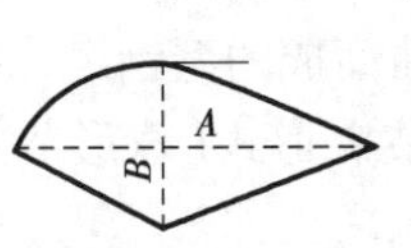

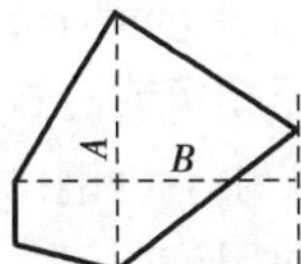

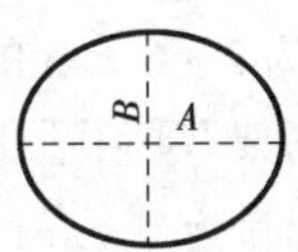

图 7.4　不规则多边形钢板示意图

【例 7.1】　某金属构件为多边形钢板，如图 7.5 所示。A 与 C 的对角线长为 1 300 mm，E

垂直宽度为 1 000 mm,板厚 18 mm,求钢板工程量。

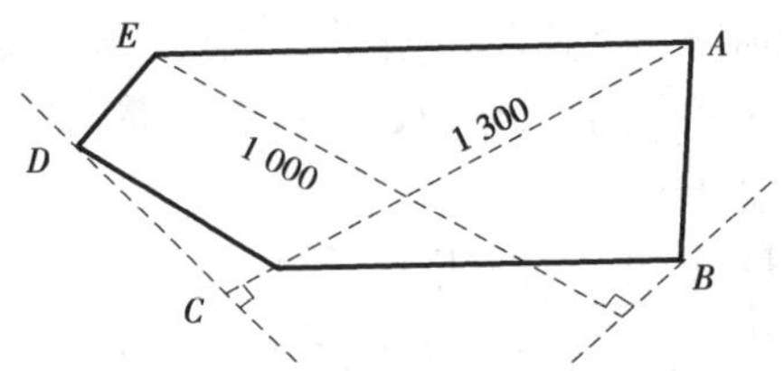

图 7.5　不规则多边形钢板示意图

【解】　以对角线与其垂直宽度之积得:

$$钢板面积 = 1.3 \times 1.0 = 1.3(m^2)$$

该钢材的理论质量:(可查五金手册)

$$W = 18 \times 1\ 000 \times 1\ 000 \times 0.007\ 85 \times 1/1\ 000 = 141.3(kg/m^2)$$

$$钢板工程量 = 1.3 \times 141.3 = 183.69(kg)$$

【例 7.2】　如图 7.6 所示,圆形钢构件的厚度为 12 mm,中间切割一个直径为 100 mm 的孔,数量 180 片。请计算钢构件工程量。

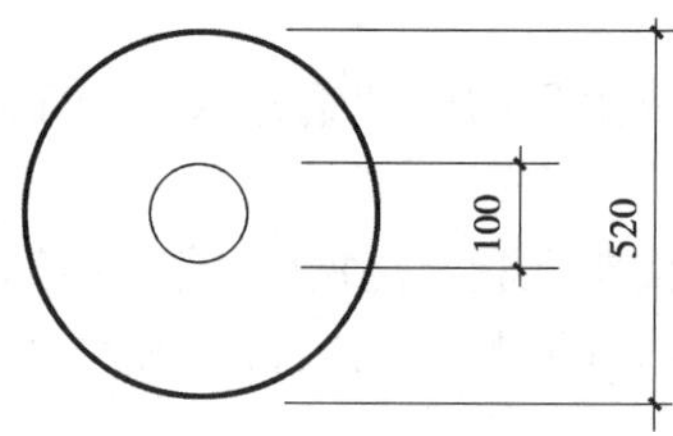

图 7.6　某圆形钢构件示意图

【解】　该钢材的理论质量:(可查五金手册)

$$W = 12 \times 1\ 000 \times 1\ 000 \times 0.007\ 85 \times 1/1\ 000 = 94.2(kg/m^2)$$

$$钢构件工程量 = 3.14 \times 0.26^2 \times 94.2 \times 180 = 3\ 599.148(kg)$$

7.3　清单工程量计算

1)钢屋架、钢网架

(1)“钢屋架、钢网架”项目适用范围

①“钢屋架”项目适用于一般钢屋架和轻钢屋架及冷弯薄壁型钢屋架。图 7.7 为钢屋架示意图。其中,轻钢屋架是指采用圆钢筋、小角钢[小于∟ 45×4 等肢角钢、小于∟ 56×36×4 不等肢角钢和薄钢板(其厚度一般不大于 4 mm)]等材料组成的轻型钢屋架;冷弯薄壁型钢屋架是指厚度为 2~6 mm 的钢板或带钢经冷弯或冷拔等方式弯曲而成的型钢组成的屋架。

②“钢网架”项目适用于一般钢网架和不锈钢网架。不论节点形式(球形节点、板式节点等)和节点连接方式(焊接、丝结)等均使用该项目。

③部分清单见表 7.3。

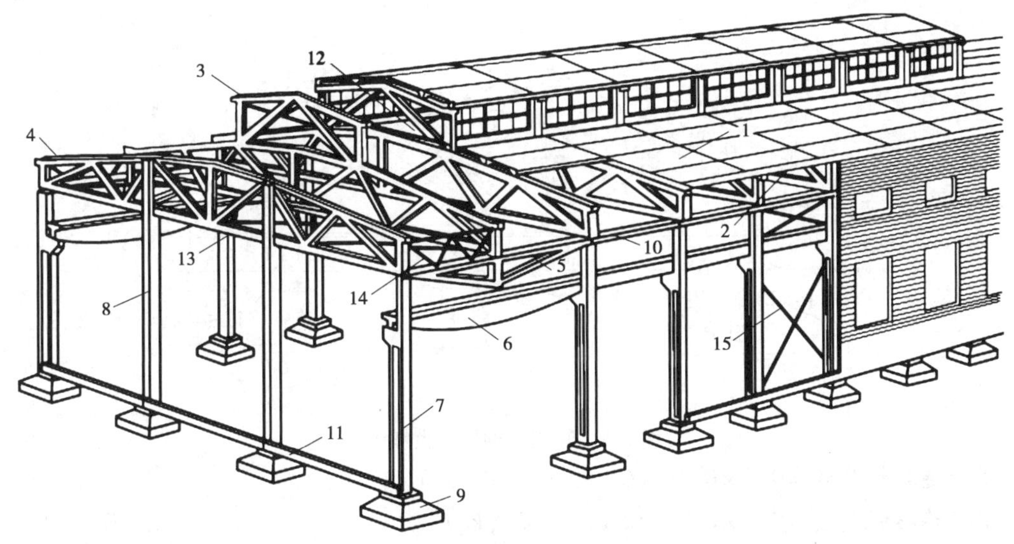

图 7.7 某钢屋架示意图

1—屋面板;2—天沟板;3—天窗架;4—屋架;5—托架;6—吊车梁;7—排架柱;8—抗风柱;9—基础;10—连系梁;11—基础梁;12—天窗架垂直支撑;13—屋架下弦横向水平支撑;14—屋架端部垂直支撑;15—柱钢支撑

表 7.3 钢网架(编码:010601)

项目编码	项目名称	项目特征	计量单位	工程量计算规则	工作内容
010601001	钢网架	1. 钢材品种、规格 2. 网架节点形式、连接方式 3. 网架跨度、安装高度 4. 探伤要求 5. 防火要求	t	按设计图示尺寸以质量计算。不扣除孔眼的质量,焊条、铆钉等不另增加质量	1. 拼装 2. 安装 3. 探伤 4. 补刷油漆
010602001	钢屋架	1. 钢材品种、规格 2. 网架节点形式、连接方式 3. 网架跨度、安装高度 4. 探伤要求 5. 防火要求	1. 榀 2. t	1. 以榀计量,按设计图示数量计算 2. 以吨计量,按设计图示尺寸以质量计算。不扣除孔眼的质量,焊条、铆钉、螺栓等不另增加质量	1. 拼装 2. 安装 3. 探伤 4. 补刷油漆

【例 7.3】 某工程钢屋架如图 7.8 所示,请计算钢屋架工程量。(理论质量查五金手册)

【解】 上弦质量 $=3.40\times2\times2\times7.398=100.61$(kg)

下弦质量 $=5.60\times2\times1.58=17.70$(kg)

立杆质量 $=1.70\times3.77=6.41$(kg)

斜撑质量 $=1.50\times2\times2\times3.77=22.62$(kg)

①号连接板质量 $=0.7\times0.5\times2\times62.80=43.96$(kg)

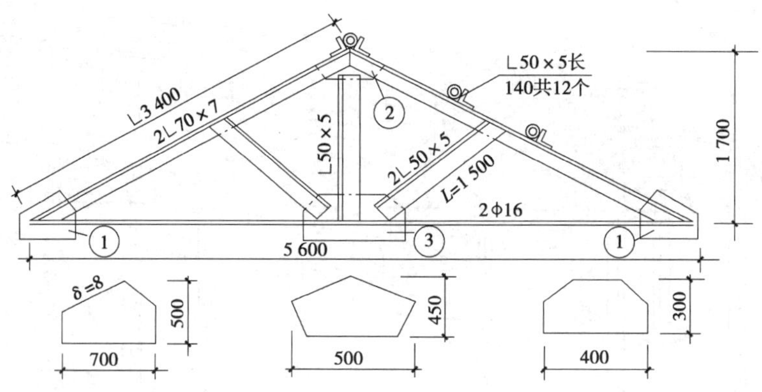

图 7.8　某工程钢屋架大样图

②号连接板质量 = 0.5 × 0.45 × 62.80 = 14.13(kg)

③号连接板质量 = 0.4 × 0.3 × 62.80 = 7.54(kg)

檩托质量 = 0.14 × 12 × 3.77 = 6.33(kg)

屋架清单工程量 = 100.61 + 17.70 + 6.41 + 22.62 + 43.96 + 14.13 + 7.54 + 6.33
= 219.30(kg)

(2)"钢柱"项目适用范围

钢柱包含实腹柱、空腹柱及钢管柱项目。

实腹柱是具有实腹式断面的柱。"实腹柱"项目适用于实腹钢柱和实腹式型钢混凝土柱。空腹柱是具有格构式断面的柱(图 7.3)。"空腹柱"项目适用于空腹钢柱和空腹型钢混凝土柱。

"钢管柱"项目适用于钢管柱和钢管混凝土柱。钢柱的清单计算规则见表 7.4。

表 7.4　钢柱(编码:010603)

项目编码	项目名称	项目特征	计量单位	工程量计算规则	工作内容
010603001	实腹钢柱	1. 柱类型 2. 钢材品种、规格 3. 单根柱质量 4. 螺栓种类 5. 探伤要求 6. 防火要求	t	按设计图示尺寸以质量计算。不扣除孔眼的质量,焊条、铆钉、螺栓等不另增加质量,依附在钢柱上的牛腿及悬臂梁等并入钢柱工程量内	1. 拼装 2. 安装 3. 探伤 4. 补刷油漆
010603002	空腹钢柱				
010603003	钢管柱	1. 钢材品种、规格 2. 单根柱质量 3. 螺栓种类 4. 探伤要求 5. 防火要求		按设计图示尺寸以质量计算。不扣除孔眼的质量,焊条、铆钉、螺栓等不另增加质量,钢管柱上的节点板、加强环、内衬管、牛腿等并入钢管柱工程量内	

注:①实腹钢柱类型指"十"字、T 形、L 形、H 形等。

②空腹钢柱类型指箱形、格构等。

③型钢混凝土柱浇筑钢筋混凝土,其混凝土和钢筋应按本规范附录"E 混凝土及钢筋混凝土工程"中相关项目编码列项。

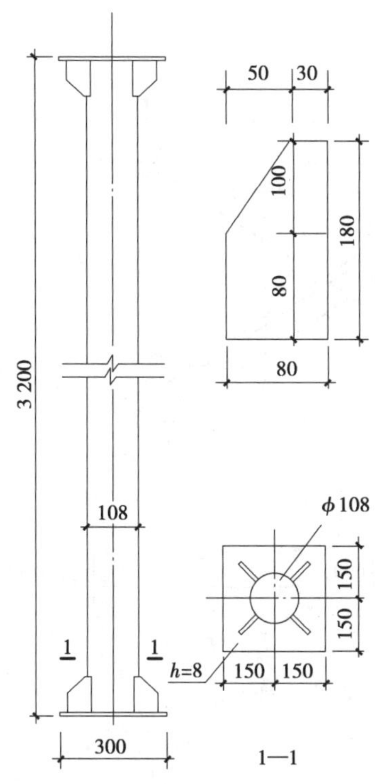

图 7.9 钢管柱结构示意图

【例 7.4】 某钢管柱结构图如图 7.9 所示,加劲肋厚 6 mm,试计算 10 根钢管柱的清单工程量。

【解】 ①方形钢板($\delta=8$)。

每平方米质量 =7.85 ×8 =62.8(kg/m²)

钢板面积 =0.3 ×0.3 =0.09(m²)

质量小计 =62.8 ×0.09 ×2 =11.3(kg)

②不规则钢板钢板($\delta=6$)。

每平方米质量 =7.85 ×6 =47.1(kg/m²)

钢板面积 =0.18 ×0.08 =0.014(m²)

质量小计 =47.1 ×0.014 ×8 =5.28(kg)

③钢管质量。

3.184(长度) ×10.26(每米质量) =32.67(kg)

则 10 根钢管柱的清单工程量:

(11.3 +5.28 +32.67) ×10 =492.50(kg)

(3)"钢构件"项目适用范围

《建设工程工程量清单计价规范》(GB 50500—2013)附录表钢构件项目包括钢支撑、钢檩条、钢天窗架、钢挡风架、钢墙架、钢平台、钢走道、钢梯、钢栏杆、钢漏斗、钢支架、零星钢构件,具体计算规则见表 7.5。

表 7.5 钢构件(编码:010606)

项目编码	项目名称	项目特征	计量单位	工程量计算规则	工作内容
010606001	钢支撑、钢拉条	1. 钢材品种、规格 2. 构件类型 3. 安装高度 4. 螺栓种类 5. 探伤要求 6. 防火要求	t	按设计图示尺寸以质量计算,不扣除孔眼的质量,焊条、铆钉、螺栓等不另增加质量	1. 拼装 2. 安装 3. 探伤 4. 补刷油漆
010606002	钢檩条	1. 钢材品种、规格 2. 构件类型 3. 单根质量 4. 安装高度 5. 螺栓种类 6. 探伤要求 7. 防火要求			

注:钢支撑、钢拉条类型指单式、复式;钢檩条类型指型钢式、格构式;钢漏斗形式指方形、圆形;天沟形式指矩形沟或半圆形沟。

【例 7.5】 计算如图 7.10 所示柱间支撑制作清单工程量。

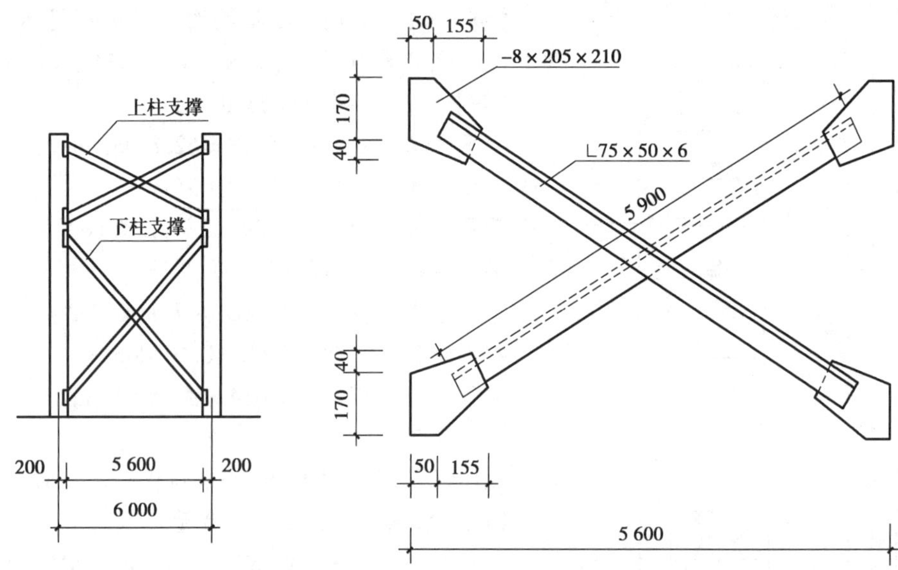

图 7.10 柱间支撑示意图

【解】 角钢每米质量 = 0.007 95 kg/m³ × 厚度 × (长边 + 短边 − 厚度)

= [0.007 95 × 6 × (75 + 50 − 6)]

= 5.68(kg/m)

钢板质量 = 7.85 × 8 = 62.8(kg/m²)

钢支撑的工程量：

角钢工程量 = 5.9 × 2 × 5.68 = 67.02(kg)

钢板工程量 = [(0.205 × 0.21 × 4) × 62.8] = 10.81(kg)

柱间支撑制作清单工程量 = 67.02 + 10.81 = 77.83(kg)

8 门窗及木结构工程量计算

8.1 概述

门窗是建筑围护结构的重要组成部分。门窗的材料直接决定了装修的效果。门窗在满足其基本功能的要求后,对其装饰性和其他特殊功能的要求(如高性能、高强度、密闭隔声性能、防火、防盗、节能等功能)也越来越高。

木制门窗以软质木材或硬质木材为主要原料,经加工、拼接、雕刻等成型,具有较好的舒适性和美观性。

门窗工程包含的内容如图 8.1 所示。

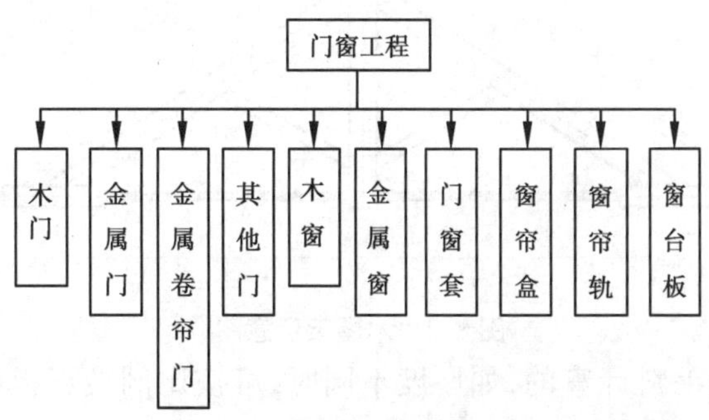

图 8.1 门窗工程包含的内容

木结构在受到地震荷载作用时仍可保持其结构的稳定性和完整性,不易倒塌。由于木材细胞组织可容留空气,因此,木结构建筑具有良好的保温隔热性能。木结构建筑形式多样,布局灵活,根据需要建筑内部的结构易作改变。因此,木结构建筑具有抗震性能良好、安全节能、容易建造、便于维修、绿色环保等特点。木结构主要包含木柱、木梁、木屋架、木楼梯、屋面木基层等。

8.2 定额工程量计算

▶ 8.2.1 定额相关说明

1)门窗及木结构一般说明

①本章是按机械和手工操作综合编制的,无论实际采用何种操作方法,均不作调整。

②本章原木是按一二类综合编制的,如采用三四类木材(硬木)时,人工及机械乘以1.35。

木材木种分类如下:

一类:红松、水桐木、樟子松。

二类:白松(方杉、冷杉)、杉木、杨木、柳木、椴木。

三类:青松、黄花松、秋子木、马尾松、东北榆木、柏木、苦木、梓木、黄菠萝、椿木、楠木、柚木、樟木。

四类:枥木(柞木)、檀木、色木、槐木、荔木、麻栗木、桦木、荷木、水曲柳、华北榆木。

③本章列有锯材的项目,其锯材消耗量内已包括干燥损耗,不另计算。

④本章项目中所注明的木材断面或厚度均以毛断面为准。如设计图纸注明的断面或厚度为净料时,应增加刨光损耗,例如,方材一面刨光增加3 mm,两面刨光增加5 mm;板一面刨光增加3 mm,两面刨光增加3.5 mm;圆木直径加5 mm。

⑤原木加工成锯材的出材率为63%,方木加工成锯材的出材率为85%。

⑥屋架的跨度是指屋架两端上下弦中心线交点之间的长度。屋架、檩木需刨光者,人工乘以系数1.15。图8.2为木屋架示意图。

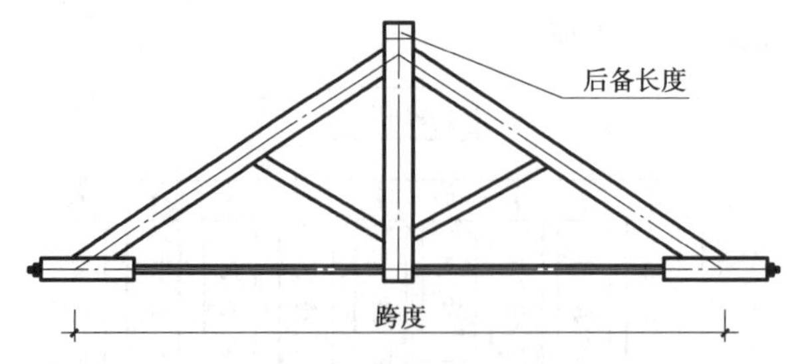

图8.2 木屋架示意图

⑦屋面板厚度是按毛料计算的,如厚度不同时,可按比例换算板材用量,其他不变。图8.3为屋面板示意图。

⑧木屋架、钢木屋架定额子目中的钢板、型钢、圆钢用量与设计不同时,可按设计数量另加8%损耗进行换算,其余不变。

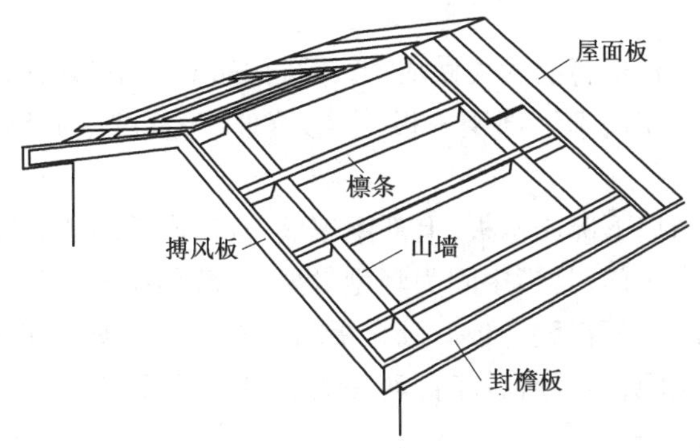

图 8.3　屋面板示意图

2）木门、窗说明

①木门窗项目中所注明的框断面均以边框毛断面为准，框裁口如为钉条者，应加钉条的断面计算。如设计框断面与定额子目断面不同时，以每增加 10 cm^2（不足 10 cm^2 按 10 cm^2 计算），按表 8.1 增减材积。

表 8.1　设计框断面与定额子目断面不同时增减材积表

子目	门	门带窗	窗
锯材（干）	0.3	0.32	0.4

②各类门扇的区别如下：

a. 全部用冒头结构镶板者，称为“镶板门”。

b. 在同一门扇上装玻璃和镶板（钉板）者，玻璃面积大于或等于镶板（钉板）面积的 1/2 时，称为“半玻门”。

c. 用上下冒头或带一根中冒头钉企口板，板面起三角槽者，称为“拼板门”。

图 8.4 为镶板门安装示意图。

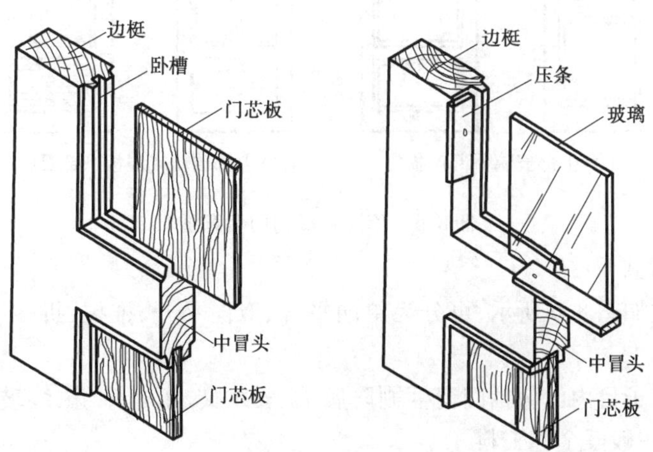

图 8.4　镶板门安装示意图

A. 门的种类

a. 镶木板门是指门芯板由薄的木板做成，并镶进门边和冒头的槽内的木门。

b. 半截玻璃镶板门是指门扇下部镶木板，上部镶玻璃，且镶嵌玻璃的高度超过门扇高度1/3 的木门。

c. 玻璃镶板门是指门扇下部镶木板，上部镶玻璃，且镶嵌玻璃的高度不超过 1/3 的木门。

d. 胶合板门也称为夹板门，是指中间为轻型骨架，一般用厚 32 ~ 35 mm、宽 32 ~ 35 mm 的方木做框，内为格形肋条，两面钉胶合板。胶合板门上常作小玻璃窗和百叶窗。

e. 自由门也称为弹簧门，指开启后能自动关闭的门，以弹簧作为自动关闭机构，并有单面弹簧、双面弹簧和地弹簧之分。

f. 防火门是指设置在容易发生火灾的厂房、实验室、仓库等房屋的门，一般用不易燃烧的材料制成。

g. 带亮子的门是指在门扇的上部装有一定大小的玻璃窗，这种窗叫作亮子，也称为摇头窗。带亮是指门的上部做有亮窗。无亮是指只有门扇而无亮窗，也称为无亮子。图 8. 5 为不同种类门的示意图。

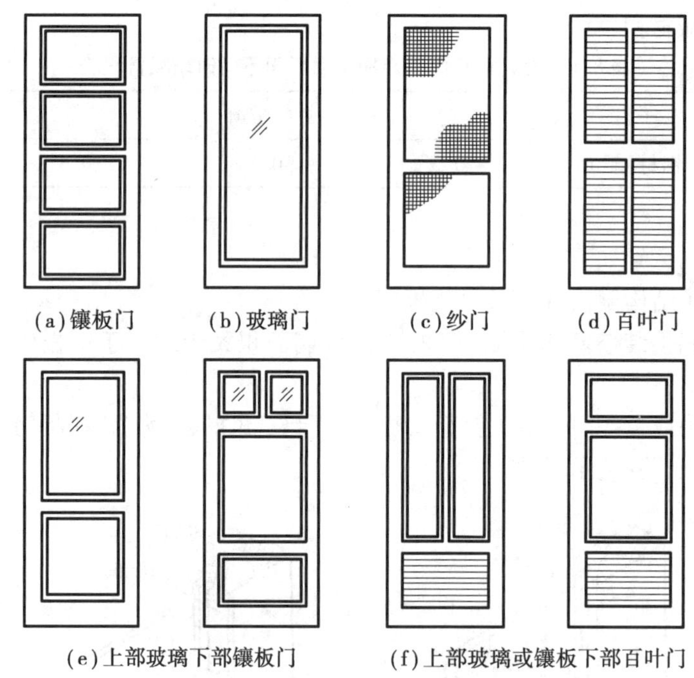

图 8. 5　不同种类的门示意图

B. 门的开启方式

门的开启方式如图 8. 6 所示，可分为单向平开、双向平开、推拉、折叠、旋转、升降、卷帘、上翻等。

③木门窗安装子目内已包括门窗框刷防腐油、安木砖、框边塞缝、装玻璃、钉玻璃压条或嵌油灰，以及安装一般五金等工料。

④木门窗五金一般包括普通折页、插销、风钩、普通翻窗折页、门板扣和镀铬弓背拉手。使用以上五金不得调整和换算。如使用铜质、铝合金、不锈钢等五金时，其材料费用可另行计

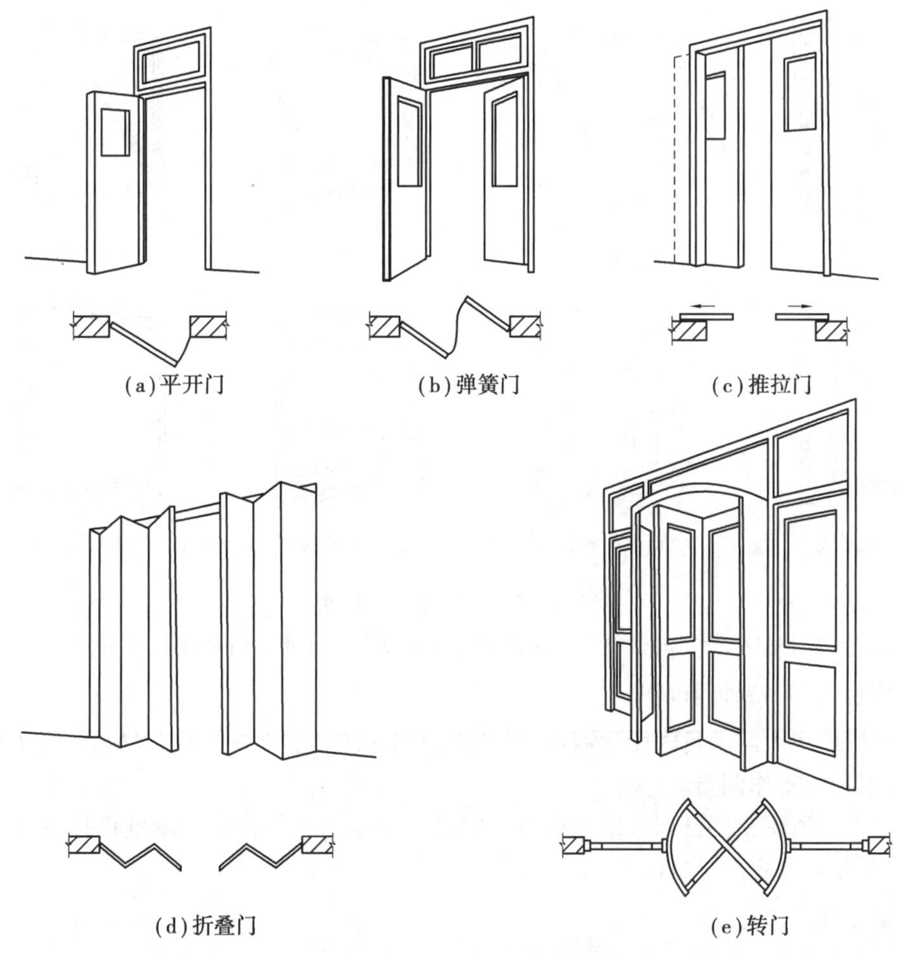

图 8.6 门的开启方式示意图

算,但不增加安装人工工日,同时子目中已包括的一般五金材料费也不扣除。

⑤无亮木门安装时,应扣除单层玻璃材料费,人工费不变。

⑥胶合板门、胶合板门带窗制作如设计要求不允许拼接时,胶合板的定额消耗量允许调整,胶合板门定额消耗量每 100 m^2 门洞口面积增加 44.11 m^2,胶合板门带窗定额消耗量每 100 m^2 门洞口面积增加 53.10 m^2,其他子目胶合板消耗量不得进行调整。

3)金属门、窗说明

金属门窗项目按工厂成品、现场安装编制,除定额说明外。成品金属门窗价格均已包括玻璃及五金配件,定额包括安装固定门窗小五金配件材料及安装费用与辅料耗量。窗的开启方式示意图如图 8.7 所示。

4)金属卷帘(闸)门说明

①金属卷帘(闸)门项目是按卷帘安装在洞口内侧或外侧考虑的,当设计为安装在洞口中时,按相应定额子目人工乘以系数 1.1。

②金属卷帘(闸)门项目是按不带活动小门考虑的,当设计为带活动小门时,按相应定额子目人工乘以系数 1.07,材料价格调整为带活动小门金属卷帘(闸)。

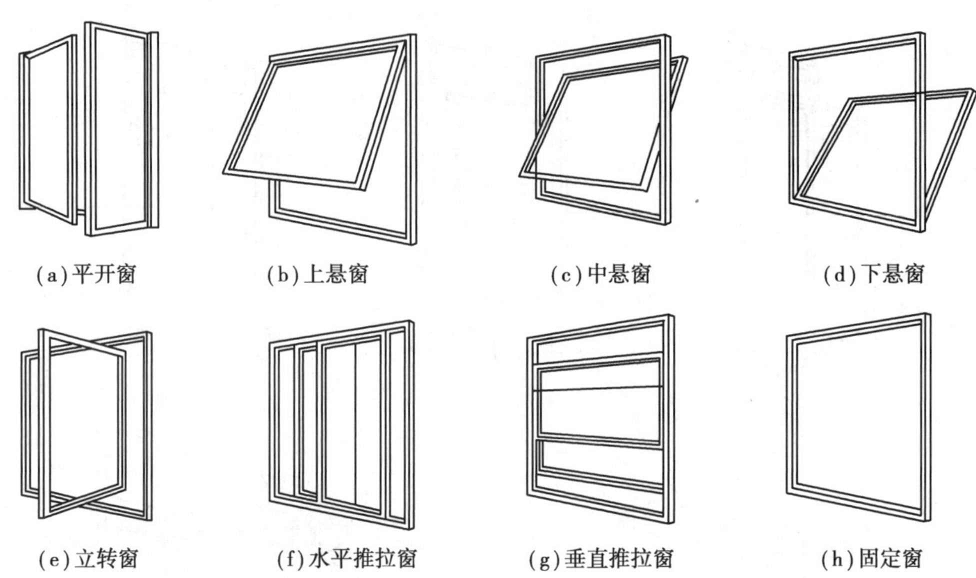

图 8.7 窗的开启方式示意图

③防火卷帘门是按特级防火卷帘(双轨双帘)编制的,如设计材料不同可换算。

5)厂库房大门、特种门说明

①各种厂库房大门项目内所含钢材、钢骨架、五金铁件(加工铁件)可以换算,但子目中的人工、机械消耗量不作调整。

②自加工门所用铁件已列入定额子目。墙、柱、楼地面等部位的预埋铁件按设计要求另行计算,执行相应的定额子目。

6)其他说明

①木门窗运输定额子目包括框和扇的运输。若单运框时,相应子目乘以系数0.4;若单运扇时,相应子目乘以系数0.6。

②本章项目工作内容的框边塞缝为安装过程中的固定塞缝,框边二次塞缝及收口收边工作未包含在内,均应按相应定额子目执行。

▶ 8.2.2 门窗工程量计算规则

1)门窗工程量计算规则

(1)木门、窗

制作、安装有框木门窗工程量,按门窗洞口设计图示面积以“m^2”计算;制作、安装无框木门窗工程量,按扇外围设计图示尺寸以“m^2”计算。

(2)金属门、窗

①成品塑钢、钢门窗(飘凸窗、阳台封闭、纱门窗除外)安装按门窗洞口设计图示面积以“m^2”计算。

②门连窗按设计图示洞口面积分别计算门、窗面积,其中窗的宽度算至门框的边外线。图8.8为门连窗示意图。

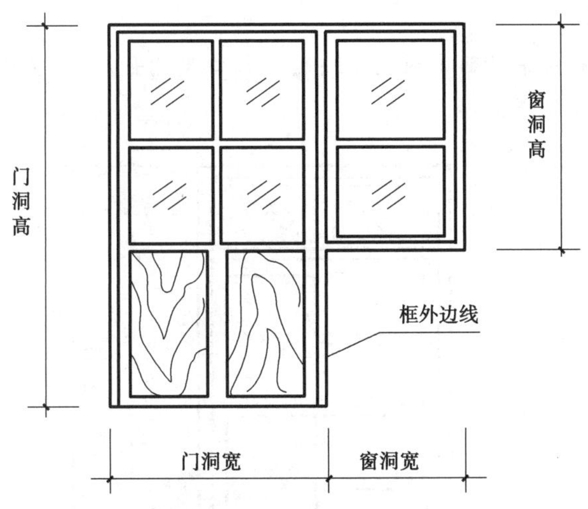

图 8.8　门连窗示意图

③塑钢飘凸窗、阳台封闭、纱门窗按框型材外围设计图示面积以"m^2"计算。

(3)金属卷帘(闸)

金属卷帘(闸)、防火卷帘按设计图示尺寸宽度乘高度(算至卷帘箱卷轴水平线)以"m^2"计算。电动装置安装按设计图示套数计算。

(4)厂库房大门、特种门

①有框厂库房大门和特种门按洞口设计图示面积以"m^2"计算,无框厂库房大门和特种门按门扇外围设计图示尺寸面积以"m^2"计算。

②冷藏库大门、保温隔音门、变电室门、隔音门、射线防护门按洞口设计图示面积以"m^2"计算。

(5)其他

①木窗上安装窗栅、钢筋御棍按窗洞口设计图示尺寸面积以"m^2"计算。

②普通窗上部带有半圆窗的工程量应分别按半圆窗和普通窗计算,以普通窗和半圆窗之间的横框上的裁口线为分界线。

③门窗贴脸如图 8.9 所示,按设计图示尺寸以外边线延长米计算。

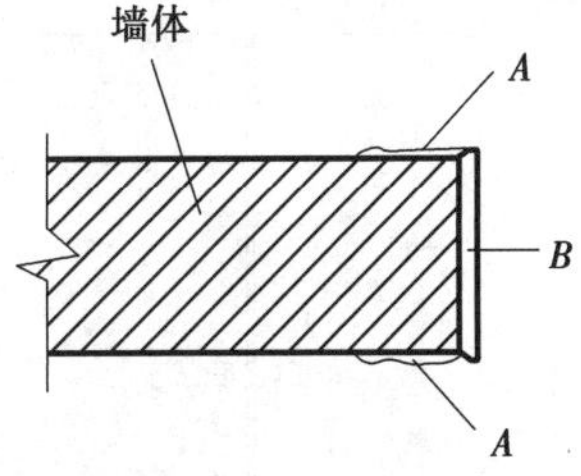

图 8.9　贴脸示意图

A—门窗贴脸;*B*—筒子板;*A*+*B*—门窗套

④水泥砂浆塞缝按门窗洞口设计图示尺寸以延长米计算。

⑤门锁安装按"套"计算。

⑥门、窗运输按门框、窗框外围设计图示面积以"m^2"计算。

2)**门窗工程案例**

【例 8.1】 某住宅用带纱镶木板门 45 樘,门洞口尺寸如图 8.10 所示,请计算带纱镶木板门的制作、安装、门锁工程量。

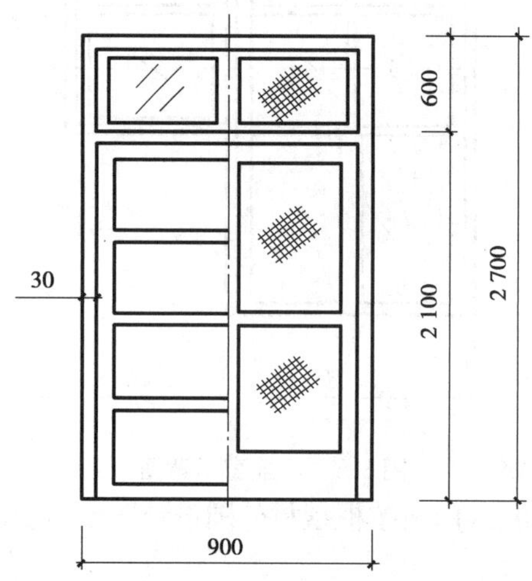

图 8.10 门洞口尺寸详图

【解】 ①带纱镶木板门框制作安装工程量:

$$0.90\times2.70\times45=109.35(m^2)$$

②无纱镶木板门扇制作安装工程量:

$$0.90\times2.70\times45=109.35(m^2)$$

③纱门扇制作安装工程量:

$$(0.90-0.03\times2)\times(2.10-0.03)\times45=78.25(m^2)$$

④纱亮扇制作安装工程量:

$$(0.90-0.03\times2)\times(0.60-0.03)\times45=21.55(m^2)$$

⑤镶木板门普通门锁安装工程量 =45 套。

【例 8.2】 某厂房有无框平开全钢板大门(带探望孔),门洞口尺寸如图 8.11 所示,共 3 樘。请计算平开全钢板大门的制作、安装工程量。

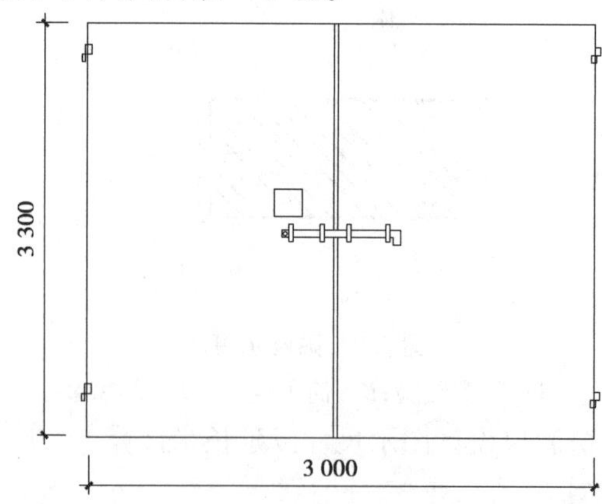

图 8.11 平开全钢板大门

【解】　全钢板大门工程量 $=3.00\times3.30\times3=29.70(m^2)$

▶ 8.2.3　木结构工程量计算规则

1)木屋架

①木屋架、檩条工程量按设计图示体积以“m^3”计算。附属于其上的木夹板、垫木、风撑、挑檐木、檩条三角条,均按木料体积并入屋架、檩条工程量内。单独挑檐木并入檩条工程量内。檩托木、檩垫木已包括在定额子目内,不另计算。

②屋架的马尾、折角和正交部分半屋架并入相连接屋架的体积内计算。图 8.12 为屋架马尾、正交、折角示意图。

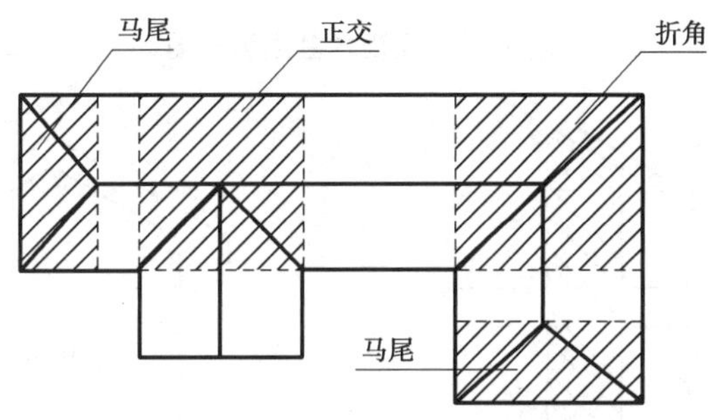

图 8.12　屋架马尾、正交、折角示意图

③钢木屋架区分圆木、方木,按设计断面以“m^3”计算。圆木屋架连接的挑檐木、支撑等为方木时,其方木木料体积乘以系数 1.7 折合成圆木并入屋架体积内。单独的方木挑檐,按矩形檩木计算。

④檩木按设计断面以“m”计算。简支檩长度按设计规定计算,设计无规定者,按屋架或山墙中距增加 0.2 m 计算,如两端出山,檩条长度算至搏风板;连续檩条的长度按设计长度以“m”计算,其接头长度按全部连续檩木总体积的 5% 计算。檩条托木已计入相应的檩木制作安装项目中,不另计算。

2)木构件

①木柱、木梁按设计图示体积以“m^3”计算。

②木楼梯按设计图示尺寸计算的水平投影面积以“m^2”计算,不扣除宽度≤300 mm 的楼梯井,其踢脚板、平台和伸入墙内部分不另行计算。

③木地楞按设计图示体积以“m^3”计算。定额内已包括平撑、剪刀撑、沿油木的用量,不再另行计算。

3)屋面木基层

①屋面木基层如图 8.13 所示,按屋面的斜面积以“m^2”计算。天窗挑檐重叠部分按设计规定计算,屋面烟囱及斜沟部分所占面积不扣除。

②屋面椽子、屋面板、挂瓦条工程量按设计图示屋面斜面积以“m^2”计算,不扣除屋面烟囱、风帽底座、风道、小气窗及斜沟等所占面积。小气窗的出檐部分亦不增加面积。

③封檐板工程量按设计图示檐口外围长度以“m”计算,如图 8.14 所示;搏风板如图 8.15 所示,按斜长度以“m”计算,有大刀头者按每个大刀头增加长度 0.5 m 计算。

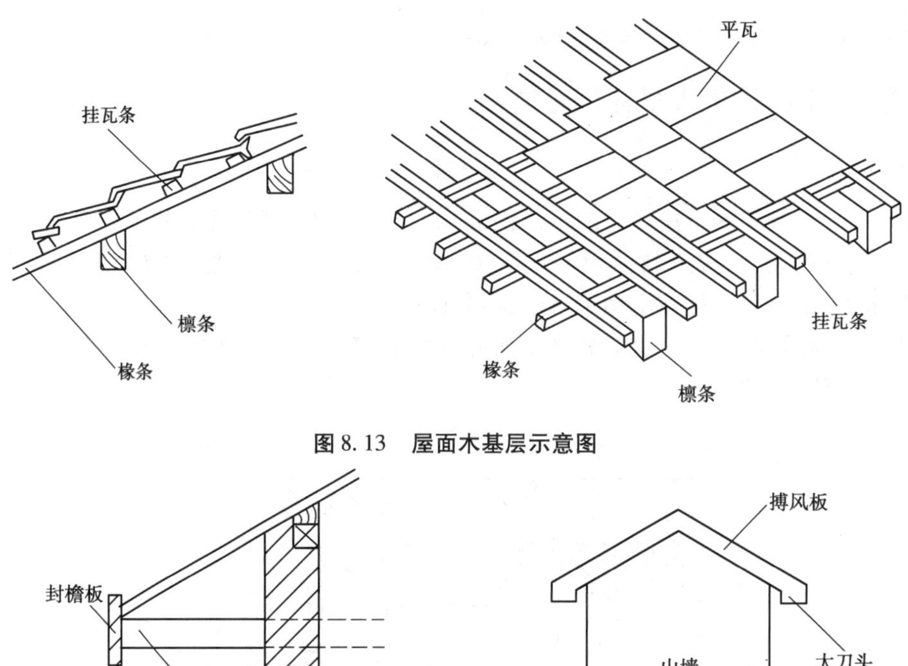

图 8.13　屋面木基层示意图

图 8.14　封檐板、挑檐木示意图　　　图 8.15　搏风板、大刀头示意图

4）木结构工程案例

【例 8.3】　某临时仓库，设计方木钢屋架如图 8.16 所示，共 3 榀，现场制作，不刨光，轮胎式起重机安装，安装高度为 6 m，请计算该方木钢屋架的制作安装工程量。

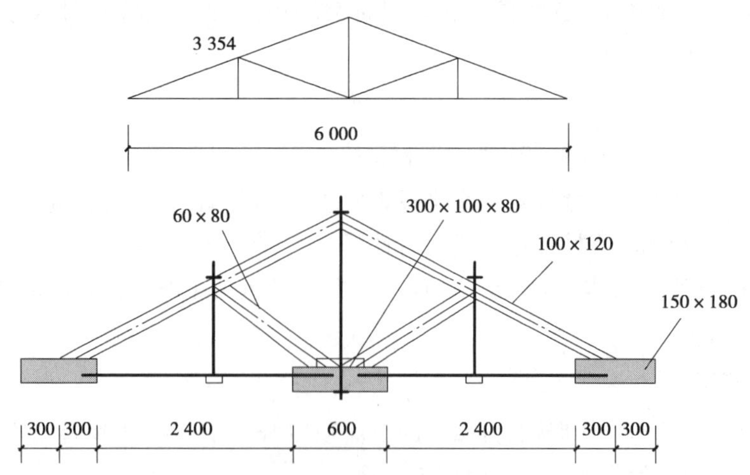

图 8.16　方木钢屋架详图

【解】　方木钢屋架制作安装工程量：

$0.15 \times 0.18 \times 0.60 \times 3 \times 3 + 0.10 \times 0.12 \times 3.354 \times 2 \times 3 + 0.06 \times 0.08 \times 1.667 \times 2 \times 3 + 0.30 \times 0.10 \times 0.08 \times 3 = 0.442(\text{m}^3)$

查《重庆市房屋建筑与装饰工程计价定额(第一册建筑工程)》(CQJZZSDE—2018)。

执行定额子目:AG0008 方木钢屋架制作(跨度15 m以内),其综合单价为4 678.34 元/m^3(按公共建筑取费率)。

【例8.4】 图8.17为某屋面封檐板、搏风板详图,该屋面坡度系数为1.118,木板净厚度为30 mm,请计算封檐板、搏风板工程量。

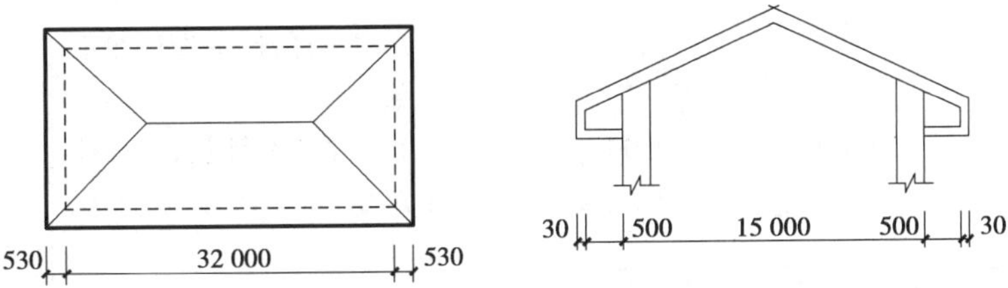

图8.17　封檐板、搏风板详图

【解】 封檐板工程量 = (32.00 + 0.50 × 2) × 2 = 66.00(m)

搏风板工程量:

[15.00 + (0.50 + 0.03) × 2] × 1.118 × 2 + 0.50 × 4 = 37.91(m)

8.3　清单工程量计算

8.3.1　门窗清单工程量计算规则

《房屋建筑与装饰工程工程量计算规范》(GB 50854—2013)将门窗工程分为木门、金属门、金属卷帘(闸)门、厂库房大门、特种门、其他门、木窗、金属窗、门窗套、窗台板、窗帘、窗帘盒、窗帘轨10个子分部。木门、金属门分部分项清单见表8.2和表8.3,其他详见《房屋建筑与装饰工程工程量计算规范》(GB 50854—2013)附录H。

表8.2　木门(编码:010801)

项目编码	项目名称	项目特征	计量单位	工程量计算规则	工作内容
010801001	木质门	1. 门代号及洞口尺寸 2. 镶嵌玻璃品种、厚度	1. 樘 2. m^2	1. 以樘计量,按设计图示数量计算 2. 以平方米计量,按设计图示洞口尺寸以面积计算	1. 门安装 2. 玻璃安装 3. 五金安装
010801002	木质门带套				
010801003	木质连窗门				
010801004	木质防火门				
010801005	木门框	1. 门代号及洞口尺寸 2. 框截面尺寸 3. 防护材料种类	1. 樘 2. m	1. 以樘计量,按设计图示数量计算 2. 以米计量,按设计图示框的中心线以延长米计算	1. 木门框制作、安装 2. 运输 3. 刷防护材料
010801006	门锁安装	1. 锁品种 2. 锁规格	个(套)	按设计图示数量计算	安装

表 8.3　金属门(编码:010802)

<table>
<tr><th>项目编码</th><th>项目名称</th><th>项目特征</th><th>计量单位</th><th>工程量计算规则</th><th>工作内容</th></tr>
<tr><td>010802001</td><td>金属(塑钢)门</td><td>1. 门代号及洞口尺寸
2. 门框或扇外围尺寸
3. 门框、扇材质
4. 玻璃品种、厚度</td><td rowspan="4">1. 樘
2. m^2</td><td rowspan="4">1. 以樘计量,按设计图示数量计算
2. 以平方米计量,按设计图示洞口尺寸以面积计算</td><td rowspan="2">1. 门安装
2. 五金安装
3. 玻璃安装</td></tr>
<tr><td>010802002</td><td>彩板门</td><td>1. 门代号及洞口尺寸
2. 门框或扇外围尺寸</td></tr>
<tr><td>010802003</td><td>钢质防火门</td><td rowspan="2">1. 门代号及洞口尺寸
2. 门框或扇外围尺寸
3. 门框、扇材质</td><td rowspan="2">1. 门安装
2. 五金安装</td></tr>
<tr><td>010802004</td><td>防盗门</td></tr>
</table>

如上表所示,门窗工程清单工程量计算规则和定额工程量计算规则相比较,各类门窗的清单工程量计量单位并不是唯一的。门窗工程既可以按“樘”计算,也可以按“m^2”计算,如果门窗框需要单独计算时可按“樘”或“m^2”计算,门锁可按“个”或“套”计算等。

【例 8.5】　某厂房有无框平开全钢板大门(带探望孔),门洞口尺寸如图 8.11 所示,共 3 樘。请计算平开全钢板大门的清单工程量。

【解】　平开全钢板大门的清单工程量见表 8.4。

表 8.4　分部分项工程量清单

<table>
<tr><th>序号</th><th>项目编号</th><th>项目名称</th><th>项目特征描述</th><th>计量单位</th><th>工程量</th></tr>
<tr><td rowspan="2">1</td><td rowspan="2">010802001001</td><td rowspan="2">全钢板大门</td><td rowspan="2">①门代号及洞口尺寸:平开门
②门框或扇外围尺寸:3.00×3.30 双扇
③门框、扇材质:钢骨架薄钢板
④五金种类、规格:金属
⑤防护材料种类:防锈漆</td><td>樘</td><td>3</td></tr>
<tr><td>m^2</td><td>29.70</td></tr>
</table>

【例 8.6】　某工程的木门如图 8.18 所示。根据招标人提供的资料:带纱门扇半玻镶板门、双扇带亮(上亮无纱扇)6 樘,框毛断面为 95 mm×55 mm,上亮 3 mm 平板玻璃,木材为红松,一类薄板,现场制作安装,刷防护底油。请计算木门的清单工程量、定额工程量及其综合单价。(计算结果保留两位小数)

【解】　(1)木门分部分项清单工程量(表 8.5)

木门清单工程量 = 6 樘或 $1.30 \times 2.70 \times 6 = 21.06(m^2)$

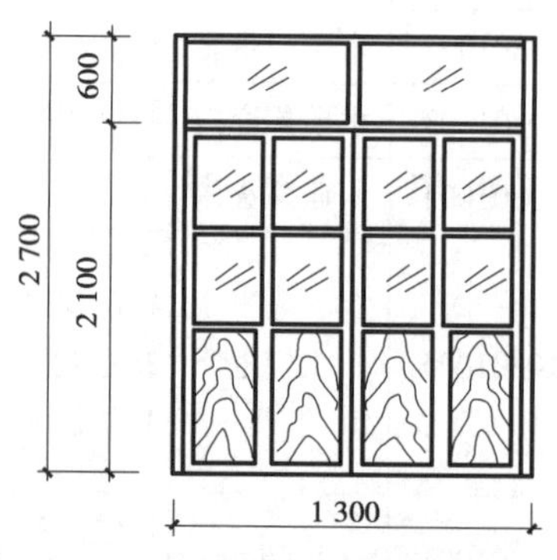

图 8.18　带纱门扇半玻镶板门

表 8.5　分部分项工程量清单

序号	项目编号	项目名称	项目特征描述	计量单位	工程量
1	010801001001	半玻镶板门	带纱半截玻璃镶板木门，双扇带亮；红松，一类薄板，框断面 95 mm × 55 mm；3 mm平板玻璃	樘	6
				m^2	21.06

(2)木门定额工程量

①该项目发生的工程内容。

门框、门扇制作和安装；纱门扇制作和安装。

②计算木门定额工程量。

a. 半截玻璃镶板门制作安装工程量：

$$1.30\times2.70\times6=21.06(m^2)$$

半玻镶板门带窗制作(框断面 52 cm^2)套 AH0010，定额综合单价为 11 133.37 元/100 m^2(按公共建筑取费)。

半玻镶板门带窗安装套 AH0024，定额综合单价为 7 078.96 元/100 m^2(按公共建筑取费)。

b. 纱门扇制作安装工程量：

$$(1.30-0.055\times2)\times(2.10-0.055)\times6=14.6(m^2)$$

纱门扇制作套 AH0014，定额综合单价为 5 275.91 元/100 m^2(按公共建筑取费)。

纱门扇安装套 AH0026，定额综合单价为 2 759.91 元/100 m^2(按公共建筑取费)。

③计算该半玻镶板门的综合单价(按公共建筑取费，暂不考虑一般风险和人材机价差)。

综合合价 $=11\ 133.37\times21.6+7\ 078.96\times21.6+5\ 275.91\times14.6+2\ 759.91\times14.6$

$=510\ 709.3$(元)

综合单价 $=510\ 709.3/6=85\ 118.22$(元/m^2)

或 $=510\ 709.3/21.06=24\ 250.20$(元/$m^2$)

分部分项工程量清单计价表见表 8.6。

表 8.6　分部分项工程量清单计价表

序号	项目编号	项目名称	项目特征描述	计量单位	工程量	金额/元	
						综合单价	合价
1	010801001001	半玻镶板门	带纱半截玻璃镶板木门，双扇带亮；红松，一类薄板，框断面 95 mm × 55 mm；3 mm平板玻璃	樘	6	85 118.22	510 709.3
				m^2	21.06	24 250.20	510 709.3

▶ 8.3.2　木结构清单工程量计算规则

《房屋建筑与装饰工程工程量计算规范》(GB 50854—2013)将木结构工程分为木屋架、

木构件、屋面木基层 3 个子分部,具体清单见表 8.7 至表 8.9。

表 8.7　木屋架(编码:010701)

项目编码	项目名称	项目特征	计量单位	工程量计算规则	工作内容
010701001	木屋架	1. 跨度 2. 材料品种、规格 3. 刨光要求 4. 拉杆及夹板种类 5. 防护材料种类	1. 榀 2. m^3	1. 以榀计量,按设计图示数量计算 2. 以立方米计量,按设计图示的规格尺寸以体积计算	1. 制作 2. 运输 3. 安装 4. 刷防护材料
010701002	钢木屋架	1. 跨度 2. 木材品种、规格 3. 刨光要求 4. 钢材品种、规格 5. 防护材料种类	榀	以榀计量,按设计图示数量计算	

表 8.8　木构件(编码:010702)

项目编码	项目名称	项目特征	计量单位	工程量计算规则	工作内容
010702001	木柱	1. 构件规格尺寸 2. 木材种类 3. 刨光要求 4. 防护材料种类	m^3	按设计图示尺寸以体积计算	1. 制作 2. 运输 3. 安装 4. 刷防护材料
010702002	木梁				
010702003	木檩		1. m^3 2. m	1. 以立方米计量,按设计图示尺寸以体积计算 2. 以米计量,按设计图示尺寸以长度计算	
010702004	木楼梯	1. 楼梯形式 2. 木材种类 3. 刨光要求 4. 防护材料种类	m^2	按设计图示尺寸以水平投影面积计算。不扣除宽度 <300 mm 的楼梯井,伸入墙内部分不计算	
010702005	其他木构件	1. 构件名称 2. 构件规格尺寸 3. 木材种类 4. 刨光要求 5. 防护材料种类	1. m^3 2. m	1. 以立方米计量,按设计图示尺寸以体积计算 2. 以米计量,按设计图示尺寸以长度计算	

表 8.9 屋面木基层(编码:010703)

项目编码	项目名称	项目特征	计量单位	工程量计算规则	工作内容
010703001	屋面木基层	1. 椽子断面尺寸及椽距 2. 望板材料种类、厚度 3. 防护材料种类	m^2	按设计图示尺寸以斜面积计算 不扣除房上烟囱、风帽底座、风道、小气窗、斜沟等所占面积。小气窗的出檐部分不增加面积	1. 椽子制作、安装 2. 望板制作、安装 3. 顺水条和挂瓦条制作、安装 4. 刷防护材料

【例 8.7】 某临时仓库,设计方木钢屋架如图 8.16 所示,共 3 榀,现场制作,不刨光,轮胎式起重机安装,安装高度为 6 m,请计算该方木钢屋架的清单工程量、定额工程量及其综合单价和合价。

【解】 (1)方木钢屋架清单工程量 =3 榀

(2)方木钢屋架定额工程量:

$0.15\times0.18\times0.60\times3\times3+0.10\times0.12\times3.354\times2\times3+0.06\times0.08\times1.667\times2\times3+0.30\times0.10\times0.08\times3=0.442(m^3)$

查《重庆市房屋建筑与装饰工程计价定额(第一册建筑工程)》(CQJZZSDE—2018),执行定额子目 AG0008,方木钢屋架(跨度 15 m 以内)的综合单价为 4 678.34 元/m^3(按公共建筑取费率,暂不考虑一般风险和人材机价差)。

(3)该方木钢屋架综合合价 =4 678.34 ×0.442 =2 067.83(元)

该方木钢屋架综合单价 =2 067.83/3 =689.28(元/榀)

该方木钢屋架分部分项工程量清单计价表见表 8.10。

表 8.10 分部分项工程量清单计价表

序号	项目编号	项目名称	项目特征描述	计量单位	工程量	金额/元	
						综合单价	合价
1	010701002001	钢木屋架	1. 跨度:6.6 m 2. 木材品种、规格:方木 3. 刨光要求:详设计 4. 钢材品种、规格:详设计 5. 防护材料种类:详设计	榀	3	689.28	2 067.83

屋面防水及防腐、保温、隔热工程量计算

9.1 屋面工程概述

屋面又称屋顶，是屋盖系统的一个组成部分。屋盖是房屋顶部与外界分隔的维护构造，保护房屋不受日晒、雨淋、风雪的侵入，并对房屋顶部起保温、隔热作用。

屋面工程是建筑工程的一个分部工程，是指屋盖面层的施工内容，它包括屋面的防水工程和屋面的保温隔热工程，由结构层以上的屋面找平层、隔气层、保温隔热层、防水层、保护层或使用面层等结构层次组成。其施工质量的优劣直接关系建筑物的使用寿命。

▶ 9.1.1 屋面工程分类

屋面按其形式可分为平屋面、坡屋面和异形屋面；按其使用功能可分为非上人屋面和上人屋面；按其保温隔热功能可分为保温隔热屋面和非保温隔热屋面。

屋面防水工程根据所采用的防水材料不同可分为刚性防水屋面和柔性防水屋面。刚性防水屋面是指采用浇筑防水混凝土、涂抹防水砂浆或铺设烧结平瓦、水泥平瓦进行防水的屋面；柔性防水屋面是指采用铺设防水卷材、油毡瓦、涂刷防水涂料等进行防水的屋面。刚性防水屋面主要依靠混凝土自身的密度以及采取构造措施或特殊施工方法使混凝土具有自身防水的能力，如加筋措施、采用预应力混凝土等。柔性防水屋面主要是将防水卷材和沥青胶结材料胶合而成的多层防水层铺设在屋面上，以防止屋面雨水的渗漏。

屋面依据其防水层所采用的防水材料不同，又可分为刚性混凝土防水屋面、平瓦屋面、卷材防水屋面、涂膜防水屋面、油毡瓦防水屋面、金属板材防水屋面。按其防水方法的不同，还可分为复合防水和结构自防水。

▶ 9.1.2 屋面工程施工工艺简介

1)屋面工程施工流程

确定施工单位(包括施工单位资质、施工方案报验)→原材料验收(防水、保温材料复试及验收)→屋面测量放线(屋面做法厚度确定、排水坡度、排气道位置、高度确认)→雨落管、排气管安装(位置、高度、周围填塞)→找平层、防潮施工→保温层施工→找坡层施工→找平层施工→防水层施工→保护层施工→专项验收(隐蔽验收记录、试水验收记录)。

2)屋面工程一般构造

(1)平屋面一般构造

图9.1为不上人防水屋面的构造层次图,由结构层、找坡层、找平层、隔气层、保温隔热层、防水层和保护层组成。

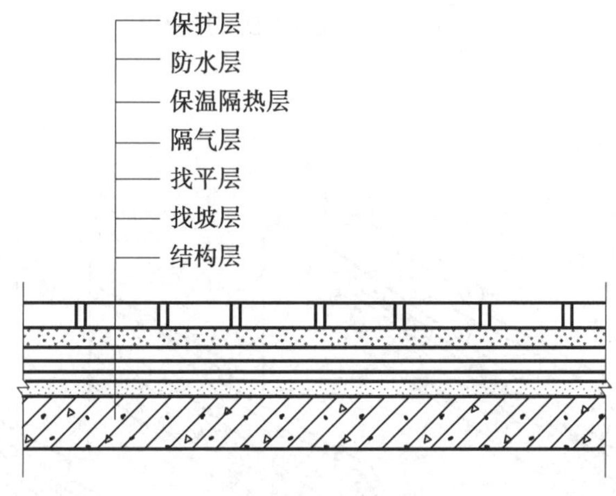

图9.1　不上人防水屋面构造层次图

①结构层:钢筋混凝土屋面。

②找坡层:屋面基层(结构层)是没有坡度的,屋面排水的坡度一般是靠找坡层来找出坡度。

③找平层:在找坡层上或保温层上抹上一层砂浆,使其填补孔眼和抹平粗糙表面,使防水层能牢固地和基层结合。

④隔气层:使屋面的结构层次和房间更好地隔离,防止室内湿度传递到保温层而降低保温功能以及损坏防水层,一般采用一毡二油。

⑤保温隔热层:一般在屋面防水层下面铺设一层松散的或具有隔热效果的材料,在冬季可以减少室内温度向屋顶散发,在夏季可以防止太阳的热量辐射到室内,起保温隔热作用。

⑥防水层:防止雨水浸渗到室内的一个层次,是屋面的主要层次,它包括结合层、卷材及保护层。

⑦保护层:常用做法有水泥砂浆找平、细石混凝土加钢筋网现浇、预制板铺盖等。主要作用是防止防水层长期暴露在大气中而导致产生龟裂、流淌、鼓包、老化等,降低屋面温度和温差引起的结构变形等。

(2)坡屋面一般构造

木檩条上挂瓦屋面如图 9.2 所示;钢筋混凝土屋面板盖瓦屋面如图 9.3 所示。

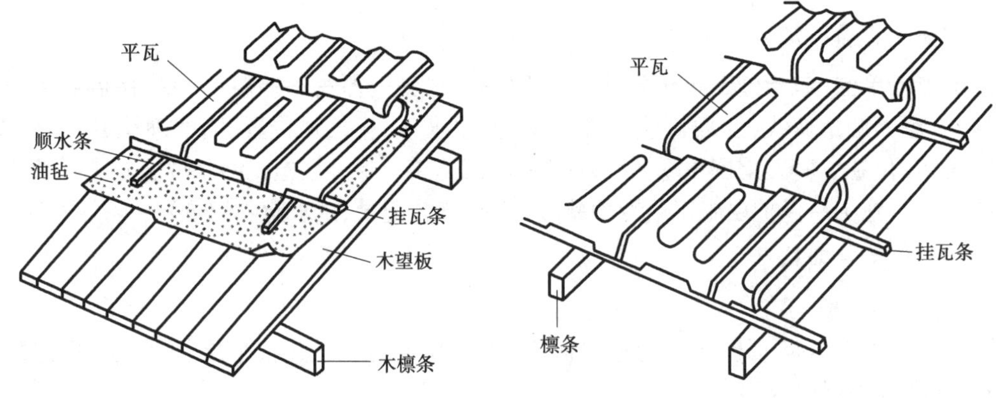

图 9.2　木檩条上挂瓦屋面

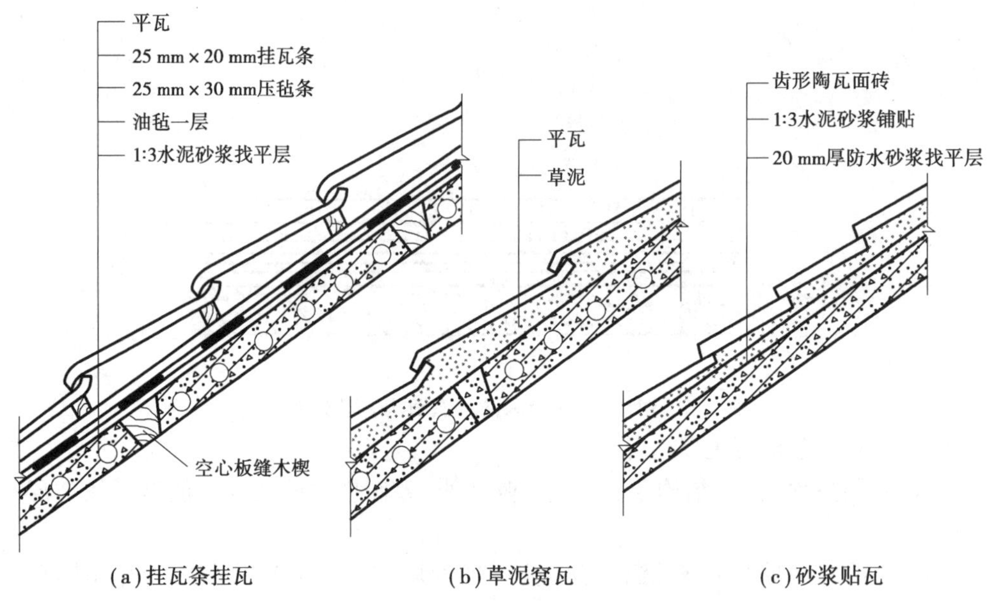

图 9.3　钢筋混凝土屋面板盖瓦屋面

3)屋面自排水一般做法

屋面排水的常见做法分为无组织排水和有组织排水,如图 9.4 至图 9.8 所示。有组织排水又分为有组织内排水和有组织外排水。

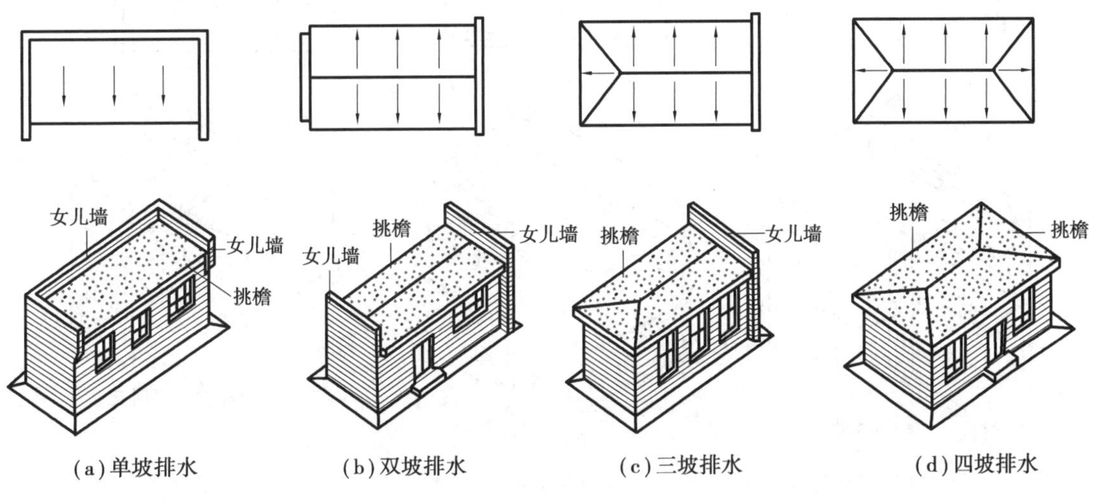

(a)单坡排水 (b)双坡排水 (c)三坡排水 (d)四坡排水

图9.4 无组织排水屋面

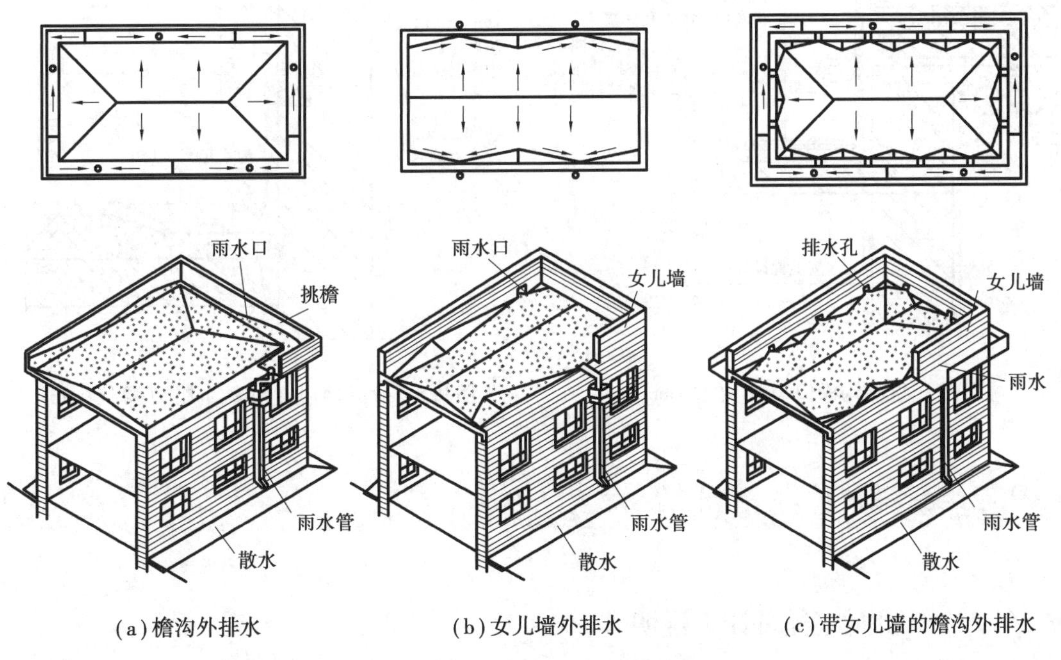

(a)檐沟外排水 (b)女儿墙外排水 (c)带女儿墙的檐沟外排水

图9.5 有组织外排水屋面

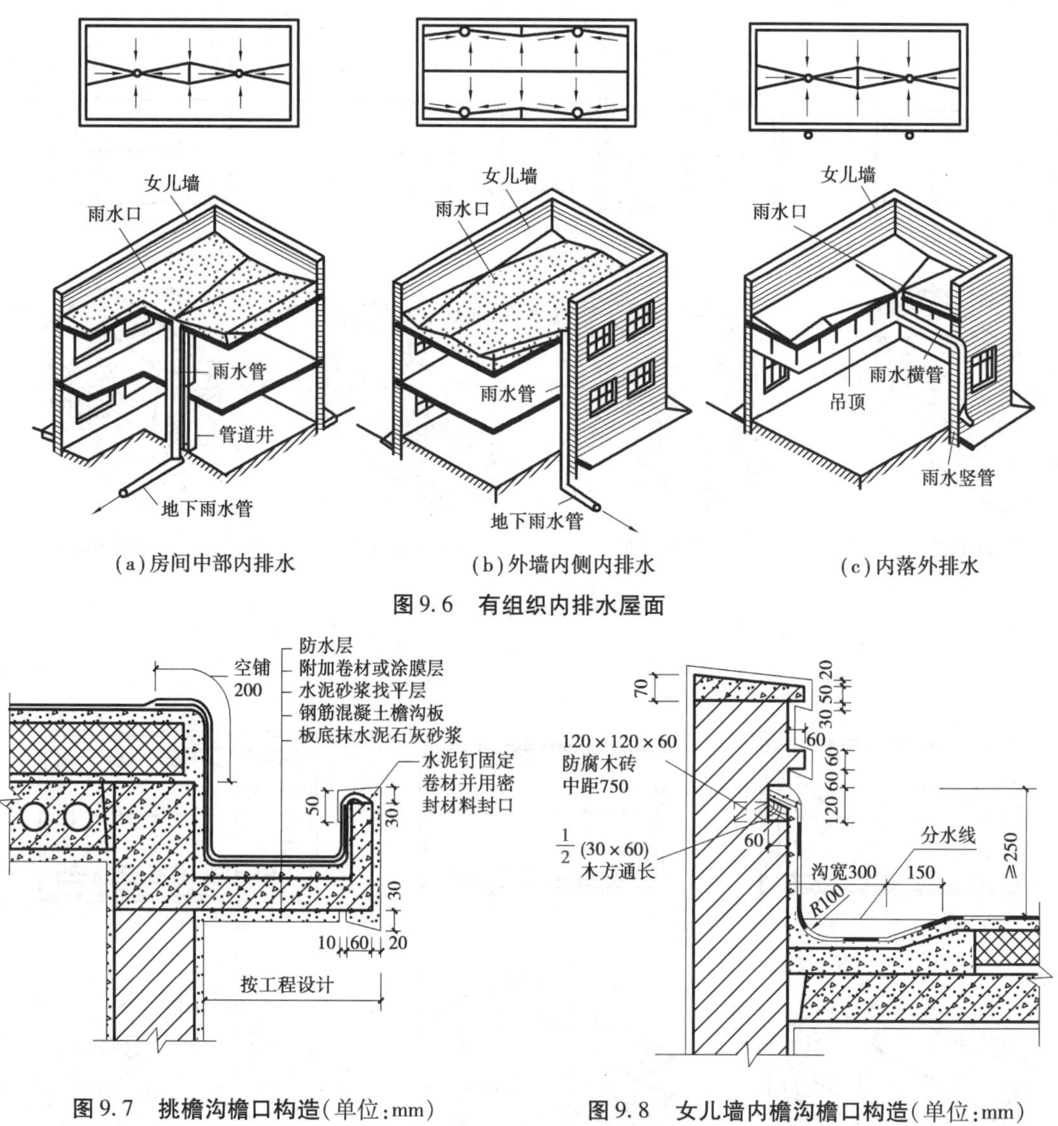

(a)房间中部内排水　　(b)外墙内侧内排水　　(c)内落外排水

图 9.6　有组织内排水屋面

图 9.7　挑檐沟檐口构造(单位:mm)

图 9.8　女儿墙内檐沟檐口构造(单位:mm)

9.2　定额工程量计算

9.2.1　屋面工程量计算说明

1)瓦屋面、型材屋面

①25% <坡度≤45%及人字形、锯齿形、弧形等不规则瓦屋面,人工乘以系数1.3;坡度>45%的,人工乘以系数1.43。

②玻璃钢瓦屋面铺在混凝土或木檩子上,执行钢檩上定额子目。

③瓦屋面的屋脊和瓦出线已包括在定额子目内,不另计算。

④屋面彩瓦定额子目中,彩瓦消耗量与定额子目消耗量不同时,可以调整,其他不变。

⑤型材屋面定额子目均不包含屋脊的工作内容,另按金属结构工程相应定额子目执行。

⑥压型板屋面定额子目中的压型板按成品压型板考虑。

2)屋面防水及其他

(1)屋面防水

①平屋面以坡度小于15%为准,15% <坡度≤25%的,按相应定额子目执行,人工乘以系数1.18;25% <坡度≤45%及人字形、锯齿形、弧形等不规则屋面的,人工乘以系数1.3;坡度>45%的,人工乘以系数1.43。

②卷材防水、涂料防水定额子目,如设计的材料品种与定额子目不同时,材料进行换算,其他不变。

③卷材防水、涂料防水屋面的附加层、接缝、收头、基层处理剂工料已包括在定额子目内,不另计算。

④卷材防水冷粘法定额子目,按黏结满铺编制,如采用点、条铺黏结(图9.9)时,按相应定额子目人工乘以系数0.91,黏结剂乘以系数0.7。

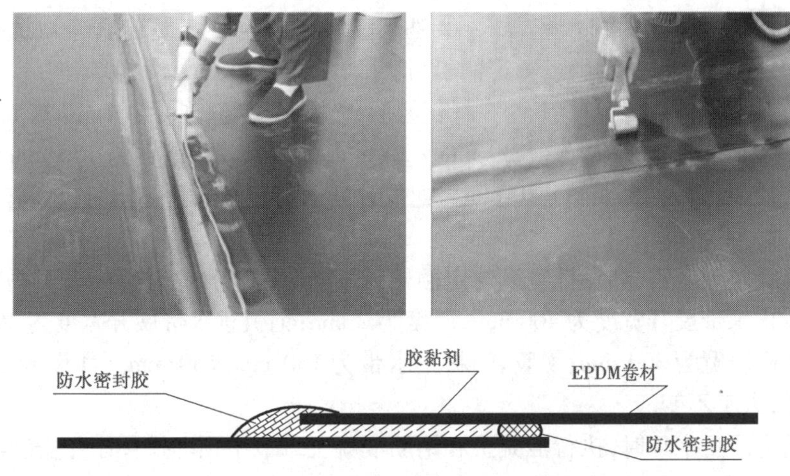

图9.9　防水卷材点、条铺黏结

⑤本章“二布三涂”或“每增减一布一涂”项目,是指涂料构成防水层数,并非指涂刷遍数。

⑥刚性防水屋面分格缝(图9.10)已含在定额子目内,不另计算。

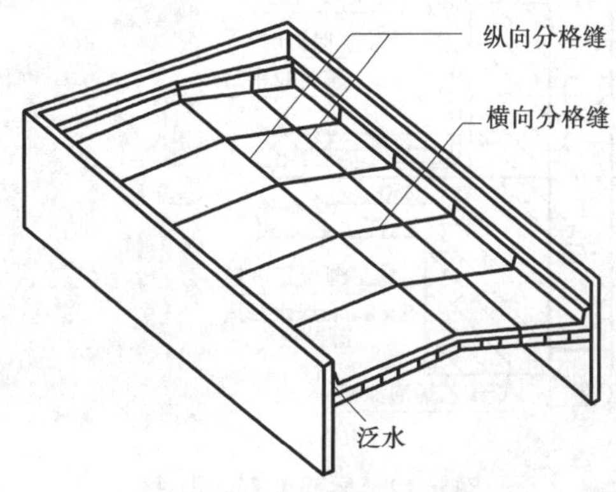

图9.10　刚性防水屋面分格缝

⑦找平层、刚性层分格缝盖缝应另行计算,执行相应定额子目。

(2)屋面排水

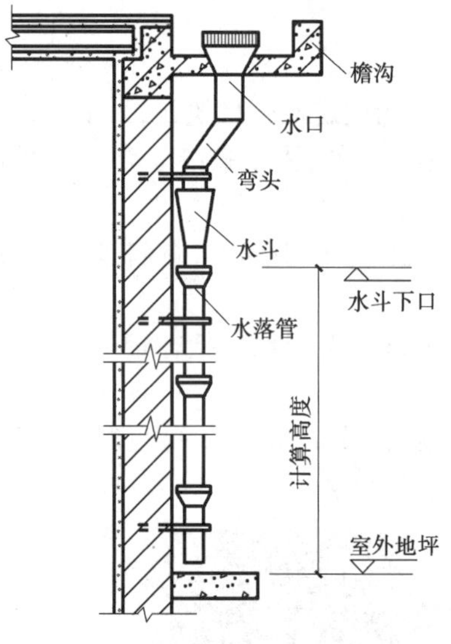

图9.11 屋面雨水管示意图

①铁皮排水定额子目已包括铁皮咬口、卷边、搭接的工料,不另计算。

②塑料水落管定额子目已包含塑料水斗、塑料弯管,不另计算。

③高层建筑使用PVC塑料消音管,执行塑料管项目。

④阳台、空调连通水落管执行塑料水落管$\phi 50$项目。图9.11为屋面雨水管示意图。

(3)屋面变形缝

①变形缝包括温度缝、沉降缝、抗震缝。图9.12为屋面变形缝的做法。

②基础、墙身、楼地面变形缝填缝均执行屋面填缝定额子目。

③变形缝填缝定额子目中,建筑油膏断面为30 mm×20 mm;油浸木丝板断面为150 mm×25 mm;浸油麻丝、泡沫塑料断面为150 mm×30 mm。如设计断面与定额子目不同时,材料进行换算,人工不变。

④屋面盖缝定额子目,如设计宽度与定额子目不同时,材料进行换算,人工不变。

⑤紫铜板止水带展开宽度为400 mm,厚度为2 mm;钢板止水带展开宽度为400 mm,厚度为3 mm;氯丁橡胶宽为300 mm;橡胶、塑料止水带为150 mm×30 mm。如设计断面不同时,材料进行换算,人工不变。

⑥当采用金属止水环时,执行混凝土和钢筋混凝土章节中预埋铁件制作安装项目。

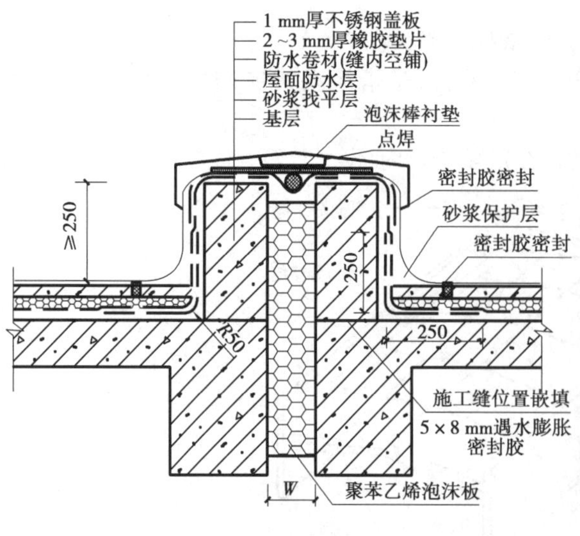

图9.12 屋面变形缝做法

▶ 9.2.2 屋面工程量计算规则

1)瓦屋面、型材屋面

瓦屋面、彩钢板屋面、压型板屋面均按设计图示面积以“m^2”计算(斜屋面按斜面面积以“m^2”计算)。不扣除房上烟囱、风帽底座、风道、屋面小气窗、斜沟和脊瓦所占面积,小气窗的出檐部分也不增加面积。

坡屋面斜面面积 = 屋面水平投影面积 × 坡度系数

两坡屋面斜面面积 = 屋面水平投影面积 × 坡度系数 C

四坡屋面斜面面积 = 屋面水平投影面积 × 坡度系数 D

表 9.1 为屋面坡度系数表。图 9.13 为坡度系数 C 示意图,图 9.14 为坡度系数 D 示意图。

表 9.1 屋面坡度系数表

坡度 $B(A=1)$	高跨比坡度$\frac{B}{2A}$	坡度角度 α	延尺系数 $C(A=1)$	隅延尺系数 $D(A=1)$
1	$\frac{1}{2}$	45°	1.414 2	1.732 1
0.75		36°52′	1.250 0	1.600 8
0.70		35°	1.220 7	1.577 9
0.666	$\frac{1}{3}$	33°40′	1.201 5	1.562 0
0.650		33°01′	1.192 6	1.556 4
0.600		30°58′	1.166 2	1.536 2
0.577		30°	1.154 7	1.527 0
0.550		28°49′	1.141 3	1.517 0
0.50	$\frac{1}{4}$	26°34′	1.118 0	1.500 0
0.45		24°14′	1.096 6	1.483 9
0.40	$\frac{1}{5}$	21°48′	1.077 0	1.469 7
0.35		19°17′	1.059 4	1.456 9
0.30		16°42′	1.044 0	1.445 7
0.25		14°02′	1.030 8	1.436 2
0.20	$\frac{1}{10}$	11°19′	1.019 8	1.428 3
0.15		8°32′	1.011 2	1.422 1
0.125		7°08′	1.007 8	1.419 1

续表

坡度 $B(A=1)$	高跨比坡度 $\frac{B}{2A}$	坡度角度 α	延尺系数 $C(A=1)$	隅延尺系数 $D(A=1)$
0.100	$\frac{1}{20}$	5°42′	1.005 0	1.417 7
0.083		4°45′	1.003 5	1.416 6
0.066	$\frac{1}{30}$	3°49′	1.002 2	1.415 7

注：①坡度是指坡面在垂直方向的投影长度与它在水平方向的投影长度的比值，其值用坡度系数表示，坡度 $i=H/L$。

②延尺系数 C = 两坡屋面的坡面长度（即坡面斜长 A）/水平投影长度（L）。

③隅延尺系数 D = 四坡屋面斜脊长度（B）/坡面长度水平投影（L）。

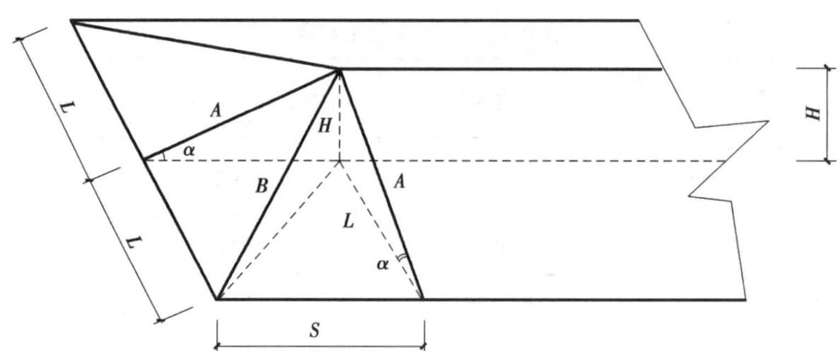

图 9.13　坡度系数 C 示意图

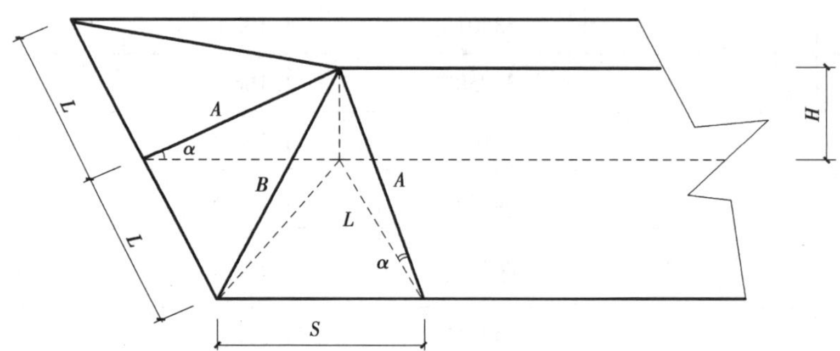

图 9.14　坡度系数 D 示意图

【例 9.1】　有一两坡水的坡形屋面，其外墙中心线长度为 40 m，宽度为 15 m，四面出檐距外墙外边线为 0.3 m，屋面坡度系数 $C=1.25$，外墙为 24 墙，试计算屋面工程量。

【解】　屋面水平投影面积 = 长 × 宽；

长 $=40+0.12\times2+0.30\times2=40.84$（m）；

宽 $=15+0.12\times2+0.30\times2=15.84$（m）；

水平投影面积 $=40.84\times15.84=646.91$（m^2）；

已知：$C=1.25$；

屋面工程量 $S=646.91\times1.25=808.64$（$m^2$）。

【例 9.2】　某工程如图 9.15 所示，屋面板上铺水泥大瓦，请计算瓦屋面工程量。

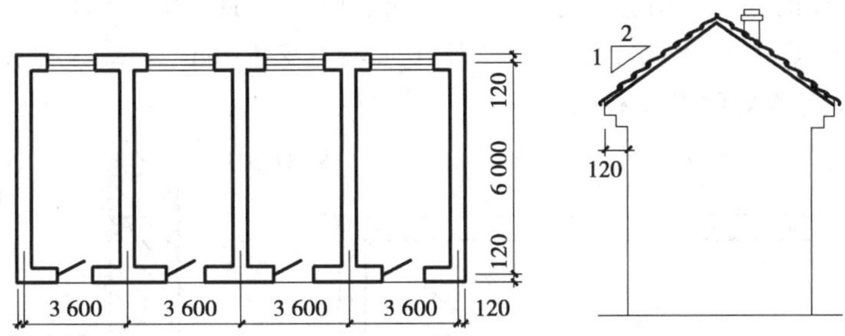

图 9.15 某瓦屋面平立面图

【解】 查表 9.1 可得延迟系数 $C=1.118$，则瓦屋面工程量为：

$$(6.00+0.24+0.12\times2)\times(3.6\times4+0.24)\times1.118=106.06(\mathrm{m}^2)$$

【例 9.3】 某工程如图 9.16、图 9.17 所示，求两面坡水、四面坡水（坡度 1/2 的黏土瓦屋面）屋面的工程量。

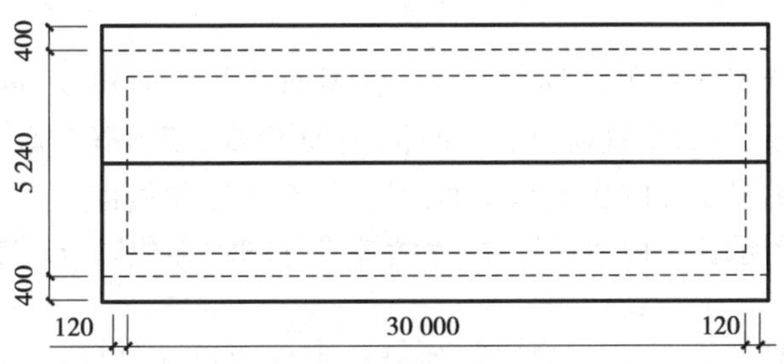

图 9.16 二坡水屋面示意图

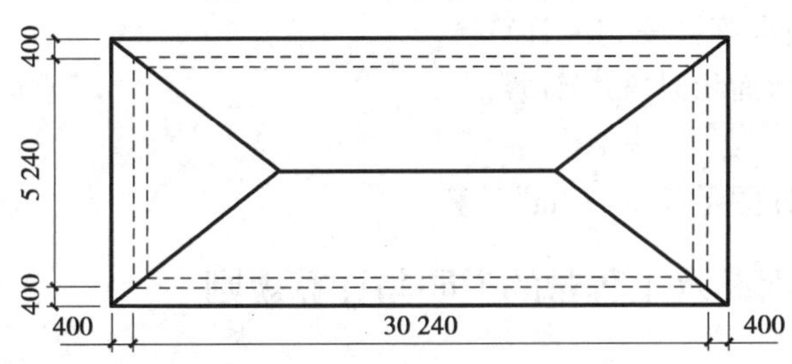

图 9.17 四坡水屋面示意图

【解】 查表 9.1 可得延迟系数 $C=1.118$，延迟系数 $D=1.50$。

两面坡水屋面工程量为：

$$(5.24+0.8)\times(30.00+0.24)\times1.118=204.20(\mathrm{m}^2)$$

四面坡水屋面工程量为：

$$(5.24+0.8)\times(30.00+0.24)\times1.50=281.22(\mathrm{m}^3)$$

2）屋面防水及其他

（1）屋面防水

①卷材防水、涂料防水屋面按设计图示面积以"m^2"计算（斜屋面按斜面面积以"m^2"计算）。不扣除房上烟囱、风帽底座、风道、屋面小气窗、斜沟、变形缝所占面积，屋面的女儿墙、伸缩缝和天窗等处的弯起部分，按图示尺寸并入屋面工程量计算。如设计图示无规定时，伸

缩缝、女儿墙及天窗的弯起部分按防水层至屋面面层厚度另加 250 mm 计算。

【例 9.4】 如图 9.18 所示，已知某工程女儿墙厚 240 mm，屋面卷材在女儿墙处卷起 250 mm，请计算屋面卷材防水工程量。

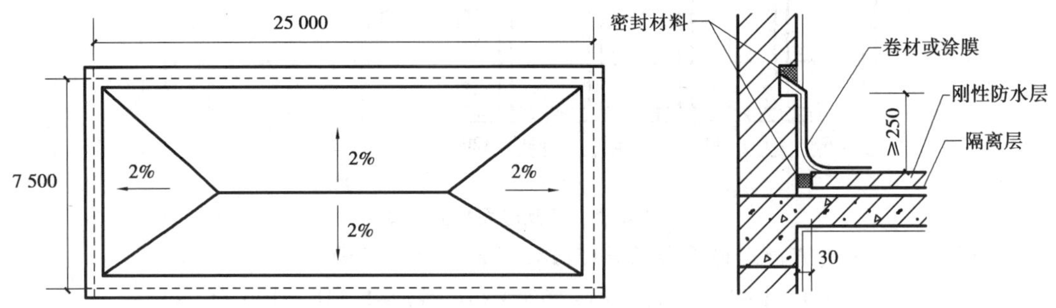

图 9.18 卷材防水屋面

【解】 屋面卷材防水工程量 $=(25-0.24)\times(7.5-0.24)+(25-0.24+7.5-0.24)\times 2\times 0.25=195.77(\text{m}^2)$

②刚性屋面按设计图示面积以“m^2”计算（斜屋面按斜面面积以“m^2”计算）。不扣除房上烟道、风帽底座、风道、屋面小气窗等所占面积，屋面泛水、变形缝等弯起部分和加厚部分已包括在定额子目内。挑出墙外的出檐和屋面天沟，另按相应项目计算。

③分格缝按设计图示长度以“m”计算，盖缝按设计图示面积以“m^2”计算。

(2) 屋面排水

①塑料水落管按图示长度以“m”计算，如设计未标注尺寸，以檐口至设计室外散水上表面垂直距离计算。

②阳台、空调连通水落管按“套”计算。

③铁皮排水按图示面积以“m^2”计算。

(3) 屋面变形缝

屋面变形缝按设计图示长度以“m”计算。

9.2.3 墙、地面防水工程量的说明与计算规则

1) 墙、地面防水说明

(1) 墙面防水、防潮

①卷材防水、涂料防水的接缝、收头、基层处理剂工料已包括在定额子目内，不另计算。

②墙面变形缝定额子目，如设计宽度与定额子目不同时，材料进行换算，人工不变。

(2) 楼地面防水、防潮

①卷材防水、涂料防水的附加层、接缝、收头、基层处理剂工料已包括在定额子目内，不另计算。

②楼地面防水子目中的附加层仅包含管道伸出楼地面根部部分附加层，阴阳角附加层另行计算。

③楼、地面变形缝定额子目，如设计宽度与定额子目不同时，材料进行换算，人工不变。

2)墙、地面防水工程量计算规则

(1)墙面防水、防潮

①墙面防潮层,按设计展开面积以"m^2"计算,扣除门窗洞口及单个面积大于0.3 m^2 孔洞所占面积。

②变形缝按设计图示长度以"m"计算。

(2)楼地面防水、防潮

①墙基防水、防潮层,外墙长度按中心线,内墙长度按净长,乘以墙宽以"m^2"计算。

②楼地面防水、防潮层,按墙间净空面积以"m^2"计算,门洞下口防水层工程量并入相应楼地面工程量内。扣除凸出地面的构筑物、设备基础及单个面积大于0.3 m^2 柱、垛、烟囱和孔洞所占面积。门洞、空圈、暖气包槽、壁龛的开口部分不增加面积。

③与墙面连接处,上卷高度在300 mm以内按展开面积以"m^2"计算,执行楼地面防水定额子目;高度超过300 mm时,按展开面积以"m^2"计算,执行墙面防水定额子目。

④变形缝按设计图示长度以"m"计算。

▶ 9.2.4 防腐隔热保温工程量的说明

1)防腐工程说明

①各种砂浆、胶泥、混凝土配合比以及各种整体面层的厚度,如设计与定额不同时,可以换算。定额已综合考虑了各种块料面层的结合层、胶结料厚度及灰缝宽度。

②软聚氯乙烯板地面定额子目内已包含踢脚板工料,不另计算,其他整体面层踢脚板按整体面层相应定额子目执行。

③块料面层踢脚板按立面块料面层相应定额子目人工乘以系数1.2,其他不变。

④花岗石面层以六面剁斧的块料为准,结合层厚度为15 mm,如板底为毛面时,其结合层胶结料用量按设计厚度调整。

⑤环氧自流平洁净地面中间层(刮腻子)按每层1 mm厚度考虑,如设计要求厚度与定额子目不同时,可以调整。

⑥卷材防腐接缝、附加层、收头工料已包括在定额内,不另计算。

⑦块料防腐定额子目中的块料面层,如设计的规格、材质与定额子目不同时,可以调整。

2)保温隔热相关说明

①保温隔热定额子目仅包括保温隔热材料的铺贴,不包括隔气防潮、保护层或衬墙等。

②平屋面以坡度小于15%为准;15% $<$ 坡度 $\leq$ 25%,按相应定额子目执行,人工乘以系数1.18;25% $<$ 坡度 $\leq$ 45%及人字形、锯齿形、弧形等不规则屋面,人工乘以系数1.3;坡度 $>$ 45%的,人工乘以系数1.43。

③现浇泡沫混凝土、陶粒混凝土、全轻混凝土按现场自拌编制。

④屋面、地面泡沫混凝土、陶粒混凝土定额子目均不含分格缝的设置,另按《重庆市房屋建筑与装饰工程计价定额》相应定额子目执行。

⑤圆(弧)形墙面保温,按墙面保温相应定额子目执行,人工乘以系数1.15,材料乘以系数1.03。

⑥凸出外墙面的梁、柱保温按墙面保温定额子目执行，人工乘以系数 1.19，材料乘以系数 1.04。

⑦保温板定额子目均不包括界面剂处理、抗裂砂浆，另按相应定额子目执行。

⑧挤塑聚苯板、复合硬泡聚氨酯保温板执行聚苯乙烯保温板定额子目。

⑨保温板如设计厚度与定额子目厚度不同时，材料可以换算，其他不变。

⑩墙面外保温热桥处理时，按外墙外保温相应定额子目，人工乘以系数 1.3，材料乘以系数 1.05。

▶ 9.2.5 防腐隔热保温工程量计算规则

1）防腐工程量计算规则

①防腐工程面层、隔离层及防腐油漆工程量按设计图示面积以“m^2”计算。

②平面防腐工程量应扣除凸出地面的构筑物、设备基础及单个面积大于 0.3 m^2 柱、垛、烟囱和孔洞所占面积。门洞、空圈、暖气包槽、壁龛的开口部分不增加面积。

③立面防腐工程量应扣除门窗洞口以及单个面积大于 0.3 m^2 孔洞、柱、垛所占面积，门窗洞口侧壁、垛凸出部分按展开面积并入墙面内。

④踢脚板工程量按设计图示长度乘以高度以“m^2”计算，扣除门洞所占面积，并相应增加门洞侧壁的面积。

⑤池、槽块料防腐面层工程量按设计图示面积以“m^2”计算。

⑥砌筑沥青浸渍砖工程量按设计图示面积以“m^2”计算。

⑦混凝土面及抹灰面防腐按设计图示面积以“m^2”计算。

2）保温隔热工程量计算规则

（1）屋面保温隔热

①泡沫混凝土块、加气混凝土块、沥青玻璃棉毡、沥青矿渣棉毡、水泥炉渣、水泥焦渣、水泥陶粒、泡沫混凝土、陶粒混凝土，按设计图示体积以“m^3”计算，扣除单个面积大于 0.3 m^2 的孔洞所占的体积。

②保温板按设计图示面积以“m^2”计算，扣除单个面积大于 0.3 m^2 的孔洞所占的面积。

③保温层排水管，按设计图示长度以“m”计算，不扣除管件所占的长度。

④保温层排气孔安装，按设计图示数量以“个”计算。

【例 9.5】 设平屋面铺陶粒混凝土保温层，要求铺好后找出 2% 的坡度（双面），其最薄处厚 60 mm，按图示尺寸如图 9.19 所示，求出该屋面保温层工程量。

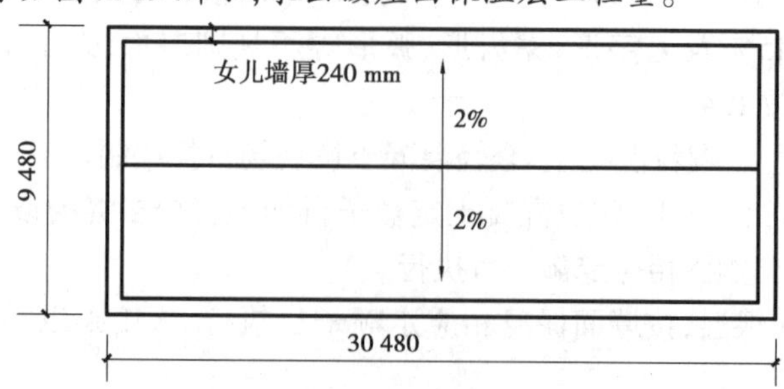

图 9.19 陶粒混凝土保温隔热屋面

【解】 ①保温层平均厚度 $=60+2\% \times[(9\ 480-480)/2]/2=105(\mathrm{mm})$

②保温工程量 $V=(9.48-0.48)\times(30.48-0.48)\times 0.105=28.35(\mathrm{m}^3)$

(2)墙面保温隔热

①墙面保温按设计图示面积以“m^2”计算,扣除门窗洞口以及单个面积大于0.3m^2梁、孔洞等所占的面积,门窗洞口侧壁以及与墙相连的柱,并入墙体保温工程量内。其中外墙外保温长度按隔热层中心线长度计算;外墙内保温长度按隔热层净长度计算。

②墙面钢丝网、玻纤网格布按设计图示展开面积以“m^2”计算,扣除单个面积大于0.3 m^2孔洞所占的面积。

(3)天棚保温隔热

天棚保温隔热按设计图示面积以“m^2”计算,扣除单个面积大于0.3 m^2的柱、垛、孔洞所占的面积,与天棚相连的梁按展开面积计算并入天棚工程量内。

(4)柱保温隔热

柱保温隔热按设计图示柱断面保温层中心线长度乘以保温层高度的面积以“m^2”计算,扣除单个面积大于0.3 m^2梁所占的面积。

(5)柱帽保温隔热层

柱帽保温隔热层按设计图示面积以“m^2”计算,并入天棚保温隔热层工程量内。

(6)梁保温隔热

梁保温隔热按设计图示梁断面保温层中心线展开长度乘保温层长度的面积以“m^2”计算。

(7)楼地面保温隔热

①保温板工程量按设计图示面积以“m^2”计算,扣除柱、垛及单个面积大于0.3 m^2孔洞所占的面积。

②保温隔热混凝土工程量按设计图示体积以“m^3”计算,扣除柱、垛及单个面积大于0.3 m^2孔洞所占的体积。

(8)防火隔离带工程量

防火隔离带工程量按设计图示面积以“m^2”计算。

9.3 清单工程量计算

▶ 9.3.1 屋面工程量清单计算规则与说明

《房屋建筑与装饰工程工程量计算规范》(GB 50854—2013)中屋面及防水工程,主要分为瓦、型材及其他屋面,屋面防水及其他,墙面防水、防潮,楼(地)面防水、防潮4个子分部。清单工程量计算规则见表9.2至表9.5,未列出部分详见清单附录。

表 9.2　瓦、型材及其他屋面(编码:010901)

<table>
<tr><th>项目编码</th><th>项目名称</th><th>项目特征</th><th>计量单位</th><th>工程量计算规则</th><th>工作内容</th></tr>
<tr><td>010901001</td><td>瓦屋面</td><td>1. 瓦品种、规格
2. 黏结层砂浆的配合比</td><td rowspan="5">m^2</td><td rowspan="2">按设计图示尺寸以斜面积计算。不扣除房上烟囱、风帽底座、风道、小气窗、斜沟等所占面积。小气窗的出檐部分不增加面积</td><td>1. 砂浆制作、运输、摊铺、养护
2. 安瓦、作瓦脊</td></tr>
<tr><td>010901002</td><td>型材屋面</td><td>1. 型材品种、规格
2. 金属檩条材料、品种、规格
3. 接缝、嵌缝材料种类</td><td>1. 檩条制作、运输、安装
2. 屋面型材安装
3. 接缝、嵌缝</td></tr>
<tr><td>010901003</td><td>阳光板屋面</td><td>1. 阳光板品种、规格
2. 骨架材料品种、规格
3. 接缝、嵌缝材料种类
4. 油漆品种、刷漆遍数</td><td rowspan="2">按设计图示尺寸以斜面积计算。不扣除屋面面积 $< 0.3\ \mathrm{m}^2$ 孔洞所占面积</td><td>1. 骨架制作、运输、安装、刷防护材料、油漆
2. 阳光板安装
3. 接缝、嵌缝</td></tr>
<tr><td>010901004</td><td>玻璃钢屋面</td><td>1. 玻璃钢品种、规格
2. 骨架材料品种、规格
3. 玻璃钢固定方式
4. 接缝、嵌缝材料种类
5. 油漆品种、刷漆遍数</td><td>1. 骨架制作、运输、安装、刷防护材料、油漆
2. 玻璃钢制作、安装
3. 接缝、嵌缝</td></tr>
<tr><td>010901005</td><td>膜结构屋面</td><td>1. 膜布品种、规格
2. 支柱(网架)钢材品种、规格
3. 钢丝绳品种、规格
4. 锚固基座做法
5. 油漆品种、刷漆遍数</td><td>按设计图示尺寸以需要覆盖的水平投影面积计算</td><td>1. 膜布热压胶接
2. 支柱(网架)制作、安装
3. 膜布安装
4. 穿钢丝绳、锚头锚固
5. 锚固基座、挖土、回填
6. 刷防护材料,油漆</td></tr>
</table>

表 9.3　屋面防水及其他(编码:010902)

项目编码	项目名称	项目特征	计量单位	工程量计算规则一	工作内容
010902001	屋面卷材防水	1. 卷材品种、规格、厚度 2. 防水层数 3. 防水层做法	m^2	按设计图示尺寸以面积计算: 1. 斜屋顶(不包括平屋顶找坡)按斜面积计算,平屋顶按水平投影面积计算	1. 基层处理 2. 刷底油 3. 铺油毡卷材、接缝

续表

<table>
<tr><th>项目编码</th><th>项目名称</th><th>项目特征</th><th>计量单位</th><th>工程量计算规则一</th><th>工作内容</th></tr>
<tr><td>010902002</td><td>屋面涂膜防水</td><td>1. 防水膜品种
2. 涂膜厚度、遍数
3. 增强材料种类</td><td rowspan="2">m²</td><td>2. 不扣除房上烟囱、风帽底座、风道、屋面小气窗和斜沟所占面积
3. 屋面的女儿墙、伸缩缝和天窗等处的弯起部分，并入屋面工程量内</td><td>1. 基层处理
2. 刷基层处理剂
3. 铺布、喷涂防水层</td></tr>
<tr><td>010902003</td><td>屋面刚性层</td><td>1. 刚性层厚度
2. 混凝土种类
3. 混凝土强度等级
4. 嵌缝材料种类
5. 钢筋规格、型号</td><td>按设计图示尺寸以面积计算。不扣除房上烟囱、风帽底座、风道等所占面积</td><td>1. 基层处理
2. 混凝土制作、运输、铺筑、养护
3. 钢筋制安</td></tr>
<tr><td>010902004</td><td>屋面排水管</td><td>1. 排水管品种、规格
2. 雨水斗、山墙出水口品种、规格
3. 接缝、嵌缝材料种类
4. 油漆品种、刷漆遍数</td><td rowspan="2">m</td><td>按设计图示尺寸以长度计算。如设计未标注尺寸，以檐口至设计室外散水上表面垂直距离计算</td><td>1. 排水管及配件安装、固定
2. 雨水斗、山墙出水口、雨水箅子安装
3. 接缝、嵌缝
4. 刷漆</td></tr>
<tr><td>010902005</td><td>屋面排(透)气管</td><td>1. 排(透)气管品种、规格
2. 接缝、嵌缝材料种类
3. 油漆品种、刷漆遍数</td><td>按设计图示尺寸以长度计算</td><td>1. 排(透)气管及配件安装、固定
2. 铁件制作、安装
3. 接缝、嵌缝
4. 刷漆</td></tr>
<tr><td>010902006</td><td>屋面(廊、阳台)泄(吐)水管</td><td>1. 吐水管品种、规格
2. 接缝、嵌缝材料种类
3. 吐水管长度
4. 油漆品种、刷漆遍数</td><td>根(个)</td><td>按设计图示数量计算</td><td>1. 水管及配件安装、固定
2. 接缝、嵌缝
3. 刷漆</td></tr>
<tr><td>010902007</td><td>屋面天沟、檐沟</td><td>1. 材料品种、规格
2. 接缝、嵌缝材料种类</td><td>m²</td><td>按设计图示尺寸以展开面积计算</td><td>1. 天沟材料铺设
2. 天沟配件安装
3. 接缝、嵌缝
4. 刷防护材料</td></tr>
<tr><td>010902008</td><td>屋面变形缝</td><td>1. 嵌缝材料种类
2. 止水带材料种类
3. 盖缝材料
4. 防护材料种类</td><td>m</td><td>按设计图示以长度计算</td><td>1. 清缝
2. 填塞防水材料
3. 止水带安装
4. 盖缝制作、安装
5. 刷防护材料</td></tr>
</table>

表 9.4　墙面防水、防潮(编码:010903)

项目编码	项目名称	项目特征	计量单位	工程量计算规则	工作内容
010903001	墙面卷材防水	1. 卷材品种、规格、厚度 2. 防水层数 3. 防水层做法	m^2	按设计图示尺寸以面积计算	1. 基层处理 2. 刷黏结剂 3. 铺防水卷材 4. 接缝、嵌缝
010903002	墙面涂膜防水	1. 防水膜品种 2. 涂膜厚度、遍数 3. 增强材料种类			1. 基层处理 2. 刷基层处理剂 3. 铺布、喷涂防水层
010903003	墙面砂浆防水(防潮)	1. 防水层做法 2. 砂浆厚度、配合比 3. 钢丝网规格			1. 基层处理 2. 挂钢丝网片 3. 设置分格缝 4. 砂浆制作、运输、摊铺、养护
010903004	墙面变形缝	1. 嵌缝材料种类 2. 止水带材料种类 3. 盖缝材料 4. 防护材料种类	m	按设计图示以长度计算	1. 清缝 2. 填塞防水材料 3. 止水带安装 4. 盖缝制作、安装 5. 刷防护材料

表 9.5　楼(地)面防水、防潮(编码:010904)

项目编码	项目名称	项目特征	计量单位	工程量计算规则	工作内容
010904001	楼(地)面卷材防水	1. 卷材品种、规格、厚度 2. 防水层数 3. 防水层做法 4. 反边高度	m^2	按设计图示尺寸以面积计算: 1. 楼(地)面防水:按主墙间净空面积计算,扣除凸出地面的构筑物、设备基础等所占面积,不扣除间壁墙及单个面积≤0.3 m^2 柱、垛、烟囱和孔洞所占面积 2. 楼(地)面防水反边高度≤300 mm 算作地面防水,反边高度>300 mm 按墙面防水计算	1. 基层处理 2. 刷黏结剂 3. 铺防水卷材 4. 接缝、嵌缝
010904002	楼(地)面涂膜防水	1. 防水膜品种 2. 涂膜厚度、遍数 3. 增强材料种类 4. 反边高度			1. 基层处理 2. 刷基层处理剂 3. 铺布、喷涂防水层
010904003	楼(地)面砂浆防水(防潮)	1. 防水层做法 2. 砂浆厚度、配合比 3. 反边高度			1. 基层处理 2. 砂浆制作、运输、摊铺、养护
010904004	楼(地)面变形缝	1. 嵌缝材料种类 2. 止水带材料种类 3. 盖缝材料 4. 防护材料种类	m	按设计图示以长度计算	1. 清缝 2. 填塞防水材料 3. 止水带安装 4. 盖缝制作安装 5. 刷防护材料

▶ 9.3.2　保温隔热反腐工程量清单计算规则与说明

《房屋建筑与装饰工程工程量计算规范》(GB 50854—2013)中的保温、隔热、防腐工程，主要分为保温、隔热，防腐面层，其他防腐3个子分部。清单工程量计算规则见表9.6。未列出部分详见清单附录K。

表9.6　保温、隔热(编码:011001)

项目编码	项目名称	项目特征	计量单位	工程量计算规则	工作内容
011001001	保温隔热屋面	1. 保温隔热材料品种、规格、厚度 2. 隔气层材料品种、厚度 3. 黏结材料种类、做法 4. 防护材料种类、做法	m^2	按设计图示尺寸以面积计算。扣除面积>0.3 m^2孔洞及占位面积	1. 基层清理 2. 刷黏结材料 3. 铺粘保温层 4. 铺、刷(喷)防护材料
011001002	保温隔热天棚	1. 保温隔热面层材料品种、规格、性能 2. 保温隔热材料品种、规格及厚度 3. 黏结材料种类及做法 4. 防护材料种类及做法		按设计图示尺寸以面积计算。扣除面积>0.3 m^2上柱、垛、孔洞所占面积，与天棚相连的梁按展开面积，计算并入天棚工程量内	
011001003	保温隔热墙面	1. 保温隔热部位 2. 保温隔热方式 3. 踢脚线、勒脚线保温做法 4. 龙骨材料品种、规格 5. 保温隔热面层材料品种、规格、性能 6. 保温隔热材料品种、规格及厚度 7. 增强网及抗裂防水砂浆种类 8. 黏结材料种类及做法 9. 防护材料种类及做法		按设计图示尺寸以面积计算。扣除门窗洞口以及面积>0.3 m^2梁、孔洞所占面积；门窗洞口侧壁以及与墙相连的柱，并入保温墙体工程量内	1. 基层清理 2. 刷界面剂 3. 安装龙骨 4. 填贴保温材料 5. 保温板安装 6. 粘贴面层 7. 铺设增强格网、抹抗裂、防水砂浆面层 8. 嵌缝 9. 铺、刷(喷)防护材料
011001004	保温柱、梁			按设计图示尺寸以面积计算 1. 柱按设计图示柱断面保温层中心线展开长度乘以保温层高度以面积计算，扣除面积>0.3 m^2梁所占面积 2. 梁按设计图示梁断面保温层中心线展开长度乘以保温层长度以面积计算	

续表

项目编码	项目名称	项目特征	计量单位	工程量计算规则	工作内容
011001005	保温隔热楼地面	1. 保温隔热部位 2. 保温隔热材料品种、规格、厚度 3. 隔气层材料品种、厚度 4. 黏结材料种类、做法 5. 防护材料种类、做法	m^2	按设计图示尺寸以面积计算。扣除面积 >0.3 m^2 柱、垛、孔洞等所占面积。门洞、空圈、暖气包槽、壁龛的开口部分不增加面积	1. 基层清理 2. 刷黏结材料 3. 铺粘保温层 4. 铺、刷（喷）防护材料
011001006	其他保温隔热	1. 保温隔热部位 2. 保温隔热方式 3. 隔气层材料品种、厚度 4. 保温隔热面层材料品种、规格、性能 5. 保温隔热材料品种、规格及厚度 6. 黏结材料种类及做法 7. 增强网及抗裂防水砂浆种类 8. 防护材料种类及做法	m^2	按设计图示尺寸以展开面积计算。扣除面积 >0.3 m^2 孔洞及占位面积	1. 基层清理 2. 刷界面剂 3. 安装龙骨 4. 填贴保温材料 5. 保温板安装 6. 粘贴面层 7. 铺设增强格网、浆面层 8. 嵌缝 9. 铺、刷（喷）防护材料

9.4 本章工程综合案例分析

【例 9.6】 某公共建筑工程如图 9.20 所示，屋面为不上人保温隔热屋面，檐口标高 21.8 m，室外散水顶标高 -0.3 m，屋面排水管为直径 75 mm 的塑料管，图中虚线表示架空隔热板实铺的部位。求：(1)试列项计算该屋面工程清单、定额工程量；(2)计算其清单综合单价和合价（不考虑一般风险和人材机价差，计算结果保留两位小数）。屋面具体做法从下到上如下：

①保护层：C20 架空隔热板 500 mm×500 mm×30 mm；

②防水层：SBS 改性沥青防水卷材 2 层，热熔铺贴；

③找平层：20 mm 厚 1∶2.5 水泥砂浆；

④保温层：1∶8水泥陶粒最薄处 60 mm；

⑤结合层：刷素水泥浆一道；

⑥找平层:20 mm 厚 1:3水泥砂浆;

⑦结构层:现浇钢筋混凝土屋面板。

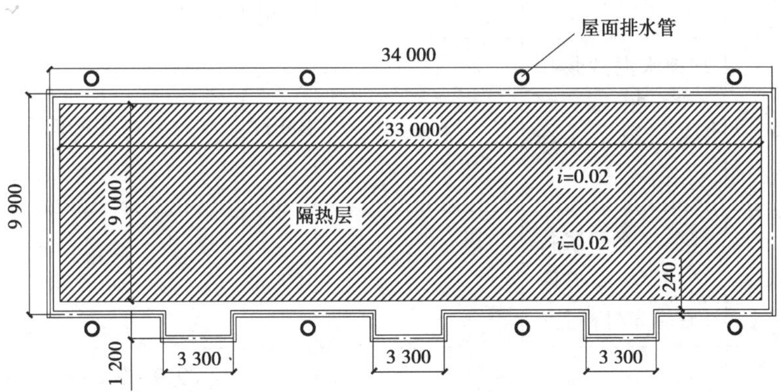

图 9.20　屋面平面图

【解】　(1)依据《房屋建筑与装饰工程工程量计算规范》(GB 50854—2013)所列清单、定额工程量,见表 9.7。(计算结果保留两位小数)

表 9.7　分部分项工程量清单

序号	项目编码	项目名称	项目特征	计量单位	工程量计算式	工程量
1	010902001001	屋面卷材防水	SBS 改性沥青防水卷材 2 层，热熔铺贴	m^2	(9.9 − 0.24) × (34 − 0.24) + 1.2 × (3.3 − 0.24) × 3 + [(9.9 − 0.24 + 34 − 0.24) × 2 + 1.2 × 6] × 0.25	360.65
1.1	AJ0013	改性沥青防水卷材热熔法一层		100 m^2	同清单	3.61
1.2	AJ0014	改性沥青卷材热熔法每增加一层		100 m^2	同清单	3.61
2	011001001001	保温隔热屋面	1. 保护层:C20 架空隔热板 500 mm × 500 mm × 30 mm 2. 找平层:20 mm 厚 1:2.5 水泥砂浆 3. 保温层:1:8 水泥陶粒最薄处 60 mm 4. 结合层:刷素水泥浆一道 5. 找平层:20 mm 厚 1:3水泥砂浆	m^2	(9.9 − 0.24) × (34 − 0.24) + 1.2 × (3.3 − 0.24) × 3	337.14

续表

序号	项目编码	项目名称	项目特征	计量单位	工程量计算式	工程量
2.1	AL0001	现拌水泥砂浆找平层 20 mm 厚(在混凝土或硬基层上)		100 m^2	同清单	3.37
2.2	AL0004	现拌水泥砂浆找平层 20 mm 厚(在填充材料上)		100 m^2	同清单	3.37
2.3	KB0060	屋面保温水泥陶粒 1∶8		10 m^3	{[(9.9－0.24)/2×0.02＋0.06]/2}×[(9.9－0.24)×(34－0.24)＋1.2×(3.3－0.24)×3]	2.64
2.4	AE0246	预制混凝土小型构件		10 m^3	33×9×0.03	0.89
3	010902004001	屋面排水管	直径 75 mm 的塑料水落管	m	(21.8＋0.3)×8	176.8
3.1	AJ0034	塑料水落管(直径 75 mm)		10 m	同清单	17.68

(2)查《重庆市房屋建筑与装饰工程计价定额》(CQJZZSDE—2018)计算出相应定额子目的综合合价,见表 9.8。(计算结果保留两位小数)

表 9.8　定额子目综合合价

定额子目	AJ0013	AJ0014	AL0001	AL0004	KB0060	AE0246	AJ0034
综合单价	4 418.81 (元/100 m^2)	3 551.88 (元/100 m^2)	1 750.65 (元/100 m^2)	1 868.75 (元/100 m^2)	2 234.24 (元/10^3)	5 946.8 (元/10^3)	198.97 (元/10 m)
工程量	3.61	3.61	3.37	3.37	2.64	0.89	17.68
综合合价/元	15 951.90	12 822.29	5 899.69	6 297.69	5 898.39	5 292.65	3 517.79

(3)本工程保温隔热不上人屋面清单综合单价及合价见表 9.9。

表9.9　分部分项工程量清单计价表

序号	项目编号	项目名称	项目特征描述	计量单位	工程量	金额/元	
						综合单价	合价
1	010902001001	屋面卷材防水	SBS改性沥青防水卷材2层，热熔铺贴	m^2	360.65	79.78	28 774.19
2	011001001001	保温隔热屋面	1. 保护层：C20架空隔热板500 mm×500 mm×30 mm 2. 找平层：20 mm厚1∶2.5水泥砂浆 3. 保温层：1∶8水泥陶粒最薄处60 mm 4. 结合层：刷素水泥浆一道 5. 找平层：20 mm厚1∶3水泥砂浆	m^2	337.14	69.37	23 388.42
3	010902004001	屋面排水管	直径75 mm的塑料水落管	m	176.8	19.90	3 517.79

10 技术措施项目工程量计算

10.1 概述

技术措施项目包括脚手架工程、混凝土模板及支架工程、垂直运输、超高施工增加、大型机械设备进出场及安拆、施工排水、降水、安全文明施工及其他措施项目。这些项目的费用都是设计图纸中没有的“其他”有助于“工程”形成的项目。

技术措施项目的工程量计算较为简单,但在套用计价定额时,一定要熟悉定额的相关说明,严格按照定额规定进行基价计算和工、料、机分析。

1)脚手架

脚手架是为了工程施工而搭设的上料、堆料与施工作业用的临时平台。脚手架按搭设的位置分为外脚手架、里脚手架;按材料不同分为木脚手架、竹脚手架、钢管脚手架;按构造形式分为立杆式脚手架、桥式脚手架、门式脚手架、悬吊式脚手架、挂式脚手架、挑式脚手架、爬式脚手架。

2)混凝土模板及支架(撑)

模板工程是指现浇混凝土成型的模板以及支承模板的一整套构造体系。其中,接触混凝土并控制预定尺寸、形状、位置的构造部分称为模板,支持和固定模板的杆件、桁架、联结件、金属附件、工作便桥等构成支承体系,对于滑动模板,自升模板则增设提升动力以及提升架、平台等构成。

3)垂直运输

(1)垂直运输的概念

垂直运输是指一个单位工程在建设过程中把建筑材料及施工人员从室外地坪运送到相应的建筑高度(楼层高度)所发生的上下运输费用。

(2)垂直运输工具

在施工现场用于垂直运输的机械主要有3种:塔式起重机、龙门架(井字架)物料提升机和外用电梯。

4)大型机械进出场及安拆费

建筑工程中用到的大型机械主要有如下几种:

(1)挖掘机械

挖掘机械如单斗挖掘机(又可分为履带式挖掘机和轮胎式挖掘机)、多斗挖掘机(又可分为轮斗式挖掘机和链斗式挖掘机)、多斗挖沟机(又可分为轮斗式挖沟机和链斗式挖沟机)、滚动挖掘机、铣切挖掘机、隧洞掘进机(包括盾构机械)等。

(2)铲土运输机械

铲土运输机械如推土机(又可分为轮胎式推土机和履带式推土机)、铲运机(又可分为履带自行式铲运机、轮胎自行式铲运机和拖式铲运机)、装载机(又可分为轮胎式装载机和履带式装载机)、平地机(又可分为自行式平地机和拖式平地机)、运输车(又可分为单轴运输车和双轴牵引运输车)、平板车和自卸汽车等。

(3)起重机械

起重机械如塔式起重机、自行式起重机、桅杆起重机、抓斗起重机等。

(4)压实机械

压实机械如轮胎压路机、光面轮压路机、单足式压路机、振动压路机、夯实机、捣固机等。

(5)桩工机械

桩工机械如钻孔机、柴油打桩机、振动打桩机、压桩机等。

(6)钢筋混凝土机械

钢筋混凝土机械如混凝土搅拌机、混凝土搅拌站、混凝土搅拌楼、混凝土输送泵、混凝土搅拌输送车、混凝土喷射机、混凝土振动器、钢筋加工机械等。

(7)路面机械

路面机械如平整机、道碴清筛机等。

(8)凿岩机械

凿岩机械如凿岩台车、风动凿岩机、电动凿岩机、内燃凿岩机和潜孔凿岩机等。

(9)其他工程机械

其他工程机械如架桥机、气动工具(风动工具)等。

▶ 10.1.1 技术措施项目定额说明

1)一般说明

①本章定额包括脚手架工程、垂直运输、超高施工增加费、大型机械设备进出场及安拆等。

②建筑物檐高是以设计室外地坪至檐口滴水的高度(平屋顶是指屋面板底高度,斜屋面是指外墙外边线与斜屋面板底的交点)为准。凸出主体建筑物屋顶的楼梯间、电梯间、水箱间、屋面天窗、构架、女儿墙等不计入檐高之内。

③同一建筑物有不同檐高时,按建筑物的不同檐高纵向分割,分别计算建筑面积,并按各自的檐高执行相应子目。

④同一建筑物有几个室外地坪标高或檐口标高时,应按纵向分割的原则分别确定檐高;室外地坪标高以同一室内地坪标高面相应的最低室外地坪标高为准。

2)脚手架工程

①本章脚手架是按钢管式脚手架编制的,施工中实际采用竹、木或其他脚手架时,不允许调整。

②综合脚手架和单项脚手架已综合考虑了斜道、上料平台、防护栏杆和水平安全网。

③本章定额未考虑地下室架料拆除后超过 30 m 的人工水平转运,发生时按实计算。

④各项脚手架消耗量中未包括脚手架基础加固。基础加固是指脚手架立杆下端以下或脚手架底座以下的一切做法(如混凝土基础、垫层等),发生时按批准的施工组织设计计算。

⑤综合脚手架:

A. 凡是能够按"建筑面积计算规则"计算建筑面积的建筑工程,均按综合脚手架定额项目计算脚手架摊销费。

B. 综合脚手架已综合考虑了砌筑、浇筑、吊装、一般装饰等脚手架费用,除满堂基础和 3.6 m以上的天棚吊顶、幕墙脚手架及单独二次设计的装饰工程按规定单独计算外,不再计算其他脚手架摊销费。

C. 综合脚手架已包含外脚手架摊销费,其外脚手架按悬挑式脚手架、提升式脚手架综合考虑,外脚手架高度在 20 m 以上,外立面按有关要求或批准的施工组织设计采用落地式等双排脚手架进行全封闭的,另执行相应高度的双排脚手架子目,人工乘以系数 0.3,材料乘以系数 0.4。

D. 多层建筑综合脚手架按层高 3.6 m 以内进行编制,如层高超过 3.6 m 时,该层综合脚手架按每增加 1.0 m(不足 1 m 按 1 m 计算)增加系数 10% 计算。

E. 执行综合脚手架的建筑物,有下列情况时,另执行单项脚手架子目:

a. 砌筑高度在 1.2 m 以外的管沟墙及砖基础,按设计图示砌筑长度乘以高度以面积计算,执行里脚手架子目。

b. 建筑物内的混凝土储水(油)池、设备基础等构筑物,按相应单项脚手架计算。

c. 建筑装饰造型及其他功能需要在屋面上施工现浇混凝土排架按双排脚手架计算。

d. 按照建筑面积计算规范的有关规定未计入建筑面积,但施工过程中需搭设脚手架的部位(连梁),应另外执行单项脚手架项目。

⑥单项脚手架。

a. 凡不能按"建筑面积计算规则"计算建筑面积的建筑工程,确需搭设脚手架时,按单项脚手架项目计算脚手架摊销费。

b. 单项脚手架按施工工艺分项工程编制,不同分项工程应分别计算单项脚手架。

c. 悬空脚手架是通过特设的支承点用钢丝绳沿对墙面拉起,工作台在上面滑移施工,适用于悬挑宽度在 1.2 m 以上的有露出屋架的屋面板勾缝、油漆或喷浆等部位。

d. 挑脚手架是指悬挑宽度在 1.2 m 以内的采用悬挑形式搭设的脚手架。

e. 满堂式钢管支承架是指在纵、横方向,由不小于三排立杆并与水平杆、水平剪刀撑、竖向剪刀撑、扣件等构成,为钢结构安装或浇筑混凝土构件等搭设的承力支架。只包括搭拆的费用,使用费根据设计(含规范)或批准的施工组织设计另行计算。

f. 满堂脚手架是指在纵、横方向,由不小于三排立杆并与水平杆、水平剪刀撑、竖向剪刀撑、扣件等构成的操作脚手架。

g. 水平防护架和垂直防护架,均指在脚手架以外,单独搭设的用于车马通道、人行通道、临街防护和施工与其他物体隔离的水平及垂直防护架。

h. 安全过道是指在脚手架以外,单独搭设的用于车马通行、人行通行的封闭通道。不含两侧封闭防护,发生时另行计算。

i. 建筑物垂直封闭是在利用脚手架的基础上挂网的工序,不包含脚手架搭拆。

j. 采用单排脚手架搭设时,按双排脚手架子目乘以系数 0.7。

k. 水平防护架子目中的脚手板是按单层编制的,实际按双层或多层铺设时,按实铺层数增加脚手板耗料,支撑架料耗量增加 20%,其他不变。

l. 砌砖工程高度在 1.35 ~3.6 m 以内者,执行里脚手架子目;高度在 3.6 m 以上者执行双排脚手架子目。砌石工程(包括砌块)、混凝土挡墙高度超过 1.2 m 时,执行双排脚手架子目。

m. 建筑物水平防护架、垂直防护架、安全通道、垂直封闭子目是按 8 个月施工期(自搭设之日起至拆除日期)编制的。超过 8 个月施工期的工程,子目中的材料应乘以系数,其他不变。

n. 双排脚手架高度超过 110 m 时,高度每增加 50 m,人工增加 5%,材料、机械增加 10%。

o. 装饰工程脚手架按本章相应单项脚手架子目执行;采用高度 50 m 以上的双排脚手架子目,人工、机械不变,材料乘以系数 0.4;采用高度 50 m 以下的双排脚手架子目,人工、机械不变,材料乘以系数 0.6。

⑦其他脚手架:电梯井架每一电梯台数为一孔,即为一座。

3)垂直运输

①本章施工机械是按常规施工机械编制的,实际施工不同时不允许调整,特殊建筑经建设、监理单位及专家论证审批后允许调整。

②垂直运输工作内容,包括单位工程在合理工期内完成全部工程项目所需的垂直运输机械台班,除本定额已编制的大型机械进出场及安拆子目外,其他垂直运输机械的进出场费、安拆费用已包括在台班单价中。

③本章垂直运输子目不包含基础施工所需的垂直运输费用,基础施工时按批准的施工组织设计按实计算。

④本定额多、高层垂直运输按层高 3.6 m 以内进行编制,如层高超过 3.6 m 时,该层垂直运输按每增加 1.0 m(不足 1 m 按 1 m 计算)增加系数 10% 计算。

⑤檐高 3.6 m 以内的单层建筑,不计算垂直运输机械。

⑥单层建筑物按不同结构类型及檐高 20 m 综合编制,多层、高层建筑物按不同檐高编制。

⑦地下室/半地下室垂直运输的规定如下:

a. 地下室无地面建筑物(或无地面建筑物的部分),按地下室结构顶面至底板结构上表面高差(以下简称“地下室深度”)作为檐高。

b. 地下室有地面建筑的部分,“地下室深度”大于其上地面建筑檐高时,以“地下室深度”作为计算垂直运输的檐高。“地下室深度”小于其上的地面建筑檐高时,按地面建筑相应檐高计算。

c. 垂直运输机械布置于地下室底层时,檐高应以布置点的地下室底板顶标高至檐口的高度计算,执行相应檐高的垂直运输子目。

4)超高施工增加

①超高施工增加是指单层建筑物檐高大于 20 m、多层建筑物大于 6 层或檐高大于 20 m 的人工、机械降效、通信联络、高层加压水泵的台班费。

②单层建筑物檐高大于 20 m 时,按综合脚手架面积计算超高施工降效费,执行相应檐高定额子目乘以系数 0.2;多层建筑物大于 6 层或檐高大于 20 m 时,均应按超高部分的脚手架面积计算超高施工降效费,超过 20 m 且超过部分高度不足所在层的层高时,按一层计算。

5)大型机械设备进出场及安拆

(1)固定式基础

①塔式起重机基础混凝土体积是按 30 m^3 以内综合编制的,施工电梯基础混凝土体积是按 8 m^3 以内综合编制的,实际基础混凝土体积超过规定值时,超过部分执行混凝土及钢筋混凝土工程章节中的相应子目。

②固定式基础包含基础土石方开挖,不包含余渣运输等工作内容,发生时按相应项目另行计算。基础如需增设桩基础时,其桩基础项目另外执行基础工程章节中的相应子目。按施工组织设计或方案施工的固定式基础实际钢筋用量不同时,其超过定额消耗量部分执行现浇钢筋制作安装定额子目。

③自升式塔式起重机是按固定式基础、带配重确定的。不带配重的自升式塔式起重机固定式基础,按施工组织设计或方案另行计算。

④自升式塔式起重机行走轨道按施工组织设计或方案另行计算。

⑤混凝土搅拌站的基础按基础工程章节相应项目另行计算。

(2)特、大型机械安装及拆卸

①自升式塔式起重机是以塔高 45 m 确定的,如塔高超过 45 m,每增高 10 m(不足 10 m 按 10 m 计算),安拆项目增加 20%。

②塔机安拆高度按建筑物塔机布置点地面至建筑物结构最高点加 6 m 计算。

③安拆台班中已包括机械安装完毕后的试运转台班。

(3)特、大型机械场外运输

①机械场外运输是按运距 30 km 考虑的。

②机械场外运输综合考虑了机械施工完毕后回程的台班。

③自升式塔机是以塔高 45 m 确定的,如塔高超过 45 m,每增高 10 m,场外运输项目增加 10%。

10.2　定额工程量计算

10.2.1　脚手架工程量计算规则

1)综合脚手架

综合脚手架面积按建筑面积及附加面积之和以"m^2"计算。建筑面积按《建筑面积计算规则》计算;不能计算建筑面积的屋面架构、封闭空间等的附加面积,按以下规则计算。

①屋面现浇混凝土水平构架的综合脚手架面积应按以下规则计算:建筑装饰造型及其他功能需要在屋面上施工现浇混凝土构架,高度在2.20 m以上时,其面积大于或等于整个屋面面积1/2者,按其构架外边柱外围水平投影面积的70%计算;其面积大于或等于整个屋面面积1/3者,按其构架外边柱外围水平投影面积的50%计算;其面积小于整个屋面面积1/3者,按其构架外边柱外围水平投影面积的25%计算。

②结构内的封闭空间(含空调间)净高满足$1.2\ m<h<2.1\ m$时,按1/2面积计算;净高$h>2.1\ m$时,按全面积计算。

③高层建筑设计室外不加以利用的板或有梁板,按水平投影面积的1/2计算。

④骑楼、过街楼底层的通道按通道长度乘以宽度,以全面积计算。

2)单项脚手架

①双排脚手架、里脚手架均按其服务面的垂直投影面积以"m^2"计算,其中:

a. 不扣除门窗洞口和空圈所占面积。

b. 独立砖柱高度在3.6 m以内者,按柱外围周长乘以实砌高度按里脚手架计算;高度在3.6 m以上者,按柱外围周长加3.6 m乘以实砌高度,按单排脚手架计算;独立混凝土柱按柱外围周长加3.6 m乘以浇筑高度,按双排脚手架计算。

c. 独立石柱高度在3.6 m以内者,按柱外围周长乘以实砌高度计算工程量;高度在3.6 m以上者,按柱外围周长加3.6 m乘以实砌高度计算工程量。

d. 围墙高度从自然地坪至围墙顶计算,长度按墙中心线计算,不扣除门所占的面积,但门柱和独立门柱的砌筑脚手架不增加。

②悬空脚手架按搭设的水平投影面积以"m^2"计算。

③挑脚手架按搭设长度乘以搭设层数以"延长米"计算。

④满堂脚手架按搭设的水平投影面积以"m^2"计算,不扣除垛、柱所占的面积。满堂基础脚手架工程量按其底板面积计算。高度在3.6~5.2 m时,按满堂脚手架基本层计算;高度超过5.2 m时,每增加1.2 m,按增加一层计算,增加层的高度若在0.6 m以内,舍去不计。

⑤满堂式钢管支架工程量按搭设的水平投影面积乘以支撑高度以"m^3"计算,不扣除垛、柱所占的体积。

⑥水平防护架按脚手板实铺的水平投影面积以"m^2"计算。

⑦垂直防护架以两侧立杆之间的距离乘以高度(从自然地坪算至最上层横杆)以"m^2"计算。

⑧安全过道按搭设的水平投影面积以"m^2"计算。

⑨建筑物垂直封闭工程量按封闭面的垂直投影面积以“m^2”计算。

⑩电梯井字架按搭设高度以“座”计算。

▶ 10.2.2 混凝土模板工程量计算规则

现浇混凝土构件模板工程量的分界规则与现浇混凝土构件工程量的分界规则一致，其工程量的计算除本章另有规定者外，均按模板与混凝土的接触面积以“m^2”计算。

①独立基础高度从垫层上表面计算至柱基上表面。

②地下室底板按无梁式满堂基础模板计算。

③设备基础地脚螺栓套孔模板分不同长度按数量以“个”计算。

④构造柱均应按图示外露部分计算模板面积，构造柱与墙接触面不计算模板面积。带马牙槎构造柱的宽度按设计宽度每边另加 150 mm 计算。

⑤现浇钢筋混凝土墙、板上单孔面积≤0.3 m^2 的孔洞不予扣除，洞侧壁模板亦不增加，单孔面积 >0.3 m^2 时，应予扣除，洞侧壁模板面积并入墙、板模板工程量内计算。

⑥柱与梁、柱与墙、梁与梁等连接重叠部分，以及伸入墙内的梁头、板头与砖接触部分，均不计算模板面积。

⑦现浇混凝土悬挑板、雨篷、阳台，按图示外挑部分的水平投影面积以“m^2”计算。挑出墙外的悬臂梁及板边不另计算。

⑧现浇混凝土楼梯（包括休息平台、平台梁、斜梁和楼层板的连接梁），按水平投影面积以“m^2”计算，不扣除宽度小于 500 mm 楼梯井所占面积，楼梯的踏步、踏步板、平台梁等侧面模板不另行计算，伸入墙内部分亦不增加。当整体楼梯与现浇楼板无梯梁连接且无楼梯间时，以楼梯的最后一个踏步边缘加 300 mm 为界。

⑨混凝土台阶不包括梯带，按设计图示台阶的水平投影面积以“m^2”计算，台阶端头两侧不另计算模板面积；架空式混凝土台阶按现浇楼梯计算。

⑩空心楼板筒芯安装和箱体安装按设计图示体积以“m^3”计算。

⑪后浇带的宽度按设计或经批准的施工组织设计（方案）规定宽度每边另加 150 mm 计算。

⑫零星构件按设计图示体积以“m^3”计算。

【例 10.1】 如图 10.1、图 10.2 所示为某工程独立基础平面图及剖面图，垫层厚 100 mm，试计算垫层和基础的模板工程量。

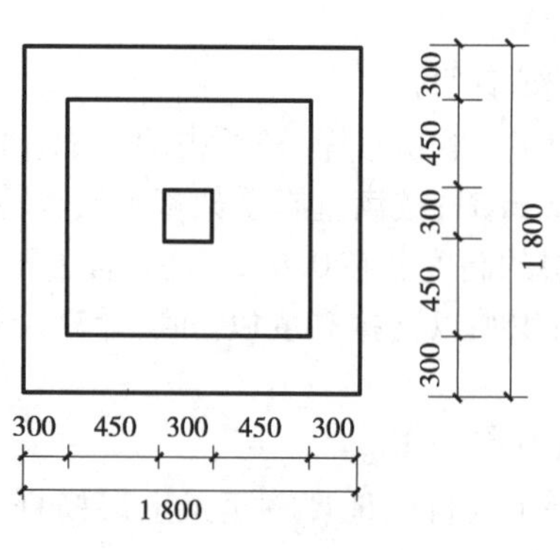

图 10.1 基础平面图

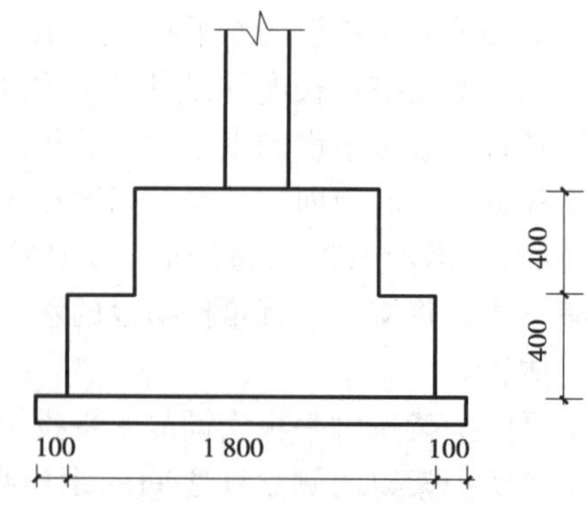

图 10.2 基础剖面图

【解】 垫层模板工程量 $=(1.8+0.1\times2)\times4\times0.1=0.8(\text{m}^2)$

基础模板工程量 $=1.8\times4\times0.4+(1.8-0.3\times2)\times4\times0.4=4.8(\text{m}^2)$

【例 10.2】 如图 10.3 所示，该图为某框架结构建筑物某层现浇混凝土及钢筋混凝土柱梁板结构图，层高 3 m，板厚 120 mm，梁、板顶标高为 +6.000 m，柱的区域部分为(+3.000～+6.000 m)。模板单列，不计入混凝土实体项目综合单价，不采用清水模板。试计算该层现浇混凝土模板工程的工程量。

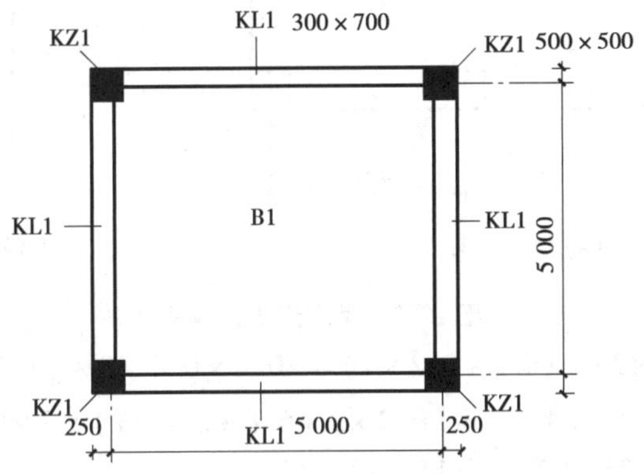

图 10.3 某工程现浇混凝土柱梁板结构示意图

【解】 矩形柱模板工程量 $=4\times(3\times0.5\times4-0.3\times0.7\times2-0.2\times0.12\times2)=22.13(\text{m}^2)$

矩形梁模板工程量 $=[4.5\times(0.7\times2+0.3)-4.5\times0.12]\times4=28.44(\text{m}^2)$

板模板工程量 $=(5.5-2\times0.3)\times(5.5-2\times0.3)-0.2\times0.2\times4=23.85(\text{m}^2)$

【例 10.3】 如图 10.4 所示，若构造柱外露宽为 240 mm，马牙槎宽度为 60 mm，墙体高度为 24 m，求构造柱模板工程量。

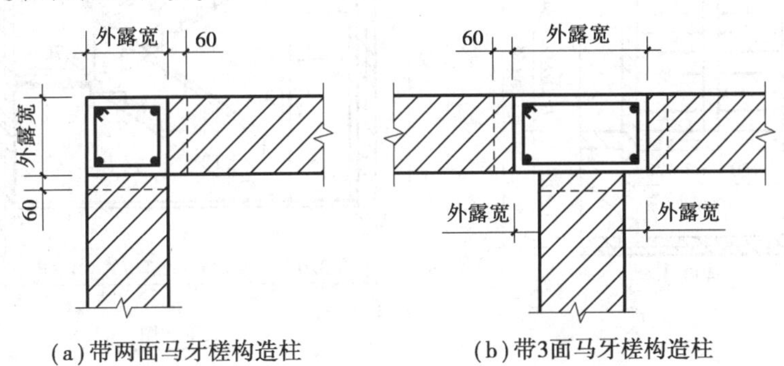

(a)带两面马牙槎构造柱　　(b)带3面马牙槎构造柱

图 10.4 构造柱外露宽需支模板示意图

【解】 构造柱均应按图示外露部分计算模板面积，构造柱与墙接触面不计算模板面积。带马牙槎构造柱的宽度按设计宽度每边另加 150 mm 计算。

构造柱外墙面工程量 $=(0.24+0.15+0.24+0.15)\times24=18.72(\text{m}^2)$

【例 10.4】 求如图 10.5(a)所示现浇板的模板工程量(板厚 120 mm)，最外面轴线距梁外边线 200 mm。

【解】 在支柱模板时，预留梁的洞口，如图(b)所示。所求模板工程即求梁、板的模板接触面。

$S_{梁}=[(4.6-0.2\times2)\times2\times(0.6-0.12)+(4.6-0.2\times2)\times0.25]\times6+[(6.8-0.2\times$

2) ×2 ×(0. 6 −0. 12) +(6. 8 −0. 2 ×2) ×0. 3] ×4 =62. 75(m²)

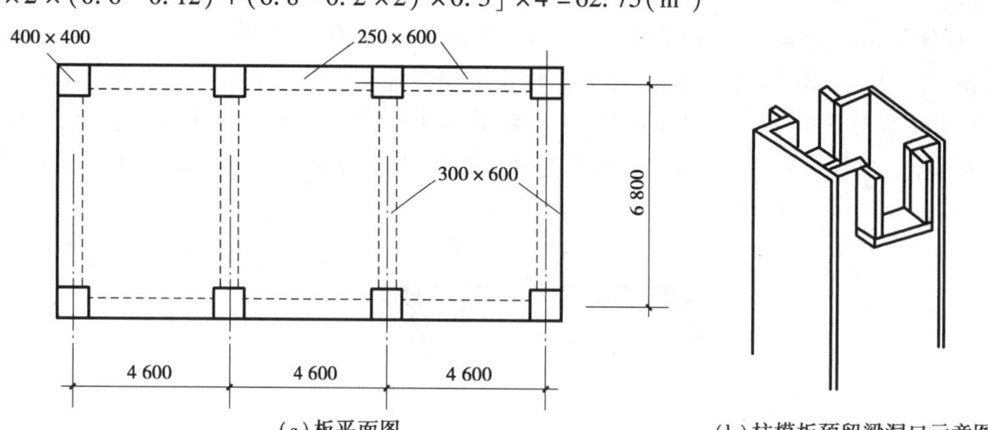

(a)板平面图

(b)柱模板预留梁洞口示意图

图 10. 5 某现浇板示意图

$S_{板}$ =(4. 6 ×3 +0. 2 ×2) ×(6. 8 +0. 2 ×2) −[0. 4 ×0. 4 ×8 +(4. 6 −0. 2 ×2) ×0. 25 ×6 +(6. 8 −0. 2 ×2) ×0. 3 ×4] +(4. 6 ×3 +0. 2 ×2 +6. 8 +0. 2 ×2) ×2 ×0. 12 =92. 12(m²)

$S_{模板}$ = $S_{梁}$ + $S_{板}$ =62. 75 +92. 12 =154. 87(m²)

【例 10.5】 计算如图 10.6 所示现浇钢筋混凝土楼梯的工程量,其中,梯梁截面尺寸都为 240 mm ×240 mm,墙厚 240 mm,轴线为墙中心线。

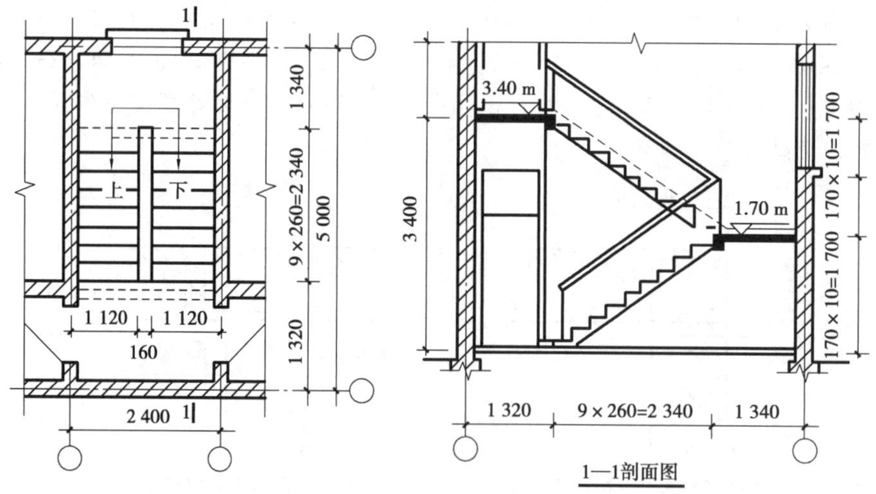

图 10. 6 钢筋混凝土楼梯

【解】 楼梯模板工程量 =(2. 4 −0. 24) ×(2. 34 +1. 34 −0. 12 +0. 24) =8. 208(m²)

▶ 10. 2. 3 垂直运输工程量计算规则

建筑物垂直运输面积,应分单层、多层和檐高,按综合脚手架面积以“m²”计算。

▶ 10. 2. 4 建筑物超高人工、机械降效工程量计算规则

超高施工增加工程量应分不同檐高,按建筑物超高(单层建筑物檐高 >20 m,多层建筑物大于 6 层或檐高 >20 m)部分的综合脚手架面积以“m²”计算。

【例 10.6】 某高层建筑如图 10.7 所示，框剪结构，女儿墙高度为 1.8 m，垂直运输采用自升式塔式起重机及单笼施工电梯。试计算该高层建筑物的垂直运输、超高施工增加的分部分项工程量。

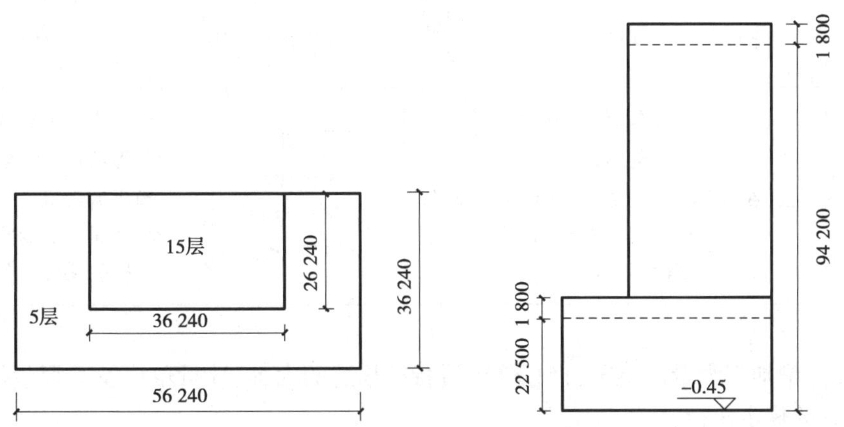

图 10.7 某高层建筑示意图

【解】 垂直运输(檐高 94.2 m 以内) = 26.24 × 36.24 × 5 + 36.24 × 26.24 × 15 = 19 018.75(m^2)

垂直运输(檐高 22.5 m 以内) = (56.24 ×36.24 −36.24 ×26.24) ×5 =5 436(m^2)

超高施工增加 =36.24 ×26.24 ×(5 +15 −6) =13 313.13(m^2)

▶ 10.2.5 特、大型机械安拆与场外运输工程量计算规则

①大型机械设备安拆及场外运输按使用机械设备的数量以“台次”计算。

②起重机固定式、施工电梯基础以“座”计算。

10.3 清单工程量计算

脚手架工程工程量清单项目设置、项目特征描述的内容，计量单位及工程量计算规则，应按《房屋建筑与装饰工程工程量计算规范》(GB 50854—2013)附录 S 表 S.1 的规定执行。其中，综合脚手架按建筑面积计算；外脚手架和里脚手架按所服务对象的垂直投影面积计算；悬空脚手架按搭设的水平投影面积计算；挑脚手架按搭设长度乘以搭设层数以延长米计算；满堂脚手架按搭设的水平投影面积计算；整体提升架和外装饰吊篮按所服务对象的垂直投影面积计算。

混凝土模板及支架工程(撑)清单工程量计算规则除雨篷、悬挑板、阳台板是按图示外挑部分尺寸的水平投影面积计算的，挑出墙外的悬臂梁及板边不另计算；楼梯按楼梯(包括休息平台、平台梁、斜梁和楼层板的连接梁)的水平投影面积计算，不扣除宽度≤500 mm 的楼梯井所占面积，楼梯踏步、踏步板、平台梁等侧面模板不另计算，伸入墙内部分亦不增加，其余大部分构件的混凝土模板及支架工程按模板与现浇混凝土构件的接触面积计算。具体按《房屋建筑与装饰工程工程量计算规范》(GB 50854—2013)附录 S 表 S.2 的规定执行。

垂直运输工程量清单项目设置、项目特征描述的内容、计量单位及工程量计算规则,应按表 10.1 的规定执行。

表 10.1　垂直运输(编码:011703)

项目编码	项目名称	项目特征	计量单位	工程量计算规则	工作内容
011703001	垂直运输	1. 建筑物建筑类型及结构形式 2. 地下室建筑面积 3. 建筑物檐口高度、层数	m^2/天	1. 以平方米计量,按建筑面积计算 2. 以天计量,按施工工期日历天数计算	1. 在施工工期内完成全部工程项目所需要的垂直运输机械台班 2. 合同工期期间垂直运输机械的修理与保养

超高施工增加工程量清单项目设置、项目特征描述的内容、计量单位及工程量计算规则,应按表 10.2 的规定执行。

表 10.2　超高施工增加(编码:011704)

项目编码	项目名称	项目特征	计量单位	工程量计算规则	工作内容
011704001	超高施工增加	1. 建筑物建筑类型及结构形式 2. 建筑物檐口高度、层数 3. 单层建筑物檐口高度超过 20 m,多层建筑物超过 6 层部分的建筑面积	m^2	按建筑物超高部分的建筑面积计算	1. 建筑物超高引起的人工工效降低以及由于人工工效降低引起的机械降效 2. 高层施工用水加压水泵的安装、拆除及工作台班 3. 通信联络设备的使用及摊销

大型机械设备进出场及安拆工程量清单项目设置、项目特征描述的内容、计量单位及工程量计算规则,应按表 10.3 的规定执行。

表 10.3　大型机械设备进出场及安拆(编码:011705)

项目编码	项目名称	项目特征	计量单位	工程量计算规则	工作内容
011705001	大型机械设备进出场及安拆	1. 机械设备名称 2. 机械设备规格型号	台次	按使用机械设备的数量计算	1. 安拆费包括施工机械、设备在现场进行安装拆卸所需的人工、材料、机械和试转费用以及机械辅助设施的折旧、搭设、拆除等费用

续表

项目编码	项目名称	项目特征	计量单位	工程量计算规则	工作内容
011705001	大型机械设备进出场及安拆	1. 机械设备名称 2. 机械设备规格型号	台次	按使用机械设备的数量计算	2. 进出场费包括施工机械、设备整体或分体自停放地点运至施工现场或由一施工地点运至另一施工地点所发生的运输、装卸、辅助材料等费用 3. 垂直运输机械的固定装置、基础制作、安装 4. 行走式垂直运输机械轨道的铺设、拆除、摊销

施工降水、排水工程量清单项目设置、项目特征描述的内容、计量单位及工程量计算规则,应按表10.4的规定执行。

表10.4 施工降水、排水(编码:011706)

项目编码	项目名称	项目特征	计量单位	工程量计算规则	工作内容
011706001	成井	1. 成井方式 2. 地层情况 3. 成井直径 4. 井(滤)管类型、直径	m	按设计图示尺寸以钻孔深度计算	1. 准备钻孔机械、埋设护筒、钻机就位;泥浆制作、固壁;成孔、出渣、清孔等 2. 对接上、下井管(滤管),焊接,安放,下滤料,洗井,连接试抽等
011706002	降水、排水	1. 机械规格型号 2. 降排水管规格	昼夜/台班	1. 以昼夜计量,按排、降水日历天数计算 2. 以台班计量,按机械台班数量计算	1. 管道安装、拆除,场内搬运等 2. 抽水、值班、降水设备维修等

11

建设工程定额

11.1　建设工程定额的概念、性质及作用

11.1.1　定额的概念

定额即规定的额度,是指在正常合理的施工技术和组织条件下,生产质量合格的单位产品所消耗的人力、物力、财力和时间等的数量标准。即在合理的劳动组织和合理地使用材料及机械的条件下,预先规定完成单位合格产品所消耗的资源数量的标准,它反映一定时期的社会生产力水平的高低。

在建设工程定额中,单位合格产品的外延是不确定的。它可以指工程建设的最终产品,也可以是建设项目中的某单项工程或单项工程中的单位工程,还可以是单位工程中的分部分项工程。

11.1.2　建设工程定额的性质及作用

1)建设工程定额的性质

(1)科学性

用科学的态度制定定额,尊重客观实际,力求定额水平合理,从而反映出工程建设中生产消费的客观规律;在制定定额的技术方法上,是在长期观察、测定、总结实践生产及广泛搜集资料的基础上制定的。它是对工时分析、动作研究、现场布置、工具设备改革,以及生产技

术与组织的合理配合等各方面进行科学的综合研究后制定的。

(2)系统性

建设工程定额是相对独立的系统,它是由多种定额结合而成的有机整体。其结构复杂、层次鲜明、目标明确。

(3)统一性

建设工程定额的统一性按照其影响力和执行范围来看,有全国统一定额、地区统一定额和行业统一定额等;按照定额的制定、颁布和贯彻使用来看,有统一的程序、统一的原则、统一的要求和统一的用途。

(4)稳定性

定额是相对稳定的,当定额与已经发展了的生产力不相适应时,它的作用就会逐步减弱。当定额不再能起到促进生产力发展的作用时,就要重新编制或修订。保持稳定性是维护权威性所必须的,也是有效贯彻定额所必须的。

(5)时效性

定额都是一定时期技术发展和管理水平的反映,因此在一段时期内都表现出稳定的状态。随着社会生产力水平的提高,定额的使用年限一般为5~10年。

(6)权威性

定额的制定是以科学性为基础,且能反映社会生产力水平,符合市场经济发展规律的,经过一定的程序和一定授权单位审批颁发,反映统一的意思和统一的要求、信誉和信赖。

2)建设工程定额的作用

①是对设计的建筑结构方案进行技术经济比较和对新结构、新材料进行技术经济分析的依据。

②是编制施工组织设计的依据。

③是编制施工图预算,确定工程造价的基础。

④是编制招标标底(招标控制价),进行投标标价的基础。

⑤是建筑企业进行经济活动分析的依据。

⑥是工程结算的依据。

11.2　建设工程定额的分类

建设工程定额是工程建设中各类定额的总称,它包括许多种类的定额。为了对建设工程定额有一个全面的了解,可按照不同的原则和方法对其进行科学的分类。

1)按生产要素分类

按生产要素分,可将建设工程定额分为劳动消耗定额、材料消耗定额和机械台班消耗定额,如图11.1所示。

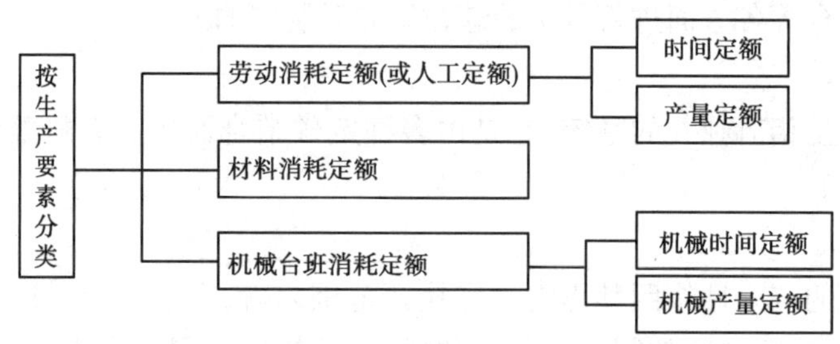

图 11.1　按生产要素分类

(1)劳动消耗定额

劳动消耗定额简称劳动定额(或人工定额),是指在正常的生产技术和生产组织条件下,完成单位合格产品所规定的劳动消耗量标准。为了便于综合和核算,劳动定额大多采用工作时间消耗量计算。

①工人工作时间。工作时间是指工作班的延续时间,建筑企业工作班的延续时间为 8 h(每个工日)。工人工作时间划分为定额时间和非定额时间两大类。工人工作时间示意图如图 11.2 所示。

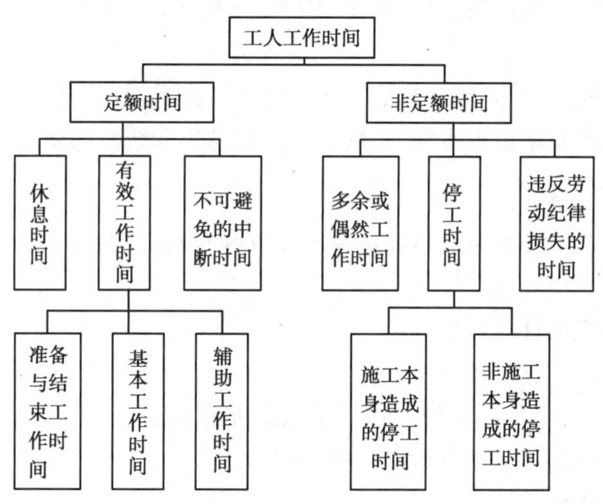

图 11.2　工人工作时间示意图

定额时间是指工人在正常施工条件下,为完成一定数量的产品或任务所必须消耗的工作时间,包括休息时间、有效工作时间、不可避免的中断时间。非定额时间在编制定额时一般不予考虑。

工人工作时间的技术测定法一般有测时法、写实记录法,在取得现场测定资料后,一般采用下列计算公式编制劳动定额。

$$N=\frac{N_{基}\times 100}{100-(N_{辅}+N_{准}+N_{息}+N_{断})}$$

式中　N——单位产品时间定额;

$N_{基}$——完成单位产品的基本工作时间;

$N_{辅}$——辅助工作时间占全部定额工作时间的百分比;

$N_{准}$——准备与结束时间占全部定额工作时间的百分比;

$N_{息}$——休息时间占全部定额工作时间的百分比；

$N_{断}$——不可避免的中断时间占全部定额工作时间的百分比。

【例 11.1】 根据下列现场测定资料，计算每 100 m^2 水泥砂浆抹地面的时间定额。

基本工作时间：1 450 工分/50 m^2；辅助工作时间：占全部工作时间 3%；准备与结束工作时间：占全部工作时间 2%；不可避免的中断时间：占全部工作时间 2.5%；休息时间：占全部工作时间 10%。

【解】 抹 100 m^2 水泥砂浆地面的时间 $= \dfrac{1\ 450 \times 100}{100-(3+2+2.5+10)} \div 50 \times 100 =$ 3 515(工分) = 7.32(工日)

抹水泥砂浆地面的时间定额 = 7.32 工日/100 m^2

②劳动定额的表现形式。劳动定额的表现形式有时间定额和产量定额两种，它们之间是互为倒数的关系。

时间定额也称为人工定额，是指某种专业的工人班组或个人，在正常施工条件下，完成一定计量单位质量合格产品所需消耗的工作时间。单位为工日，即单位产品的工日，如工日/m^3，工日/t 等。时间定额适用于编制劳动计划和统计任务完成情况。

产量定额是指某种专业的工人班组或个人，在正常施工条件下，单位时间(一个工日)完成合格产品的数量。产品数量的计量单位，如 m^3/工日、t/工日、m^2/工日等。产量定额适用于向工人班组下达生产任务。

例如，每砌 1 m^3 砖基础需要时间定额为 0.937 工日，那么每工日综合可砌产量为 1/0.937 = 1.067(m^3)。

【例 11.2】 某抹灰班组有 13 名工人，抹某住宅楼混砂墙面，施工 25 天完成任务，已知产量定额为 10.2m^2/工日。试计算抹灰班应完成的抹灰面积。

【解】 13 名工人施工 25 天的总工日数 = 13 × 25 = 325(工日)

抹灰面积 = 10.2 × 325 = 3 315(m^2)

(2)材料消耗定额

材料消耗定额是指在节约与合理使用材料的条件下，生产单位合格产品所必须消耗的一定规格的工程材料、半成品或配件的数量标准。

按材料分类可分为实体消耗材料和周转性材料，其中，直接构成工程实体所消耗的材料为实体消耗材料，在施工中多次使用而逐渐消耗的工具性材料为周转性材料，如脚手架、模板、挡土板等。

材料消耗量包括直接耗用于建筑安装工程上的构成工程实体的材料、不可避免产生的施工废料、不可避免施工操作损耗，分为材料净用量和材料损耗量。其中，直接构成工程实体的材料称为材料净用量，不可避免产生的施工废料和不可避免施工操作损耗称为材料损耗量。

$$材料损耗量 = 材料损耗率 \times 材料净用量$$

$$材料的消耗量 = 材料净用量 + 材料损耗量 = 材料净用量 \times (1 + 材料损耗率)$$

①砌体材料用量计算一般公式。

每立方米砌体砌块

$$净用量(块) = \frac{1\ m^3\ 砌体}{墙厚 \times (砌块长 + 灰缝) \times (砌块厚 + 灰缝)} \times 墙厚砌块的数量$$

$$砂浆的净用量 = 1\ m^3 砌体 - 砌块净用量 \times 砌块的单位体积$$

$$每立方米砌体砌块消耗量(块) = 砌体砌块的净用量 \times (1 + 砌体砌块损耗率)$$

$$砂浆的消耗量 = 砂浆的净用量 \times (1 + 砂浆损耗率)$$

例如,设 1 m^3 砖砌体净用量中,标准砖为 A 块,砂浆为 B m^3,则 1 $m^3 = A \times$ 一块砖带砂浆的体积,故:

1 m^3 砖砌体砖的净块数为:

$$A = \frac{表示墙厚的砖数 \times 2}{(240 + 10) \times (53 + 10) \times 墙厚}$$

1 m^3 砖砌体砖的损耗量为:

$$A \times (1 + 砖损耗率)$$

1 m^3 砖砌体中砂浆的净用量为:

$$B = 1 - A \times 0.24 \times 0.115 \times 0.053$$

1 m^3 砖砌体中砂浆的消耗量为:

$$B \times (1 + 砂浆损耗率)$$

【例 11.3】 计算 1.5 标准砖外墙每立方米砌体中砖和砂浆的消耗量。(砖和砂浆损耗率均为 1%)

【解】 1 m^3 砌体中砖的净用量:$A = \dfrac{1.5 \times 2}{(0.24 + 0.01) \times (0.053 + 0.01) \times 0.365} = 522$(块)

1 m^3 砌体中砖的消耗量:$522 \times (1 + 1\%) = 527$(块)

1 m^3 砌体中砂浆的净用量:$B = 1 - 522 \times 0.24 \times 0.115 \times 0.053 = 0.236(m^3)$

1 m^3 砌体中砂浆的消耗量:$0.236 \times (1 + 1\%) = 0.238(m^3)$

【例 11.4】 尺寸为 390 mm × 190 mm × 190 mm 的 190 mm 厚混凝土空心砌块墙,灰缝为 10 mm,试计算每立方米砌块墙中空心砌块和砂浆的消耗量。(砌块和砂浆损耗率均为 1.8%)

【解】 1 m^3 砌块墙中空心砌块的净用量 $= \dfrac{1}{0.19 \times (0.39 + 0.01) \times (0.19 + 0.01)} \times 1 =$ 66(块)

1 m^3 砌块墙中空心砌块的消耗量 $= 66 \times (1 + 1.8\%) = 67$(块)

1 m^3 砌块墙中砂浆的净用量 $= 1 - 66 \times 0.19 \times 0.19 \times 0.39 = 0.071(m^3)$

1 m^3 砌块墙中砂浆的消耗量 $= 0.071 \times (1 + 1.8\%) = 0.072(m^3)$

②块料面层材料用量计算一般公式。

$$每\ 100\ m^2\ 块料面层的净用量(块) = \frac{100}{(块料长 + 灰缝) \times (块料宽 + 灰缝)}$$

$$每\ 100\ m^2\ 块料面层的消耗量(块) = 净用量 \times (1 + 块料损耗率)$$

$$每\ 100\ m^2\ 结合层砂浆的净用量 = 100\ m^2 \times 结合层厚度$$

$$每\ 100\ m^2\ 块料面层灰缝砂浆的净用量 = (100 - 块料长 \times 块料宽 \times 块料净用量) \times 灰缝深$$

$$每\ 100\ m^2\ 砂浆的消耗量 = (结合层砂浆净用量 + 灰缝砂浆净用量) \times (1 + 砂浆损耗率)$$

③预制构件模板摊销量计算。预制构件是按多次使用、平均摊销的方法计算模板摊销量,其计算式如下:

模板一次使用量 = 1 m^3 构件模板接触面积 × 1 m^2 接触面积模板净用量 × (1 + 损耗率)

$$\text{模板的摊销量} = \frac{\text{一次使用量}}{\text{周转次数}}$$

【例 11.5】 某预制过梁标准图,经计算每立方米构件的模板接触面积为 10.16 m^2,每平方米接触面积的模板净用量为 0.095 m^3,模板损耗率为 3%,模板周转为 20 次,试计算每立方米预制过梁的模板摊销量。

【解】 计算模板一次使用量:

$$\text{模板一次使用量} = 10.16 \times 0.095 \times (1 + 3\%) = 0.994(m^3)$$

计算模板摊销量:

$$\text{预制过梁模板的摊销量} = \frac{0.994}{20} = 0.050(m^3/m^3)$$

(3)机械台班消耗定额

机械台班消耗定额也称为机械台班定额。它是指施工机械在正常使用条件下,完成单位合格产品所消耗的机械台班数量标准。

【例 11.6】 斗容量 1 m^3 正铲挖土机,挖四类土,装车,深度在 2 m 内,小组成员两个,机械台班产量为 4.76 m^3(定额单位为 100 m^3),试求小组成员的人工时间定额和机械时间定额。

【解】 挖 100 m^3 的人工时间定额为:

$$\frac{\text{小组成员总人数}}{\text{台班产量}} = \frac{2}{4.76} = 0.42(\text{工日})$$

挖 100 m^3 的机械时间定额为:

$$\frac{1}{\text{机械台班产量定额}} = \frac{1}{4.76} = 0.21(\text{台班})$$

2)按定额编制程序和用途分类

按定额编制程序和用途可将建设工程定额分为施工定额、预算定额、概算定额、概算指标和投资估算指标 5 种,如图 11.3 所示。

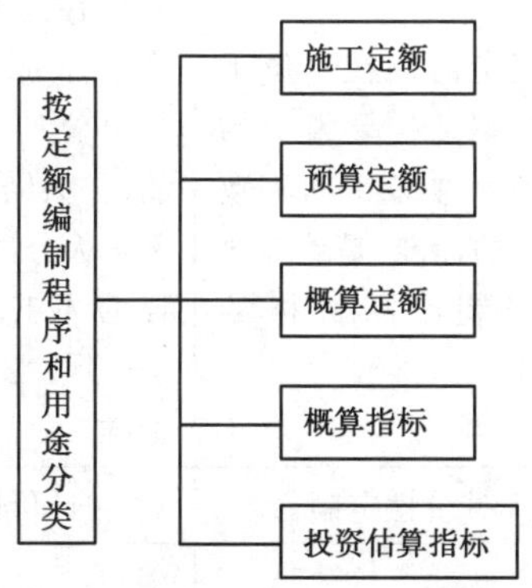

图 11.3 按定额编制程序和用途分类

(1)施工定额

施工定额是施工企业(建筑安装企业)组织生产和加强管理,在企业内部使用的一种定额,属于企业生产定额。它由劳动定额、机械定额和材料定额 3 个相对独立的部分组成。为适应组织生产和管理的需要,施工定额的项目划分很细,是建设工程定额中分项最细、定额子目最多的一种定额,也是建设工程定额中的基础性定额。在预算定额的编制过程中,施工定额的劳动、机械、材料消耗的数量标准,是计算预算定额中劳动、机械、材料消耗数量标准的重要依据。

(2)预算定额

预算定额是在编制施工图预算时,计算工程造价和计算工程中劳动、机械台班、材料需要量使用的一种定额。预算定额是一种计价性定额,在建设工程定额中占有很重要的地位。从编制程序看,预算定额是概算定额的编制基础。

(3)概算定额

概算定额是编制扩大初步设计概算时,计算和确定工程概算造价,计算劳动、机械台班、材料需要量所使用的定额。其项目划分粗细,与扩大初步设计的深度相适应。概算定额一般是预算定额的综合扩大。

(4)概算指标

概算指标是在三阶段设计的初步设计阶段,编制工程概算,计算和确定工程的初步设计概算造价,计算劳动、机械台班、材料需要量时采用的一种定额。这种定额的设定和初步设计的深度相适应。一般是在概算定额和预算定额的基础上编制的,比概算定额更加综合扩大。概算指标是控制项目投资的有效工具,它所提供的数据也是计划工作的依据和参考。

(5)投资估算指标

投资估算指标是在项目建议书和可行性研究阶段编制投资估算、计算投资需要量时使用的一种定额。它非常概略,往往以独立的单项工程或完整的工程项目为计算对象。其概略程度与可行性研究阶段相适应。投资估算指标往往根据历史的预算、决算资料和价格变动等资料编制,但其编制基础仍然离不开预算定额和概算定额。

以上各种定额,它们之间的关系和差异见表11.1。

表11.1 不同定额的特点对比

名称	施工定额	预算定额	概算定额	投资估算
定义	建筑安装工人或工人小组在合理的劳动组织和正常的施工条件下,为完成单位质量合格产品所需消耗的人工、材料、机械的数量标准	规定消耗在单位工程基本结构要素上的劳动力、材料和机械数量上的标准,是计算建筑安装产品价格的基础	指在正常的施工生产条件下,完成一定计量单位的工程建设产品(扩大结构构件或分部扩大分项工程)所需要的人工、材料、机械消耗数量和费用的标准	投资估算是指在整个投资决策过程中,依据现有的资料和一定的方法,对建设项目的投资额(包括工程造价和流动资金)进行的估计
性质	企业定额	计价性定额	计价性定额	计价性定额
对象	工序	单位工程的分项工程	扩大的分项工程	独立完整的建设项目、单位工程或单项工程
划分程度	最细	较粗	粗	最粗

续表

名称	施工定额	预算定额	概算定额	投资估算
定额水平	平均先进水平	社会平均水平	社会平均水平	社会平均水平
主要作用	①企业计划管理的依据 ②是组织和指挥施工生产的有效工具 ③是计算工人劳动报酬的依据 ④有利于推广先进技术 ⑤是编制施工预算,加强企业成本管理和经济核算的基础	①编制施工图预算、确定和控制建筑安装工程造价的基础 ②对设计方案进行技术经济比较、技术经济分析的依据 ③是施工企业进行经济活动分析的参考依据 ④编制标底、投标报价的基础	①初步设计阶段编制建设项目设计概算的依据 ②设计方案比选的依据 ③编制主要材料需要量的计量基础 ④编制概算指标和投资估算指标的依据 ⑤工程结束后,进行竣工决算和评价的依据	它是编制建设项目建议书、可行性研究报告等前提工作阶段投资估算的依据,也可作为编制固定资产长远规划的参考
编制原则	①平均先进原则 ②简明适用原则 ③以专家为主编制定额的原则	①社会平均水平原则 ②简明适用原则 ③坚持统一性和差别性相结合的原则	①社会平均水平原则 ②简明适用原则	①实事求是的原则 ②从实际出发,深入开展调查研究,掌握第一手资料,不弄虚作假 ③合理利用资源,效益最高的原则

3)按专业性质分类

建设工程定额分为全国通用定额、行业通用定额和专业专用定额3种。

全国通用定额是指在部门间和地区间都可以使用的定额;行业通用定额是指具有专业特点的行业部门内可以通用的定额;专业专用定额是指特殊专业的定额,只能在指定范围内使用,如建筑与装饰工程、安装工程、市政工程、园林绿化工程、矿山工程、仿古建筑工程、构筑物工程、城市轨道交通工程、爆破工程,共9个专业。

4)按编制单位和执行范围分类

(1)全国统一定额

全国统一定额由国家建设行政主管部门、综合全国工程建设中技术和施工组织管理的情况编制,并在全国范围内执行的定额,如全国统一安装工程定额。

(2)专业部门定额

专业部门定额考虑各行业部门专业工程的技术特点及施工生产和管理水平编制的,一般是只在本行业和相同专业性质的范围内使用的专业定额,如矿井建设工程定额、铁路建设工程定额。

(3)地区统一定额

地区统一定额包括省、自治区、直辖市定额。地区统一定额主要是考虑地区性特点和全国统一定额水平做适当调整补充编制的。

(4)企业定额

企业定额由施工企业考虑本企业的具体情况,参照国家、部门或地区定额的水平制定的。企业定额只在企业内部使用,是企业素质的一个标志。企业定额水平一般应高于国家现行定额才能满足生产技术发展、企业管理和市场竞争的需要。

(5)补充定额

补充定额是指随着设计、施工技术的发展,在现行定额不能满足需要的情况下,为了补充缺项所编制的定额。补充定额只能在指定的范围内使用,可作为以后修订定额的基础。

11.3 建筑工程预算定额各项消耗指标的确定

11.3.1 预算定额人工消耗量的确定

建筑预算定额人工消耗量是指为完成某一分项工程必须的各工序用工量之和。定额人工工日一律用综合工日表示,其内容由基本用工和其他用工两部分组成。

1)基本用工

基本用工是指完成一定计量单位的分项工程或结构构件的各项工作过程中的施工任务所必须消耗的技术工种用工量。

$$\text{基本用工量} = \sum(\text{工序工程量} \times \text{时间定额})$$

2)其他用工

其他用工是辅助基本用工消耗的工日,包括辅助用工、超运距用工和人工幅度差。

(1)辅助用工

辅助用工是指劳动定额中未包括而预算定额又必须考虑的辅助工序用工。其计算公式为:

$$\text{辅助用工工日数} = \sum(\text{材料加工量} \times \text{时间定额})$$

(2)超运距用工

超运距用工是指预算定额中所规定的运距超过劳动定额基本用工范围的距离增加的用工。其计算公式为:

$$\text{超运距用工} = \sum(\text{某项材料超运距时间定额} \times \text{相应超运距材料数量})$$

$$\text{超运距} = \text{预算定额取定运距} - \text{劳动定额中已包括的运距}$$

(3)人工幅度差

人工幅度差是指劳动定额中未包括,而在正常施工情况下不可避免但又很难准确计算的用工。例如,工序交叉、搭接停歇的时间损失;工作面转移造成的时间损失;工程检验影响的时间损失等。其计算公式为:

人工幅度差=(基本用工+辅助用工+超运距用工)×人工幅度差系数

通常建筑装饰工程人工幅度差系数取10%~15%。则

人工消耗量=$\sum$(基本用工+辅助用工+超运距用工)×(1+人工幅度差系数)

【例11.7】 完成某分部分项工程1 m^3需基本用工0.5工日,超运距用工0.05工日,辅助用工0.1工日。如人工幅度差系数为10%,请计算该工程预算定额人工工日消耗量,单位为工日/10 m^3。

【解】 人工消耗量=(0.5+0.05+0.1)×(1+10%)×10
=7.15(工日/10 m^3)

▶ 11.3.2 预算定额材料消耗量的确定

材料消耗量是指完成单位合格产品所必须消耗的各种材料用量。按使用性质、用途和用量大小可划分为以下几类:

①主要材料:指直接构成工程实体的材料,如水磨石、陶瓷砖等。

②辅助材料:也是构成工程实体,但使用比重较小的材料,如垫木等。

③周转性材料:指施工中多次周转使用但不构成工程实体的材料,如模板、脚手架等。

④次要材料:指用量很小、价值不大、不便计算的零星用料。一般用估算的方法计算,以"其他材料费"列入定额,以"元"作为单位。

材料消耗量的计算方法主要有以下几种:

①凡有标准规格的材料,按规范要求计算定额计量单位的耗用量,如砖、防水卷材、块料面层等。

②凡设计图纸标注尺寸及下料要求的,按设计图纸尺寸计算材料净用量,如门窗制作用材料、方料、板料等。

③换算法:各种胶结、涂料等材料的配合比用料,可根据要求条件换算,得出材料用量。

④测定法:包括实验室试验法和现场观察法。

▶ 11.3.3 预算定额机械台班消耗量的确定

机械台班消耗量是指在合理的劳动组织和合理使用施工机械的正常施工条件下,完成一定计量单位质量合格产品所需消耗的机械工作时间。

预算定额中的机械台班消耗量一般根据施工定额确定,即根据施工定额或劳动定额中机械台班产量加机械幅度差计算预算定额的机械台班消耗量。其计算公式为:

机械台班消耗量=施工定额中机械台班用量+机械幅度差

机械幅度差=施工定额中机械台班用量×机械幅度差系数

【例11.8】 已知某挖土机挖土,一次正常循环工作时间是40 s,每次循环平均挖土量为0.3 m^3,机械时间利用系数为0.8,机械幅度差系数为25%。求该机械挖土方1 000 m^3的预算定额机械耗用台班量。

【解】 机械纯工作1 h循环次数=3 600÷40=90(次/台时)

机械纯工作1 h正常生产率=90×0.3=27(m^3/台时)

施工机械台班产量定额=27×8×0.8=172.8(m^3/台班)

施工机械台班时间定额=1÷172.8=0.005 79(台班/m^3)

挖土方 1 000 m^3 的预算定额机械耗用台班量 =0.005 79 ×1 000 =7.23(台班)

11.4 建筑工程预算定额中单价的确定

11.4.1 人工日工资单价的确定

人工日工资单价是指施工企业平均技术熟练程度的生产工人在每工作日(国家法定工作时间内)按规定从事施工作业应得的日工资总额。合理确定人工日工资单价是正确计算工人费和工程造价的前提和基础。

1)人工日工资单价的组成内容

人工日工资单价由计时工资或计件工资、奖金、津贴补贴、加班加点工资以及特殊情况下支付的工资组成。

①计时工资或计件工资。按计时工资标准和工作时间或对已做工作按计件单价支付给个人的劳动报酬。

②奖金。对超额劳动和增收节支支付给个人的劳动报酬,如节约奖、劳动竞赛奖等。

③津贴补贴。为了补偿职工特殊或额外的劳动消耗和因其他原因支付给个人的津贴,以及为了保证职工工资水平不受物价影响支付给个人的物价补贴,如流动施工津贴、特殊地区施工津贴、高温(寒)作业临时津贴、高空津贴等。

④加班加点工资。指按规定支付的在法定假日工作的加班工资和在法定日工作时间外延时工作的加点工资。

⑤特殊情况下支付的工资。根据国家法律、法规和政策规定,因病、工伤、产假、计划生育假、婚丧假、事假、探亲假、定期休假、停工学习、执行国家或社会义务等原因按计时工资标准或计件工资标准的一定比例支付的工资。

2)人工日工资单价的确定方法

①年平均每月法定工作日。由于人工日工资单价是每一个法定工作日的工资总额,因此需要对年平均每月法定工作日进行计算。其计算公式如下:

$$\text{年平均每月法定工作日} = \frac{\text{全年日历日} - \text{法定假日}}{12}$$

其中,法定假日指双休日和法定节日。

②日工资单价的计算。确定了年平均每月法定工作日后,将上述工资总额进行分摊,即形成了人工日工资单价。其计算公式如下:

$$\text{日工资单价} = \frac{\text{生产工人平均月工资} + \text{平均月其他工资}}{\text{年平均每月法定工作日}}$$

其中,平均月其他工资 = 奖金 + 津贴补贴 + 加班加点工资 + 特殊情况下支付的工资。

11.4.2 材料单价的确定

材料价格是指材料由货源地运到工地仓库后的出库价格。其内容包括材料原价(或供应价格)、材料运杂费、运输损耗费和采购及保管费。

(1)材料原价

材料原价是指国内采购材料的出厂价格,国外采购材料抵达买方边境、港口或车站并缴纳完各种手续费、税费(不含增值税)后形成的价格。

在确定原价时,凡同一种材料因来源地、交货地、供货单位、生产厂家不同而有几种价格(原价)时,根据不同来源地供货数量比例,采取加权平均的方法确定其综合原价。

若材料供货价格为含税价格,则材料原价应以购进货物适用的税率(17%或11%)或征收率(3%)扣减增值税进项税额。

(2)材料运杂费

材料运杂费是指国内采购材料自来源地、国外采购材料自到岸港运至工地仓库或指定堆放地点发生的费用(不含增值税)。

同一品种的材料有若干个来源地,应采用加权平均的方法计算材料运杂费。

(3)运输损耗费

在材料的运输中应考虑一定的场外运输损耗费用,这是材料在运输装卸过程中不可避免的损耗。其计算公式为:

$$运输损耗 = (材料原价 + 运杂费) \times 运输损耗率$$

(4)采购及保管费

采购及保管费是指为组织采购、供应和保管材料过程中所需的各项费用,包含采购费、仓储费、工地保管费和仓储损耗。

采购及保管费一般按照材料到库价格以费率取定。其计算公式为:

$$采购及保管费 = 材料运到工地仓库价格 \times 采购及保管费率$$

或

$$采购及保管费 = (材料原价 + 运杂费 + 运输损耗费) \times 采购及保管费率$$

综上所述,材料单价的一般计算公式为:

$$材料单价 = [(供应价格 + 运杂费) \times (1 + 运输损耗率)] \times (1 + 采购及保管费率)$$

【例 11.9】 从甲、乙两地采购某工程材料,采购量及有关费用见表 11.2。试计算该工程材料的材料单价。(表中原价、运杂费均为不含税价格)

表 11.2 工程材料采购情况

来源	采购量/t	原价 + 运杂费/(元 · t^{-1})	运输损耗费/%	采购及保管费率/%
甲	600	260	1	3
乙	400	240		

【解】 原价和运杂费 $= 260 \times 0.6 + 240 \times 0.4 = 252$(元/t)

$$运输损耗 = 252 \times 1\% = 2.52(元/t)$$

$$采购及保管费 = (252 + 2.52) \times 3\% = 7.64(元/t)$$

$$材料单价 = 252 + 2.52 + 7.64 = 262.16(元/t)$$

▶ 11.4.3 机械台班单价的确定

施工机械台班单价是指某种施工机械在一个台班中,为了正常运转所必须支付和分摊的

各项费用之和。由以下 7 项费用组成:

①折旧费:指施工机械在规定的耐用总台班内,陆续收回其原值的费用。

②检修费:指施工机械在规定的耐用总台班内,按规定的检修间隔进行必要的检修,以恢复其正常功能所需的费用。

③维护费:指施工机械在规定的耐用总台班内,按规定的维护间隔进行各级维护和临时故障排除所需的费用。保障机械正常运转所需替换设备与随机配备工具附具的摊销费用、机械运转及日常维护所需润滑与擦拭的材料费用及机械停滞期间的维护费用等。

④安拆费及场外运费:安拆费是指施工机械在现场进行安装与拆卸一次所需的人工费、材料费、机械费、安全监测部门的检测费和试运转费用,以及机械辅助设施的折旧、搭设、拆除等费用;场外运费是指施工机械整体或分体自停放地点运至施工现场或由一施工地点运至另一施工地点,运距 30 km 以内的机械进出场运输、装卸、辅助材料及架线等费用,已包括机械的回程费用。

⑤人工费:指机上司机(司炉)和其他操作人员的人工费。

⑥燃料动力费:指施工机械在运转作业中所耗用的燃料及水、电等费用。

⑦其他费用:指施工机械按照国家规定应缴纳的车船税、保险费及检测费等。

《重庆市建设工程施工机械台班定额》(CQJXDE—2018)机械台班表中的台班单价是按增值税一般计税方法计算的,台班单价、折旧费、检修费、维护费、安拆费及场外运费、人工费、燃料动力费和其他费用均为不含税价。

例如,在《重庆市建设工程施工机械台班定额》(CQJXDE—2018)中,一性能规格为 2 t 的中型载重汽车的台班单价为 329.00 元,其中,折旧费为 25.05 元,检修费为 5.57 元,维护费为 31.25 元,安拆费及场外运费为 0 元,人工费为 124.92 元,燃料动力费为 127.58 元,其他费用为 14.63 元。

11.5 建设工程计价定额的应用

建设工程计价定额是以货币形式表现概、预算定额中一定计量单位的分项工程或结构构件工程单价的计算表,又称为工程单价表,简称单价表。它是根据预算定额所确定的人工、材料和机械台班消耗数量(三量)乘以人工工资单价、材料预算价格和机械台班单价(三价),得出人工费、材料费和机械台班费(三费),然后汇总而成的一定计量单位的工程单价。

应该注意的是,建设工程计价定额中的工程单价仅仅指单位假定建筑产品的不完全价格。《重庆市房屋建筑与装饰工程计价定额》(CQJZZSDE—2018)中的“价”采用的是“人、材、机、管、利、风”的“清单综合单价”,这也许就表明从此计价活动的“价”是指“清单综合单价”了。

▶ 11.5.1 建设工程计价定额的作用

建设工程计价定额的作用主要表现在以下几个方面:

①是编制和审查建筑工程概、预算,确定工程造价的依据;

②是拨付工程价款和进行工程结算的依据;

③是工程招投标中编制标底和投标报价的依据；
④是对设计方案进行技术经济分析比较的依据；
⑤是施工企业进行经济核算,考核工程成本的依据；
⑥是制定概算指标的基础。

▶ 11.5.2 建设工程计价定额的组成内容

本书的建设工程计价定额主要指的是《重庆市房屋建筑与装饰工程计价定额》(CQJZZSDE—2018),本定额包含两册:第一册为建筑工程,第二册为装饰工程。它由文件、目录、总说明、建筑面积计算规则、各分章内容等组成。各分章内容又包括分章说明、分部工程量计算规则、分章定额项目表等。

1)文件

翻开《重庆市房屋建筑与装饰工程计价定额》(CQJZZSDE—2018),首先是重庆市城乡建设委员会渝建〔2018〕200 号文件。文件规定:本定额于 2018 年 8 月 1 日起,在新开工的建设工程中执行;本定额与费用定额、机械台班定额等相关文件配套执行;本定额由重庆市建设工程造价管理总站负责管理和解释。

2)目录

计价定额目录除了具备一般书籍目录的功用外,也是熟悉计价定额的一个通道。熟悉计价定额是熟练编制预(结)算的基本功之一,而通览目录则是整体了解和把握计价定额的良好方式之一。

第一册建筑工程包括土石方工程,地基处理、边坡支护工程,桩基工程,砌筑工程,混凝土及钢筋混凝土工程,金属结构工程,木结构工程,门窗工程,屋面及防水工程,防腐工程,楼地面工程,墙、柱面一般抹灰工程,天棚面一般抹灰工程,措施项目等。

第二册装饰工程包括楼地面装饰工程,装饰墙柱面工程,天棚工程,门窗工程,油漆、涂料、裱糊工程,其他装饰工程,垂直运输及超高降效等。

3)总说明

总说明主要阐述计价定额的用途、编制说明、适用范围,已考虑的因素和未考虑的因素、使用中应注意的事项和有关问题。

4)建筑面积计算规则

本定额中的建筑面积计算规则,执行《建筑工程建筑面积计算规范》(GB/T 50353—2013)。

5)各分部(章)内容

每一章由 3 部分内容组成,具体如下:

(1)分章说明

一般情况下,本章说明主要是说明本章计价定额应用的相关规定,如定额调整与换算源于基础定额的规定。例如,第一章说明:“人工土石项目是按干土编制的,如挖湿土时,人工乘以系数 1.18。”第五章说明:“高强钢筋、成型钢筋按《重庆市绿色建筑工程计价定额》相应子目执行。”

说明是正确使用基价表的重要依据和原则,必须仔细阅读,不然就会造成错套、漏套或重套。

(2)工程量计算规则

工程量计算规则是计量甚至是计价活动的前提与基础,必须认真学习、细心体会、逐步掌握、熟练运用。

本书讲述的工程量计算规则即为本定额规定的计算规则,这套计算规则本质上是《房屋建筑与装饰工程工程量计算规范》(GB 50854—2013)的体现。

(3)分部分项工程综合单价表

这是计价定额的主体,也是篇幅最多的内容,它具体规定了完成一定计量单位的合格工程的人工费、材料费、施工机具使用费、企业管理费、利润、一般风险费并合计为综合单价,还列明了人工、材料、机械台班消耗量。

使用计价定额表要先弄清楚分项工程名称、工作内容、计量单位,再套用相应的子目。

▶ 11.5.3 建设工程计价定额的直接套用

将图纸设计要求的施工内容、施工方法和材料与定额施工内容、施工方法、材料进行仔细核对,当图纸设计要求与定额工作内容完全一致时,可直接套用定额。

直接套用定额项目的步骤如下:

①从定额目录中查出某分部分项工程所在的定额编号。

②判断该分部分项工程内容与定额规定的工程内容是否一致,是否可直接套用定额基价。

③查出定额综合单价。

④计算分项工程或结构构件的合价。

$$\text{分项工程或结构构件的合价}=\frac{\text{工程量}}{\text{定额单位}}\times\text{定额综合单价}$$

若需计算具体的人工费、材料费、施工机具使用费、企业管理费、利润和一般风险费用,则继续如下步骤:

⑤查出定额的人工、材料、机械台班定额消耗量。

⑥计算分项工程或结构构件的人工、材料、机械台班的实际消耗量。其中,

$$\text{人工消耗量}=\frac{\text{工程量}}{\text{定额单位}}\times\text{定额的综合人工消耗量}$$

$$\text{材料消耗量}=\frac{\text{工程量}}{\text{定额单位}}\times\text{定额相应的材料消耗量}$$

$$\text{机械台班消耗量}=\frac{\text{工程量}}{\text{定额单位}}\times\text{定额相应的机械台班消耗量}$$

⑦计算分项工程或结构构件的人工、材料、机械台班的费用。

⑧计算分项工程或结构构件的企业管理费、利润及一般风险费用。

【例 11.10】 某公共建筑工程,使用商品混凝土现场浇筑 C30 矩形柱 15.23 m^3,试根据计价定额计算完成该分项工程的综合合价及主要材料消耗量。

【解】 根据工程内容查找定额,确定定额编号为 AE0023,见表 11.3。

表 11.3 现浇混凝土柱(编码:010502)

工作内容:1. 自拌混凝土:搅拌混凝土、水平运输、浇捣、养护等

2. 商品混凝土:浇捣、养护等

计量单位:10 m^3

定额编号					AE0022	AE0023
项目名称					矩形柱	
					自拌混凝土	商品混凝土
费用	综合单价/元				4 188.99	3 345.75
	其中	人工费/元			923.45	422.05
		材料费/元			2 740.23	1 761.13
		施工机具使用费/元			122.43	—
		企业管理费/元			252.06	101.71
		利润/元			135.13	54.53
		一般风险费/元			15.69	6.33
	编码	名称	单位	单价/元	消耗量	
人工	000300080	混凝土综合工	工日	115.00	8.030	3.670
材料	800212040	混凝土 C30(塑、特、碎 5 ~ 31.5,坍 35 ~ 50)	m^3	264.64	9.797	—
	840201140	商品混凝土	m^3	266.99	—	9.847
	850201030	预拌水泥砂浆 1:2	m^3	398.06	0.303	0.303
	341100100	水	m^3	4.42	4.411	0.911
	341100400	电	kW·h	0.70	3.750	3.750
	002000010	其他材料费	元	—	4.82	4.82
机械	990602020	双锥反转出料混凝土搅拌机 350 L	台班	226.31	0.541	—

因为是公共建筑且可以直接套用,可知矩形柱(商品混凝土)的综合单价为 3 345.75 元/10 m^3,所以,15.23 m^3 综合合价 = 3 345.75 × 15.23 ÷ 10 = 5 095.58(元)。

商品混凝土的消耗量 = 9.847 × 15.23 ÷ 10 = 14.997(m^3)

预拌水泥砂浆 1:2的消耗量 = 0.303 × 15.23 ÷ 10 = 0.461 5(m^3)

水的消耗量 = 0.911 × 15.23 ÷ 10 = 1.387(m^3)

电的消耗量 = 3.750 × 15.23 ÷ 10 = 5.711(kW·h)

【例 11.11】 某公共建筑工程,用 M5 混合砂浆砌筑砖墙 240 mm 厚,砌筑高度为 2.9 m,共完成直形砖墙 220 m^3,墙内加现浇钢筋 1.2 t,试计算人工、材料、机械台班用量及综合合价。

【解】 根据工程内容查找定额,确定定额编号为 AD0023 和 AD0127,见表 11.4 和表 11.5。

表 11.4　实心砖墙(编码:010401003)

计量单位:10 m^3

定额编号					AD0023
项目名称					240 mm 砖墙 混合砂浆 M5
费用	综合单价/元				4 599.25
	其中	人工费/元			1 326.30
		材料费/元			2 663.34
		施工机具使用费/元			71.27
		企业管理费/元			336.81
		利润/元			180.57
		一般风险费/元			20.96
	编码	名称	单位	单价/元	消耗量
人工	000300100	砌筑综合工	工日	115.00	11.533
材料	041300010	标准砖 240×115×53	千块	422.33	5.337
	810105010	M5.0 混合砂浆	m^3	174.96	2.313
	341100400	电	kW·h	0.70	1.060
机械	990610010	灰浆搅拌机 200 L	台班	187.56	0.380
	990611010	干混砂浆罐式搅拌机 20 000 L	台班	232.40	—

因为是公共建筑且可以直接套用,可知

① 240 mm 砖墙的综合单价为 4 599.25 元/10 m^3,所以 220 m^3 综合合价 =4 599.25×220÷10=101 183.5(元)。

砌筑综合工消耗量=11.533×220÷10=253.726(工日)

标准砖的消耗量=5.337×220÷10=106.74(千块)

M5 混合砂浆的消耗量=2.313×220÷10=50.886(m^3)

电的消耗量=1.060×220÷10=23.32(kW·h)

灰浆搅拌机的消耗量=0.308×220÷10=6.776(台班)

表 11.5　其他加筋(编码:010402B02)

计量单位:t

定额编号			AD0127
项目名称			砌体加筋
费用	综合单价/元		5 658.46
	其中	人工费/元	1 884.00
		材料费/元	3 048.75

续表

<table>
<tr><td rowspan="5">费用</td><td colspan="3">综合单价/元</td><td>5 658.46</td></tr>
<tr><td rowspan="4">其中</td><td colspan="2">施工机具使用费/元</td><td>—</td></tr>
<tr><td colspan="2">企业管理费/元</td><td>454.04</td></tr>
<tr><td colspan="2">利润/元</td><td>243.41</td></tr>
<tr><td colspan="2">一般风险费/元</td><td>28.26</td></tr>
<tr><td></td><td>编码</td><td>名称</td><td>单位</td><td>单价/元</td><td>消耗量</td></tr>
<tr><td>人工</td><td>000300070</td><td>钢筋综合工</td><td>工日</td><td>120.00</td><td>15.700</td></tr>
<tr><td rowspan="2">材料</td><td>010000120</td><td>钢材</td><td>t</td><td>2 957.26</td><td>1.030</td></tr>
<tr><td>010302020</td><td>镀锌铁丝 22#</td><td>kg</td><td>3.08</td><td>0.900</td></tr>
</table>

②砌体加筋的综合单价为 5 658.46 元/t，所以 1.2 t 综合合价 = 5 658.46 × 1.2 = 6 970.152(元)。

钢筋综合工消耗量 = 15.7 × 1.2 = 18.84(工日)

钢材的消耗量 = 1.03 × 1.2 = 1.236(t)

镀锌铁丝的消耗量 = 0.9 × 1.2 = 1.08(kg)

需要特别注意的是，在定额的直接套用中，还应包括规定不允许调整的分项工程。也就是分项工程设计与定额不完全相同，但定额规定不允许调整，则还应直接套用定额，而不能对定额作任何调整来适应分项工程设计。

▶ 11.5.4 建设工程计价定额的换算

将图纸设计要求的施工内容、施工方法和材料与定额施工内容、施工方法、材料进行仔细核对，当图纸设计要求与定额工作内容不完全一致时，计价定额规定允许换算时，则应按计价表规定的换算方法对相应定额项目的综合单价和人材机消耗量进行调整换算。

以工程项目内容为准，将与该项目相近的原定额子目规定的内容进行调整或换算，即把原定额子目中有而工程项目不要的那部分内容去掉，并把工程项目中要求而原定额子目中没有的内容加进去，这样使原定额子目变换成完全与工程项目相一致，再套用换算后的定额项目，求得项目的人工、材料、机械台班消耗量。换算后的定额项目应在定额编号后标注一个“换”字，以示区别。其计算公式为：

换算后的材料消耗量 = 原定额消耗量 − 应换出材料数量 + 应换入材料数量

换算后的定额综合单价 = 原定额的综合单价 − 换出的价值 + 换入的价值

1)换算的方法

(1)按比例换算法

按比例换算法是定额换算中广泛使用的一种方法。当比例系数在定额说明中没有明确说明时，以定额取定值为基准，随设计的增减而成比例地增加或减少材料用量。

$$调整材料后的用量 = \frac{设计厚度}{定额取定厚度 \times 定额消耗量}$$

例如,《重庆市房屋建筑与装饰工程计价定额》(CQJZZSDE—2018)混凝土与钢筋混凝土工程中有说明“悬挑板的厚度是按 100 mm 编制的,厚度不同时,按折算厚度同比例进行调整”。

【例 11.12】 某公共建筑工程,用商品混凝土浇筑 110 mm 厚的悬挑板共 230 m^2,请计算该工程悬挑板的综合合价。

【解】 查《重庆市房屋建筑与装饰工程计价定额》(CQJZZSDE—2018)可知该定额编码为 AE0089,由于该定额是按厚度 100 mm 编制的,因此需要换算,换算后的定额综合单价为:

AE0089 换　悬挑板(110 mm 厚,商品混凝土)综合单价 $=402.40\times1.1\div1=442.64$(元/10 m^2)

230 m^2 悬挑板的综合合价 $=442.64\times230\div10=10\ 180.72$(元)

另一种为系数调整法。系数调整法也是一种比例换算法,只是比例系数确定不变。用系数调整法进行调整时,将定额基本项目的定额用量乘以定额规定的系数。在大多数情况下,只能按规定把需要换算的部分按系数计算后,将其增减部分的工、料并入基本项目内。其计算公式为:

调整后的定额用量 = 人工 × 系数 + 材料 × 系数 + 机械台班 × 系数

【例 11.13】 某工程人工挖三类湿土的地槽,沟深 1.5 m,求其定额综合单价。

【解】 ①查定额,选定定额:AA0004。

②土石方工程说明“人工土石方”第一条“人工土石方定额是按干土编制的,如挖湿土时,人工乘以系数 1.18”。

此处的人工系数可以理解为定额量,也可以理解为人工费。

③换算后的定额综合单价 $=5\ 753.09\times1.18=6\ 788.64$(元/100 m^3)。

(2)砂浆的换算

砂浆的换算分两种:一种是砌筑砂浆的换算;另一种是抹灰砂浆的换算。当定额中所注明的砂浆种类、配合比、材料型号和规格等与设计要求不同时,定额规定可以换算。砂浆配合比的换算主要是在单价上的改变。定额规定其综合单价可以调整,但定额数量不变。

①砌筑砂浆的换算。《重庆市房屋建筑与装饰工程计价定额》(CQJZZSDE—2018)所列的砌筑砂浆种类和强度等级,如设计与定额不同时,按砂浆配合比表进行换算。

调整后的定额综合单价按下式计算:

调整后的定额综合单价 = 原定额综合单价 + (换入砂浆单价 − 换出砂浆单价) × 定额砂浆用量

【例 11.14】 某公共建筑工程设计用空花墙,要求用普通砖,M7.5 现拌水泥砂浆(特细砂),求该分项工程的定额综合单价。

【解】 采用定额 AD0065(M5.0 水泥砂浆,稠度 70 ~ 90),定额综合单价为 4 392.20 元/10 m^3,砂浆用量为 1.199 m^3/10 m^3。查《重庆市建设工程混凝土及砂浆配合比表》(CQPHBB—2018)可知,M5.0 水泥砂浆单价为 183.45 元/m^3,M7.5 水泥砂浆单价为 195.56 元/m^3。

调整后的定额综合单价 = 原定额综合单价 + (设计砂浆单价 − 定额砂浆单价) × 定额砂浆用量

那么采用 M7.5 现拌水泥砂浆砌筑的空花墙的综合单价为:

$$4\ 392.20+(195.56-183.45)\times1.199=4\ 406.72(\text{元}/10\ m^3)$$

②抹灰砂浆的换算。《重庆市房屋建筑与装饰工程计价定额》(CQJZZSDE—2018)规定,砂浆种类、配合比,如设计或经批准的施工组织设计与定额规定不同时,允许调整。

抹灰砂浆的换算有两种情况:第一种抹灰厚度不变,只是砂浆配合比变化,此时只调整材料单价和材料费,材料用量不变(同砌筑砂浆换算);第二种抹灰厚度与定额不同时,人工费、材料费、机械费和材料用量都需要调整。

【例 11.15】 某实验室砖墙内墙面抹现拌水泥砂浆,设计要求:面层 1∶2 水泥砂浆(定额规定 1∶2.5),基层 1∶2.5 水泥砂浆(定额规定 1∶3)。试计算调整后的定额综合单价。

【解】 查用定额 AM0001,综合单价为 2 112.96 元/100 m^2,该定额面层 1∶2.5 水泥砂浆消耗量为 0.69 m^3/100 m^2,基层 1∶3 水泥砂浆消耗量为 1.62 m^3/100 m^2。由于题意只有砂浆配合比发生变化,因此只调整材料单价,材料用量不变。

查《重庆市建设工程混凝土及砂浆配合比表》(CQPHBB—2018)可知,1∶2 水泥砂浆的单价为 256.68 元/m^3,1∶2.5 水泥砂浆的单价为 232.40 元/m^3,1∶3 水泥砂浆的单价为 213.87 元/m^3。

调整后的定额综合单价 = 2 112.96 + (256.68 − 232.40) × 0.69 + (232.40 − 213.87) × 1.62 = 2 159.7318(元/100 m^2)

(3)混凝土的换算

混凝土的换算方法同砂浆强度等级配合比(砌筑砂浆)的换算方法。

换算后的定额综合单价 = 原定额综合单价 + (换入混凝土的单价 − 换出混凝土的单价) × 混凝土定额用量

【例 11.16】 某教学楼工程框架薄壁柱,设计采用 C35 自拌混凝土,试根据计价定额计算该分项工程的定额综合单价。

【解】 查用定额 AE0028,综合单价为 4 214.27 元/10 m^3,采用 C30 混凝土(塑、特、碎 5~20、坍 35~50)9.825 m^3,C30 混凝土单价为 266.56 元/m^3,题目要求用 C35 自拌混凝土,因此需要换算。

查《重庆市建设工程混凝土及砂浆配合比表》可知,C35 自拌混凝土的单价为 263.49 元/m^3。

换算后的定额综合单价 = 4 214.27 + (263.49 − 266.56) × 9.825
= 4 184.11(元/m^3)

(4)主、辅助定额的换算

在《重庆市房屋建筑与装饰工程计价定额》(CQJZZSDE—2018)中,常遇到诸如土方运输问题,在主定额的运距以外,还要增加若干个辅助定额运距,才能达到土方的运输距离。这样的定额需由一个主定额与若干个辅助定额进行加、减的代数和完成。

$$\text{换算后的定额综合单价} = \text{主定额综合单价} + \frac{\text{辅助定额综合单价} \times (\text{实际的运距} - \text{主定额的运距})}{\text{辅助定额的运距}}$$

(向上取整数)

【例 11.17】 某工程施工组织设计,需用双轮车运余土 220 m,求人工运土方的定额综合合价。

【解】 查用主定额 AA0016,单(双)轮车运土(运距 50 m 以内);辅助定额 AA0017,单

(双)轮车运土(每增加 50 m)。

先计算出需要辅助定额的个数 =(220 - 50) ÷50 =4(向上取整)

那么 220 m 人工运土方的综合合价 =1 410.03 +4 ×340.36 =2 771.47(元)

(5)基本项目增减项换算

在定额换算中,按定额的基本项和增减项进行换算的项目较多,如油漆喷、涂刷遍数的换算。

换算后的定额综合单价 = 基本项定额综合单价 + 增减项定额综合单价 × 增减遍数

【例 11.18】 某单层木门刷油漆,底漆一遍,刮腻子两遍,调和漆四遍,试计算其定额基价及调和漆的消耗量。

【解】 查用基本项目定额 LE0001,单层木门(底油一遍,刮腻子两遍,调和漆两遍)综合单价为 293.80 元/100 m^2。

增减项定额 LE0002,单层木门(每增减一遍调和漆)综合单价为 94.20 元/100 m^2。

换算后定额综合单价 =293.80 +94.20 ×2 =482.20(元/10 m^2)

调和漆消耗量 =5.093 +2.496 ×2 =10.085(kg)

(6)其他换算

其他换算是指以上几种换算类型不包括的定额换算,这些换算比较多、较杂,如水泥砂浆中防水粉、混凝土中加掺合剂等。

▶ 11.5.5 建设工程计价定额的补充

当分项工程的设计要求与定额规定完全不相符,或者设计采用新材料、新工艺、新结构时,这些项目还未列入预算定额中或预算定额中缺少某类项目,也没有相类似的定额供参照时,为了确定其预算价值,就必须补充定额。采用补充定额时,应在定额编号内填写一个“补”字,以示区别。

补充定额常常为一次性的,即编制出来仅为特定项目使用一次。如果补充预算定额是多次使用的,一般要报相关主管部门审批或与建设单位进行协商,经同意后再列入工程预算。

11.6 重庆市费用定额

《重庆市建设工程费用定额》(CQFYDE—2018)是国有资金投资的建设工程编制和审核施工图预算、招标控制价(最高投标限价)、工程结算的依据,是编制投标报价的参考,也是编制概算定额和投资估算指标的基础。编制投标报价时,除费用组成、费用内容、计价程序、有关说明以及工程费用中的规费、安全文明施工费、税金标准应执行本定额外,其他费用标准投标人可结合建设工程和施工企业的实际情况自主确定。该定额包括总说明、建筑安装工程费用项目组成及内容、建筑安装工程费用标准、工程量清单计价程序和工程量清单计价表格 5 大部分。

本书摘录了《重庆市建设工程费用定额》(CQFYDE—2018)的部分内容,以便读者理解建筑工程的组成、计算方式、计取标准及计算程序。

关于建筑安装工程费用项目组成及内容参见 1.3.2 节的相应内容。

▶ 11.6.1 建筑安装工程费用标准

1)工程费用标准

(1)企业管理费、组织措施费、利润、规费和风险费

①房屋建筑工程、机械(爆破)土石方工程、房屋建筑修缮工程等以定额人工费与定额施工机具使用费之和为费用计算基础,费用标准见表 11.6。

表 11.6 定额人工费 + 定额施工机具费为计算基础的费用标准(部分)

专业工程		一般计税法			简易计税法			利润/%	规费/%
		企业管理费/%	组织措施费/%	一般风险费/%	企业管理费/%	组织措施费/%	一般风险费/%		
房屋建筑工程	公共建筑工程	24.10	6.20	1.5	24.47	6.61	1.6	12.92	10.32
	住宅工程	25.60	6.88		25.99	7.33		12.92	10.30
	工业建筑工程	26.10	7.90		26.50	8.42		13.30	10.32
仿古建筑工程		17.76	5.87	1.6	18.03	6.25	1.71	8.24	7.2
机械(爆破)土石方工程		18.40	4.80	1.2	18.68	5.11	1.28	7.64	7.2
围墙工程		18.97	5.66	1.5	19.26	6.03	1.6	7.82	7.2
房屋建筑修缮工程		18.51	5.55		18.79	5.91		8.45	7.2

注:房屋建筑修缮工程不计算一般风险费。除一般风险费以外的其他风险费,按招标文件要求的风险内容及范围确定。

②装饰工程、园林绿化工程、人工土石方工程等以定额人工费为费用计算基础,费用标准见表 11.7。

表 11.7 定额人工费为费用计算基础的费用标准(部分)

专业工程		一般计税法企业组织一般			简易计税法企业组织一般			利润/%	规费/%
		管理费/%	措施费/%	风险费/%	管理费/%	措施费/%	风险费/%		
装饰工程		15.61	8.63	1.8	15.85	9.19	1.92	9.61	15.13
园林绿化工程	园林工程	7.08	3.62	1.8	7.19	3.86	1.92	4.35	8.2
	绿化工程	5.61	2.86		5.70	3.05		3.08	8.2
人工土石方工程		10.78	2.22		10.94	2.37		3.55	8.20

注:人工土石方工程、房屋安装修缮工程、房屋单拆除工程不计算一般风险费用。除一般风险费以外的其他风险费,按招标文件要求的风险内容及范围确定。

(2)安全文明施工费

安全文明施工费按现行建设工程安全文明施工费管理的有关规定执行,调整后的费用标准见表 11.8。

表 11.8　安全文明施工费的计算标准(部分)

<table>
<tr><th colspan="2">专业工程</th><th>计算基础</th><th>一般计税法</th><th>简易计税法</th></tr>
<tr><td rowspan="3">房屋建筑工程</td><td>公共建筑工程</td><td rowspan="5">工程造价</td><td rowspan="2">3.59%</td><td rowspan="2">3.74%</td></tr>
<tr><td>住宅工程</td></tr>
<tr><td>工业建筑工程</td><td>3.41%</td><td>3.55%</td></tr>
<tr><td rowspan="2">构筑物工程</td><td>烟囱、水塔、筒仓</td><td>3.19%</td><td>3.33%</td></tr>
<tr><td>贮池、生化池</td><td>3.35%</td><td>3.49%</td></tr>
<tr><td colspan="2">人工、机械(爆破)土石方工程</td><td>开挖工程量</td><td>0.77 元/m^3</td><td>0.85 元/m^3</td></tr>
<tr><td colspan="2">围墙工程</td><td rowspan="2">工程造价</td><td>3.59%</td><td>3.74%</td></tr>
<tr><td colspan="2">房屋建筑修缮工程</td><td>3.23%</td><td>3.36%</td></tr>
<tr><td colspan="2">装饰工程</td><td rowspan="3">人工费</td><td>11.88%</td><td>12.37%</td></tr>
<tr><td rowspan="2">园林绿化工程</td><td>园林工程</td><td rowspan="2">6.73%</td><td rowspan="2">7.38%</td></tr>
<tr><td>绿化工程</td></tr>
</table>

注:①本表计费标准是工地标准化评定等级为合格的标准。

②计费基础:房屋建筑、仿古建筑、爆破工程、围墙工程、房屋建筑修缮工程等工程以税前工程造价为基础计算;装饰工程、幕墙工程、园林工程、绿化工程等按人工费(含价差)为基础计算;人工、机械(爆破)土石方工程以开挖工程量为基础计算。

③人工、机械(爆破)土石方工程已包括开挖(爆破)及运输土石方发生的安全文明施工费。

④借土回填土石方工程,按借土回填量乘土石方标准的50%计算。

⑤以上各项工程计费条件按单位工程划分。

⑥同一施工单位承建建筑、安装、单独装饰及土石方工程时,应分别计算安全文明施工费。同一施工单位同时承建建筑工程中的装饰项目时,安全文明施工费按建筑工程标准执行。

(3)建设工程竣工档案编制费

建设工程竣工档案编制费按现行建设工程竣工档案编制费的有关规定执行,调整后的费用标准如下:

①房屋建筑工程,仿古建筑工程,构筑物工程,市政工程,城市轨道交通的盾构工程、高架桥工程、地下工程、轨道工程,机械(爆破)土石方工程,围墙工程,房屋建筑修缮工程以定额人工费与定额施工机具使用费之和为费用计算基础,见表 11.9。

表 11.9　以定额人工费 + 定额施工机具费为基础的档案编制费的计算标准(部分)

<table>
<tr><th colspan="2">专业工程</th><th>一般计税法/%</th><th>简易计税法/%</th></tr>
<tr><td rowspan="3">房屋建筑工程</td><td>公共建筑工程</td><td>0.42</td><td>0.44</td></tr>
<tr><td>住宅工程</td><td>0.56</td><td>0.58</td></tr>
<tr><td>工业建筑工程</td><td>0.48</td><td>0.50</td></tr>
<tr><td colspan="2">仿古建筑工程</td><td>0.28</td><td>0.29</td></tr>
</table>

续表

专业工程		一般计税法/%	简易计税法/%
构筑物工程	烟囱、水塔、筒仓	0.37	0.39
	贮池、生化池	0.56	0.58
机械(爆破)土石方工程		0.20	0.21
围墙工程		0.32	0.33
房屋建筑修缮工程		0.24	0.25

②装饰工程、幕墙工程、园林绿化工程、通用安装工程、市政安装工程、城市轨道交通安装工程、房屋安装修缮工程、房屋单拆除工程、人工土石方工程以定额人工费为费用计算基础,见表11.10。

表11.10 以定额人工费为基础的档案编制费的计算标准(部分)

专业工程		一般计税法/%	简易计税法/%
装饰工程		1.23	1.28
幕墙工程		1.51	1.58
园林绿化工程	园林工程	0.10	0.10
	绿化工程	0.09	0.09
人工土石方工程		0.19	0.20
房屋安装修缮工程		1.01	1.05
房屋单拆除工程		0.19	0.20

(4)住宅工程质量分户验收费

住宅工程质量分户验收费按现行住宅工程质量分户验收费的有关规定执行,调整后的费用标准见表11.11。

表11.11 住宅工程质量分户验收费的计算标准

费用名称	计算基础	一般计税法/(元·m^{-2})	简易计税法/(元·m^{-2})
住宅工程质量分户验收费	住宅单位工程建筑面积	1.32	1.35

(5)总承包服务费

总承包服务费以分包工程的造价或人工费为计算基础,费用标准见表11.12。

表11.12 总承包服务费的计算标准

分包工程	计算基础	一般计税法/%	简易计税法/%
房屋建筑工程	分包工程造价	2.82	3
装饰、安装工程	分包工程人工费	11.32	12

(6)采购及保管费

采购及保管费 =(材料原价 + 运杂费)×(1 + 运输损耗率)× 采购及保管费率

承包人采购材料、设备的采购及保管费率:材料 2%,设备 0.8%,预拌商品混凝土及商品湿拌砂浆、水稳层、沥青混凝土等半成品 0.6%,苗木 0.5%。

发包人提供的预拌商品混凝土及商品湿拌砂浆、水稳层、沥青混凝土等半成品不计取采购及保管费;发包人提供的其他材料到承包人指定地点,承包人计取采购及保管费的 2/3。

(7)计日工

①计日工中的人工、材料、机械单价按建设项目实施阶段市场价格确定,见表 11.13;计费基价人工执行表 11.13 中的标准,材料、机械执行各专业计价定额单价;市场价格与计费基价之间的价差单调。

表 11.13 计日工计费基价人工单价表

序号	工种	人工单价/(元·工日$^{-1}$)
1	土石方综合工	100
2	建筑综合工	115
3	装饰综合工	125
4	机械综合工	120
5	安装综合工	125
6	市政综合工	115
7	园林综合工	120
8	绿化综合工	120
9	仿古综合工	130
10	轨道综合工	120

②综合单价按相应专业工程费用标准及计算程序计算,但不再计取一般风险费。

(8)停、窝工费用

①承包人进入现场后,如因设计变更或由于发包人的责任造成的停工、窝工费用,由承包人提出资料,经发包人、监理方确认后由发包人承担。施工现场如有调剂工程,经发、承包人协商可以安排时,停、窝工费用应根据实际情况不收或少收。

②现场机械停置台班数量按停置期日历天数计算,台班费及管理费按机械台班费的 50% 计算,不再计取其他有关费用,但应计算税金。

③生产工人停工、窝工按相应专业综合工单价计算,综合费用按 10% 计算,除税金外不再计取其他费用;人工费市场价差单调。

④周转材料停置费按实计算。

(9)现场生产和生活用水、电价差调整

①安装水、电表时,水、电用量按表计量。水、电费由发包人交款,承包人按合同约定水、电单价退还发包人;水、电费由承包人交款,承包人按合同约定水、电费调价方法和单价调整价差。

②未安装水、电表并由发包人交款时,水、电费按表 11. 14 计算后退还发包人。

表 11. 14 水、电费退还计算表

专业工程	计算基础	一般计税法		简易计税法	
		水费/%	电费/%	水费/%	电费/%
房屋建筑、仿古建筑、构筑物、房屋建筑修缮、围墙工程	定额人工费 + 定额施工机具使用费	0. 91	1. 04	1. 03	1. 22
市政、城市轨道交通工程		1. 11	1. 27	1. 25	1. 49
机械(爆破)土石方工程		0. 45	0. 52	0. 51	0. 61
装饰、幕墙、通用安装、市政安装、城市轨道安装、房屋安装修缮工程	定额人工费	1. 04	1. 74	1. 18	2. 04
园林、绿化工程		1. 01	1. 68	1. 14	1. 97
人工土石方工程		0. 52	0. 87	0. 59	1. 02

(10)税金

增值税、城市维护建设税、教育费附加、地方教育附加以及环境保护税,按国家和重庆市相关规定执行,税费标准见表 11. 15。

表 11. 15 税费计算表

税目		计算基础	工程在市区/%	工程在县、城镇/%	不在市区及县、城镇/%
增值税	一般计税方法	税前造价	10		
	简易计税方法		3		
附加税	城市维护建设税	增值税税额	7	5	1
	教育费附加		3	3	3
	地方教育附加		2	2	2
环境保护税		按实计算			

注:①当采用增值税一般计税方法时,税前造价不含增值税进项税额;

②当采用增值税简易计税方法时,税前造价应包含增值税进项税额。

2)工程费用标准适应范围

(1)房屋建筑工程

房屋建筑工程适用于新建、扩建、改建工程的公共建筑、住宅建筑、工业建筑工程。

①公共建筑工程:适用于办公、旅馆酒店、商业、文化教育、体育、医疗卫生、交通等为公众服务的建筑。包括办公楼、宾馆、商场、购物中心、会展中心、展览馆、教学楼、实验楼、医院、体育馆(场)、图书馆、博物馆、美术馆、档案馆、影剧院、航站楼、候机楼、车站、客运站、停车楼、站房等工程。

②住宅建筑工程:适用于住宅、宿舍、公寓、别墅建筑工程。

③工业建筑工程:适用于厂房、仓库(储)库房及辅助附属设施建筑工程。

(2)装饰工程

装饰工程适用于新建、扩建、改建的房屋建筑室内外装饰及市政、仿古建筑、园林、构筑物、城市轨道交通装饰工程。

3)工程费用计算说明

①房屋建筑工程执行《重庆市房屋建筑与装饰工程计价定额(第一册　建筑工程)》(CQJZSHDE—2018)与《重庆市绿色建筑工程计价定额》(CQLSJZDE—2018)时,定额综合单价中的企业管理费、利润、一般风险费应根据本定额规定的不同专业工程费率标准进行调整。

a.单栋或群体房屋建筑具有不同使用功能时,按照主要使用功能(建筑面积大者)确定工程费用标准。

b.工业建筑相连的附属生活间、办公室等,按该工业建筑确定工程费用标准。

②装饰、幕墙、仿古建筑、通用安装、市政、园林绿化、构筑物、城市轨道交通、爆破、房屋修缮工程、人工及机械土石方工程执行相应专业计价定额时,定额综合单价中的企业管理费、利润、一般风险费标准不作调整。

③执行本专业工程计价定额子目缺项需借用其他专业定额子目时,借用定额综合单价不作调整。

④组织措施费、安全文明施工费、建设工程竣工档案编制费、规费以单位工程为对象确定工程费用标准。

本专业工程借用其他专业工程定额子目时,按以主带次的原则纳入本专业工程进行取费。

⑤同一项目的机械土石方与爆破工程一并按照机械(爆破)土石方工程确定费用标准。

⑥厂区、小区的建(构)筑物散水(排水沟)外的条(片)石挡墙、花台、人行步道等环境工程,根据工程采用的设计标准规范对应的专业工程确定费用标准。

⑦房屋建筑工程材料、成品、半成品的场内二次或多次搬运费已包含在组织措施费内,包干使用不作调整。除房屋建筑工程外的其他专业工程二次搬运费应根据工程情况按实计算。

4)计价程序及表格

建设工程计价程序及表格在本书12章详细说明。

12

工程量清单与清单计价方法

我国自 2003 年开始在全国范围内逐步推广建设工程工程量清单计价方法,2008 年推出新版《建设工程工程量清单计价规范》,2013 年修订了《建设工程工程量清单计价规范》。清单计价规范的实施及使用,标志着我国工程建设项目已由定额计价体系转变为工程量清单计价体系,采用工程量清单计价是建设工程产品市场化和国家化的需求。

12.1　工程量清单与清单计价概述

工程造价的确定,应以工程所要完成的分部分项工程项目以及为完成分部分项工程所采取措施项目的数量为依据,对分部分项工程项目或措施项目工程数量作出正确的计算,并以一定的计量单位表述,这就需要进行工程计量。

▶　12.1.1　工程量清单概述

1)工程量清单的概念

工程量清单是建设工程的分部分项工程项目、措施项目、其他项目名称和相应数量的明细清单。它由分部分项工程量清单、措施项目清单、其他项目清单、规费和税金项目清单组成。

2)工程量清单的作用

工程量清单是工程量清单计价的基础,贯穿于建设工程的招投标阶段和施工阶段,是编制招标控制价、投标报价、计算工程量、支付工程款、调整合同价款、办理竣工结算以及工程索赔等的依据。工程量清单的主要作用如下:

①在招投标阶段,招标工程量清单为投标人的投标竞争提供了一个平台和共同的基础。工程量清单将要求投标人完成的工程项目及其相应工程实体数量全部列出,为投标人提供拟

建工程的基本内容、实体数量和质量要求等信息。这使得所有投标人掌握的基本信息一致，得到的待遇是客观、公正和公平的。

②工程量清单是建设工程计价的依据。在招投标过程中，招标人根据工程量清单编制招标工程的招标控制价；投标人按照工程量清单所表述的内容，依据企业定额计算投标价格，自主填报工程量清单所列项目的单价与合价。

③工程量清单是工程付款和结算的依据。在施工阶段，发包人根据承包人完成的工程量清单中规定的内容以及合同单价支付工程款。工程结算时，承发包双方按照工程量清单计价表中的序号对已实施的分部分项工程或计价项目，按合同单价和相关合同条款核算结算价款。

④工程量清单是调整工程价款、处理工程索赔的依据。在发生工程变更和工程索赔时，可选用或者参照工程量清单中的分部分项工程或计价项目及合同单价来确定变更价款和索赔费用。

3）工程量清单编制的原则

（1）编制工程量清单应遵循客观、公正、科学、合理的原则

编制人员要具有良好的职业道德，要站在客观公正的立场上兼顾建设单位和施工单位双方的利益，严格依据设计图纸和资料、现行的定额和有关文件以及国家制定的建筑工程技术规程和规范进行编制，避免人为地提高或压低工程量，以保证清单的客观公正性。

编制实物量是一项技术性和专业性都很强的工作，它要求编制人员基本功扎实，知识面广。不仅要有较强的预算业务知识，还应具备一定的工程设计知识、施工经验，以及建筑材料与设备、建筑机械、施工技术等综合性建筑科学知识，这样才能对工程有一个全面了解，形成整体概念，做到工程量计算不重复、不漏算。

在编制过程中有时由于设计图纸深度不够或其他原因，对工程要求用材标准及设备定型等内容交代不够清楚，应及时向设计单位反馈且综合运用建筑科学知识向设计单位提出建议，补足现行定额没有的相应项目，确保清单内容符合实际、科学合理。

（2）认真细致地逐项计算工程量，保证实物量的准确性

计算工程量是一项枯燥烦琐且花费时间长的工作，需要计算人员耐心细致，一丝不苟，努力将误差减小到最低限度。在计算时，首先应熟悉和读懂设计图纸及说明，以工程所在地定额项目划分及其工程量计算规则为依据，根据工程现场情况，考虑合理的施工方法和施工机械，分部分项地逐项计算工程量，定额子目的确定必须明确。对于工程内容及工序符合定额的，按定额项目名称；对于大部分工程内容及工序符合定额，只是局部材料不同，而定额允许换算的，应加以注明，如运距、强度等级、厚度断面等；对于定额缺项须补充增加的子目，应根据图纸内容作补充，补充的子目应力求表达清楚，以免影响报价。

（3）五个统一、三个自主、两个分离

五个统一是指项目编码、项目名称、项目特征、计量单位、工程量计算规则应与工程量计算规范所载内容一致。

三个自主是指投标人在投标报价时可自主确定工料机消耗量，可自主确定工料机单价，可自主确定措施项目费和其他项目费的内容及费率。

两个分离是指量价分离，即清单工程量与计价工程量分离。

（4）认真进行全面复核，确保清单内容符合实际，科学合理

清单准确与否关系到工程投资控制的好坏，因此清单编制完成后应认真进行全面复核。

4）**工程量清单编制依据**

在重庆市行政区域内的建设工程，工程量清单应按下列依据进行编制：

①《重庆市建设工程工程量清单计价规则》（CQJJGZ—2013）；

②国家计量规范及计价规范；

③国家或本市城乡建设主管部门颁发的计价依据、计价办法和有关规定；

④建设工程设计文件及相关资料；

⑤与建设工程项目有关的标准、规范、技术资料；

⑥拟定招标文件；

⑦施工现场情况、工程特点及常规施工方案；

⑧其他相关资料。

5）**工程量清单的组成**

招标工程量清单应以单位（项）工程为对象进行编制，由封面、总说明、分部分项工程量清单、措施项目清单、其他项目清单、安全文明施工专项费及规费、税金项目清单组成。

▶ 12.1.2　工程量清单计价概述

根据《建设工程工程量清单计价规范》（GB 50500—2013）的规定，使用国有资金投资的建设工程发承包，必须采用工程量清单计价；非国有资金投资的建设工程，宜采用工程量清单计价。

1）**工程量清单计价的概念**

工程量清单计价是指投标人完成由招标人提供的工程量清单所需的全部费用，包括分部分项工程费、措施项目费、其他项目费、规费和税金。工程量清单计价是在建设工程招投标中，招标人自行或委托具有资质的中介机构编制反映工程实体消耗和措施性消耗的招标工程量清单，并作为招标文件的一部分提供给投标人，由投标人依据招标工程量清单自主报价的计价方式。

2）**工程量清单计价的基本过程**

工程量清单计价的基本过程可大致概括为：在统一的工程量计算规则的基础上，制定工程量清单项目设置规则，根据具体工程的施工图纸计算出各个清单项目的工程量，再根据各种渠道所获得的工程造价信息和经验数据计算得到工程造价。其过程可用图 12.1 表示。

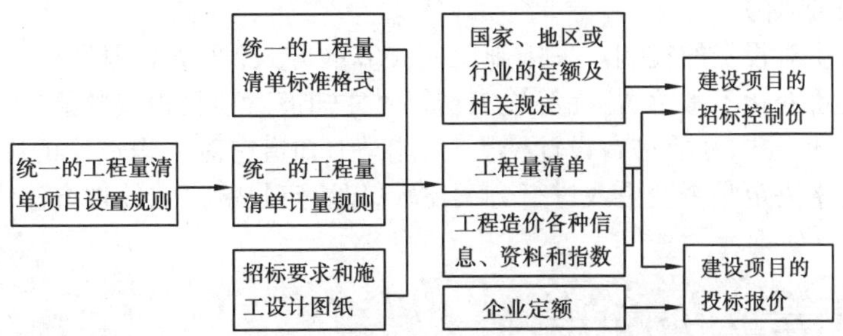

图 12.1　工程量清单计价过程示意图

从图 12.1 中可以看出，工程量清单计价主要指招标控制价或投标报价的编制。招标控制价即招标人根据国家或省级、行业建设主管部门颁发的有关计价依据和办法，以及拟定的招标文件和招标工程量清单，结合工程具体情况编制的招标工程的最高投标限价。投标报价是指投标单位以该工程招标文件中的设计图纸、招标工程量清单以及投标须知、价格条件等资料作基础,结合工程项目特点、施工现场情况及企业自身的施工技术、装备和管理水平等,自主确定的工程造价。

3)工程量清单计价的特点

(1)规定性

通过制定统一的建设工程工程量清单计价方法,达到规范计价行为的目的。这些规则和办法是强制性的,工程建设各方都应遵守。

(2)实用性

计价规范附录中工程量清单项目及计算规则的项目名称表现的是工程实体项目,项目名称明确清晰,工程量计算规则简洁明了,特别还列有项目特征和工程内容,编制工程量清单时易于确定具体项目名称和投标报价。

(3)竞争性

例如,《建设工程工程量清单计价规范》(GB 50500—2013)中的措施项目,在工程量清单中只列"措施项目"一栏。具体采用什么措施,如模板、脚手架、临时设施、施工排水等详细内容由投标人根据企业施工组织设计,视具体情况报价,因为这些项目在各个企业间各有不同,是企业竞争项目,是留给企业的竞争空间。

4)工程量清单计价的作用

①提供了一个平等的竞争条件。定额计价是采用施工图预算报价的,是由投标人计算工程量,由于对图纸、工程量计算规则理解的差异,各投标人计算出的工程量不同,报价差异甚大。而工程量清单计价是由招标人给出招标工程量清单,投标人报价,各投标人根据自己企业的自身情况填报不同的单价,在相同的工程量条件下竞争。

②满足竞争的需要。工程量清单计价让企业自主报价,将属于企业性质的施工方法、施工措施和人工、材料、机械的消耗量水平、取费等留给企业来确定。这就可以充分体现出企业的技术和管理水平。

③有利于工程款的拨付和工程造价的最终确定。中标后,业主要与中标单位签订施工合同,在工程量清单报价基础上的中标价就成为合同价的基础,投标清单上的单价成为拨付工程款的依据。

④有利于实现风险的合理分担。采用工程量清单报价后,投标人只对自己所报的成本、单价等负责,而对工程量的变更或计算错误等不负责。相应的,业主则承担工程量的变更或计算错误这一部分风险。

⑤有利于业主对投资的控制。采用施工图预算的方式,业主对因设计变更、工程量增减所引起的工程造价变化不敏感,往往等竣工结算时才知道对项目投资的影响有多大。而采用工程量清单计价的方式,在要进行设计变更时,能马上知道它对工程造价的影响,这样业主就能根据投资情况来决定是否变更或进行方案比较,以决定最恰当的处理方法。

12.2 工程量清单的编制

12.2.1 《房屋建筑与装饰工程工程量计算规范》简介

1)计算规范简介

工程量计算规范是工程量计算的主要依据之一,按照现行规定,对于采用工程量清单计价的建设工程,其工程量应根据专业类别按相应专业工程量计算规范计算。目前,我国工程量计算规范包括9个专业:《房屋建筑与装饰工程工程量计算规范》《仿古建筑工程工程量计算规范》《通用安装工程工程量计算规范》《市政工程工程量计算规范》《园林绿化工程工程量计算规范》《矿山工程工程量计算规范》《构筑物工程工程量计算规范》《城市轨道交通工程工程量计算规范》和《爆破工程工程量计算规范》。

为了规范房屋建筑与装饰工程造价计量行为,统一房屋建筑与装饰工程工程量计算规则、工程量清单的编制方法,住房和城乡建设部、国家质量监督检验检疫总局于2012年12月25日联合发布了《房屋建筑与装饰工程工程量计算规范》(GB 50854—2013)(以下简称《工程量计算规范》),该规范自2013年7月1日起实施,其中强制性条文有8条(款)。

《工程量计算规范》适用于工业与民用的房屋建筑与装饰工程发承包及实施阶段计价活动中的工程计量和工程量清单编制。房屋建筑与装饰工程必须按照该规范规定的工程量计算规则进行工程量计算。该规范包括正文、附录和条文说明3个部分。正文部分共4章,包括总则、术语、工程计量和工程量清单编制。附录包括分部分项工程项目(实体项目)和措施项目(非实体项目)的项目设置与工程量计算规则。

《工程量计算规范》是正确计算工程量、编制工程量清单的依据,是载明建设工程分部分项工程项目、措施项目和其他项目的名称和相应数量以及规费和税金项目等内容的明细清单。

2)工程量清单编制的一般规定

①工程量清单编制的依据如下:

a.《工程量计算规范》和国家标准《建设工程工程量清单计价规范》(GB 50500—2013);

b. 国家或省级、行业建设主管部门颁发的计价依据和办法;

c. 建设工程设计文件;

d. 与建设工程项目有关的标准、规范、技术资料;

e. 拟定的招标文件;

f. 施工现场情况、工程特点及常规施工方案;

g. 其他相关资料。

②其他项目、规费和税金项目清单应按国家标准《建设工程工程量清单计价规范》(GB 50500—2013)的相关规定编制。

③编制工程量清单出现附录中未包括的情况,编制人应补充,并报省级或行业工程造价管理机构备案,省级或行业工程造价管理机构应汇总报住房和城乡建设部标准定额研究所。

工程量清单应以单位工程进行编制,应由封面、总说明、分部分项工程量清单、措施项目清单、其他项目清单、安全文明施工专项及规费项目清单、税金项目清单等组成。结合《重庆市建设工程费用定额》(CQFYDE—2018),工程量清单表格应包含封-1、表-01、表-08、表-09、表-10、表-11、表-11-1至表-11-5、表-12、表-19、表-20或表-21,具体如下:

封-1

____________________工程

招标工程量清单

工程造价

招　标　人：________________　咨　询　人：________________

（单位盖章）　（单位资质专用章）

法定代表人　法定代表人

或其授权人：________________　或其授权人：________________

（签字或盖章）　（签字或盖章）

编　制　人：________________　复　核　人：________________

（造价人员签字盖专用章）　（造价人员签字盖专用章）

时间：　年　月　日

表-01

工程计价总说明

工程名称：　　　　　　　　　　　　　　　　　　　　　　　　　第　页　共　页

表-08

措施项目汇总表

工程名称：　　　　　　　　　　　　　　　　　　　　　　　　　　第　页　共　页

序号	项目名称	金额/元	
		合价	其中：暂估价
1	施工技术措施项目		
2	施工组织措施项目		
2.1	其中：安全文明施工费		
2.2	建设工程竣工档案编制费		
2.3	住宅工程质量分户验收费		
措施项目费合价 = 1 + 2			

表-09

分部分项工程/施工技术措施项目清单计价表

工程名称：　　　　　　　　　　　　　　　　　　　　第　页　共　页

序号	项目编码	项目名称	项目特征	计量单位	工程量	金额/元		
						综合单价	合价	其中:暂估价
本页小计								
合　计								

表-10

施工组织措施项目清单计价表

工程名称： 第 页 共 页

序号	项目编码	项目名称	计算基础	费率/%	金额/元	调整费率/%	调整后金额/元	备注
1		组织措施费						
2		安全文明施工费						
3		建设工程竣工档案编制费						
4		住宅工程质量分户验收费						
5								
6								
7								
8								
9								
10								
11								
12								
13								
合　计								

注：①计算基础和费用标准按重庆市有关费用定额或文件执行。

②根据施工方案计算的措施费，可不填写“计算基数”和“费率”的数值，只填写“金额”数值，但应在备注栏说明施工方案出处或计算方法。

表-11

其他项目清单计价汇总表

工程名称：　　　　　　　　　　　　　　　　　　　　　　　　　　　第　页　共　页

序号	项目名称	金额/元	结算金额/元	备　注
1	暂列金额			明细详见表-11-1
2	暂估价			
2. 1	材料（工程设备）暂估价/结算价			明细详见表-11-2
2. 2	专业工程暂估价			明细详见表-11-3
3	计日工			明细详见表-11-4
4	总承包服务费			明细详见表-11-5
5	索赔与现场签证			明细详见表-11-6
合　计				

注：材料、设备暂估单价计入清单项目综合单价，此处不汇总。

表-11-1

暂列金额明细表

工程名称： 第 页 共 页

序号	项目名称	计量单位	暂定金额/元	备 注
1				
2				
3				
4				
5				
6				
7				
8				
9				
10				
11				
合 计				—

注：此表由招标人填写，如不能详列，也可只列暂定金额总额，投标人应将上述暂列金额计入投标总价中。

表-11-2

材料(工程设备)暂估单价及调整表

工程名称:　　　　　　　　　　　　　　　　　　　第　页　共　页

序号	材料(工程设备)名称、规格、型号	计量单位	数量		暂估/元		确认/元		差额±/元		备注
			暂估数量	实际数量	单价	合价	单价	合价	单价	合价	

注:①此表由招标人填写"暂估单价",并在备注栏说明暂估价的材料、工程设备拟用在哪些清单项目上,投标人应将上述材料、工程设备暂估单价计入工程量清单综合单价报价中。

②材料包括原材料、燃料、构配件以及按规定应计入建筑安装工程造价的设备。

表-11-3

专业工程暂估价及结算价表

工程名称：　　　　　　　　　　　　　　　　　　　　　　　　第　页　共　页

序号	专业工程名称	工程内容	暂估金额/元	结算金额/元	差额±/元	备　注
合　计						

注：此表由招标人填写，投标人应将上述专业工程暂估价计入投标总价中。结算时按合同约定结算金额填写。

表-11-4

计日工表

工程名称： 第 页 共 页

编号	项目名称	单位	暂定数量	实际数量	综合单价/元	合价/元	
						暂定	实际
1	人工						
	人工小计		—		—		
2	材料						
	材料小计		—		—		
3	施工机械						
	施工机械小计		—		—		
总　计							

注：此表项目名称、暂定数量由招标人填写，编制招标控制价时，单价由招标人按有关计价规定确定；投标时，单价由投标人自主报价，按暂定数量计算合价计入投标总价中。结算时，按发承包双方确认的实际数量计算合价。

表-11-5

总承包服务费计价表

工程名称： 第 页 共 页

序号	项目名称	项目价值/元	服务内容	计算基础	费率/%	金额/元
1	发包人发包专业工程					
2	发包人供应材料					
	合 计					

注：此表项目名称、服务内容由招标人填写，编写招标控制价时，费率及金额由招标人按有关计价规定确定；投标时，费率及金额由投标人自主报价，计入投标总价中。

表-11-6

索赔与现场签证计价汇总表

工程名称： 第 页 共 页

序号	索赔项目名称	计量单位	数量	单价/元	合价/元	索赔依据
本页小计						—
合 计						—

注：签证及索赔依据是指经双方认可的签证单和索赔依据的编号。

表-12

规费、税金项目计价表

工程名称： 标段： 第 页 共 页

序号	项目名称	计算基础	费率/%	金额/元
1	规费			
2	税金	2.1+2.2+2.3		
2.1	增值税	分部分项工程费+措施项目费+其他项目费+规费-甲供材料费		
2.2	附加税	增值税		
2.3	环境保护费	按实计算		
合　计				

表-19

发包人提供材料和工程设备一览表

工程名称：　　　　　　　　　　　　　　　　　　　　　　　第　页　共　页

序号	名称、规格、型号	单位	数量	单价/元	交货方式	送达地点	备　注

注：此表由招标人填写，供投标人在投标报价、确定总承包服务费时参考。

表-20

承包人提供主要材料和工程设备一览表

（适用于价格指数差额调整法）

工程名称：　　　　　　　　　　　　　　　　　　　　　　　　　　　　第　页　共　页

序号	名称、规格、型号	变值权重 B	基本价格指数 F_0	现行价格指数 F_1	备　注
	定值权重 A				
合　计		1			

注：①“名称、规格、型号”“基本价格指数”由招标人填写，基本价格指数应先采用工程造价管理机构发布的价格指数，没有时，可采用发布的价格代替，如人工、施工机具使用费也采用本法调整，由招投标在“名称”栏填写。

②“变值权重”由投标人根据该项人工、施工机具使用费和材料设备价值在投标总报价中所占的比例填写，1 减去其比例为定值权重。

③“现行价格指数”按约定的付款证书相关周期最后一天的前 42 天的各项价格指数填写，该指数应先采用工程造价管理机构发布的价格指数，没有时，可采用发布的价格代替。

表-21

承包人提供主要材料和工程设备一览表

（适用于造价信息差额调整法）

工程名称： 第 页 共 页

序号	名称、规格、型号	单位	数量	风险系数/%	基准单价/元	投标单价/元	发承包人确认单价/元	备 注

注：①此表由招标人填写除“投标单价”栏的内容，投标人在投标时自主确定投标单价。

②招标人应优先采用工程造价管理机构发布的单价作为基准单价，未发布的，通过市场调查确定其基准单价。

▶ 12.2.2 封面及总说明内容填写要求

封面应按规定的内容填写、签字、盖章,由造价人员编制的工程量清单应有负责审核的造价工程师签字、盖章。受委托编制的工程量清单,应有造价工程师签字、盖章以及工程造价咨询人盖章。

总说明应按下列内容填写:

①工程概况:建设规模、工程特征、计划工期、施工现场实际情况、自然地理条件、环境保护要求等。

②工程招标和专业发包范围。

③工程量清单编制依据。

④工程质量、材料、施工等的特殊要求。

⑤其他需要说明的问题。

▶ 12.2.3 分部分项工程量清单编制方法

"分部分项工程"是"分部工程"和"分项工程"的总称。"分部工程"是按照结构部位、施工特点或施工任务将单位工程划分为若干分部工程。例如,房屋建筑与装饰工程分为土石方工程、桩基工程、砌筑工程、混凝土及钢筋混凝土工程、楼地面装饰工程等分部工程。"分项工程"是按照不同施工方法、材料、工序等将分部工程划分为若干分项或项目的工程。例如,现浇混凝土梁分为基础梁、矩形梁、异形梁、圈梁等分项工程。

《工程量计算规范》附录中分部分项工程项目的内容包括项目编码、项目名称、项目特征、计量单位、工程量计算规则和工作内容 6 个部分。工程量清单计价中分部分项工程量清单应根据附录中的项目编码、项目名称、项目特征、计量单位、工程量计算规则进行编制。

1)项目编码

项目编码是指分部分项工程和措施项目清单名称的阿拉伯数字标识。分部分项工程量清单的项目编码,应采用 12 位阿拉伯数字表示。1 ~ 9 位应按计量规范附录的规定设置,10 ~ 12 位应根据拟建工程的工程量清单项目名称和项目特征由清单编制人自行设置,同一招标工程的项目编码不得有重码。

项目编码的含义如下:

□□ □□ □□ □□□ □□□

1 2 位 3 4 位 5 6 位 7 8 9 位 10 11 12 位

1,2 位为相关工程计量规范代码(01——房屋建筑与装饰工程;02——仿古建筑工程;03——通用安装工程;04——市政工程;05——园林绿化工程;06——矿山工程;07——构筑物工程;08——城市轨道交通工程;09——爆破工程);3,4 位为专业工程顺序码(如房屋建筑与装饰工程中的"砌筑工程"为 0104);5,6 位为分部工程顺序码(如房屋建筑与装饰工程中的"砖砌体"为 010401);7,8,9 位为分项工程名称顺序码(如房屋建筑与装饰工程中的"砖基础"为 010401001);10,11,12 位表示清单项目名称顺序码(同一个分项工程由于项目特征不同,需要分开列项,其项目编码的后三位由编制人从 001 开始编写),当同一标段(或合同段)的一份工程量清单中含多个单位工程且工程量清单以单位工程为编制对象时,在编制工程量清单时应特别注意对项目编码后三位的设置不得有重码。

2)项目名称

分部分项工程项目名称的设置或划分一般以形成工程实体为原则进行命名,对附属或次要部分一般均不设置项目。对于某些不形成工程实体的项目,如"挖基础土方""土方回填"等,考虑土石方工程的重要性及对工程造价有较大影响,仍列入清单项目。

分部分项工程量清单的项目名称应按《工程量计算规范》中附录的项目名称结合拟建工程的实际确定。

3)项目特征

项目特征是表征构成分部分项工程项目、措施项目自身价值的本质特征,是对体现分部分项工程量清单、措施项目清单的特有属性和本质特征的描述。从本质上讲,项目特征体现的是对分部分项工程的质量要求,是确定一个清单项目综合单价不可缺少的重要依据,在编制工程量清单时,必须对其进行准确、全面的描述。工程量清单项目特征描述的重要意义在于:

①项目特征是区分具体清单项目的依据;

②项目特征是确定综合单价的前提;

③项目特征是履行合同义务的基础。

若在施工中,施工图纸中某项的特征与标价的工程量清单对应的项目特征不一致或发生变化时,即可按合同约定的调整方法调整该分部分项工程的综合单价。

分部分项工程量清单中的项目特征应按《工程量计算规范》附录中规定的项目特征,结合拟建工程实际、技术规范、标准图集、施工图纸等,按照工程结构、使用材质及规格或安装位置等予以详细和准确的描述。如挖沟槽土方(010101003),《工程量计算规范》中载明的项目特征需要描述土壤类别、开挖方式、挖土深度、场内运距。其中,开挖方式是指人工或机械开挖。

为了保证项目特征表述的准确性,在描述项目特征时应按如下原则进行表达。

①项目特征的内容应按《工程量计算规范》附录中的规定,结合工程实际情况进行描述,确保其能满足综合单价的需要。

②若标准图集或施工图纸能全部或部分满足项目特征内容的要求,项目特征可直接描述为详见××图集或××图号,但对不能满足项目特征描述要求的部分,仍应该用文字进行表达。

在对分部分项工程项目特征进行描述时,还应注意以下几点:

(1)必须描述的内容

①涉及正确计量的内容。如010807003金属百叶窗,当以"樘"为单位进行计量时,项目特征必须描述洞口尺寸,没有洞口尺寸时必须描述窗框外围尺寸。

②涉及结构要求的内容。如010502001矩形柱,项目特征涉及混凝土的强度等级,因混凝土的强度等级不同,其综合单价也不相同,另外强度等级也是混凝土构件质量高低的体现,因此必须进行准确描述。

③涉及材质要求的内容。如031001给排水管道,必须准确表达出管道的材质(镀锌钢管、不锈钢管、铸铁管、塑料管等)才能选取准确的清单项。

④涉及安装方式的内容。如031001002钢管,其连接方式必须准确表达出是螺纹连接还

是焊接或其他连接方式;030411001 配管的敷设方式,暗敷还是明敷,都必须准确表达。

(2)可以不进行描述或不详细描述的内容

①对计量没有实质性影响的内容可以不描述。如对现浇混凝土梁的长度、截面尺寸等可以不进行描述,因为混凝土构件的计量单位为"m^3",其长度、截面尺寸在计算工程量时已涉及,若再对其进行特征描述则实际意义不大。

②应由投标人根据施工方案确定的可以不描述。如对 011706002 降水、排水的降排水管规格,如清单编制人认为需根据施工方案确定或描述起来有困难,可以不进行描述,由投标人根据施工方案自主确定规格,自主报价比较恰当。

③应由投标人根据当地材料和施工要求确定的可以不描述。如对混凝土拌合料使用的石子种类及粒径、砂的种类及特征可以不描述。因为混凝土拌合料使用碎石还是石,砂使用中砂、细砂还是特细砂,除构件本身特殊要求需特别指定外,主要还是取决于工程所在地的砂、石子等地方材料的供应情况。

④应由施工措施解决的可以不描述。如对现浇混凝土板的标高可以不进行描述。因为同样的板,若只是标高不同,其工程量可以合并到一个清单项目中进行计算。但需要注意的是,不同的标高,可能会出现功效不一致的情况,从而导致因楼层变化对同一项目提出多个清单项目。但这样的差异可以由投标人在报价中考虑或在施工措施中解决。

⑤对采用标准图集或施工图纸能够全部或部分满足项目特征描述的,项目特征可描述为详见××图集或××图号。

⑥对注明由投标人根据施工现场实际自行考虑决定报价的项目,项目特征可以不描述。如 010103002 余方弃置中的弃土运距等。

4)计量单位

分部分项工程量清单的计量单位应按《工程量计算规范》附录中规定的计量单位确定。规范中的单位均为基本单位,与定额中采用的在基本单位基础上扩大一定倍数的计量单位不同。如长度以"m"作为计量单位,面积以"m^2"作为计量单位,体积以"m^3"作为计量单位,质量以"t"或"kg"作为计量单位,自然计量单位以"个""组""套""根""系统"等作为计量单位。

对某个分项工程而言,若《工程量计算规范》附录中规定有两个或两个以上计量单位的,应结合拟建工程项目的实际情况选择其中一个,在同一建设项目(或标段、合同段)中,多个单位工程的相同项目其计量单位必须保持一致。

根据《工程量计算规范》的规定,工程计量时,每一项目汇总的有效位数应遵循下列规定:

①以"t" 作为计量单位时,应保留小数点后三位数字,第四位小数四舍五入。如在进行钢筋工程量录入时。

②以"m""m^2""m^3""kg" 作为计量单位时,应保留小数点后两位数字,第三位小数四舍五入。如在进行土石方工程、砌筑工程、混凝土工程等工程量录入时。

③以"个""组""套""根""系统"等作为计量单位时,应取整数。如安装工程中在进行卫生器具工程量录入时。

5)工程量计算规则

《工程量计算规范》统一规定了分部分项工程项目的工程量计算规则。其原则是按施工图图示尺寸(数量)计算工程实体工程量的净值。这不同于定额的工程量计算,定额的工程量计算规则要考虑一定的施工方法、施工工艺和施工现场的实际情况。

6)工作内容

工作内容是为了完成分部分项工程项目或措施项目所需发生的具体施工作业内容。《工程量计算规范》附录中给出的是一个清单项目可能发生的工作内容,在确定综合单价时需根据项目特征中的要求,或根据工程具体情况,或根据常规施工方案,从中选择其具体的施工作业内容。

工作内容不同于项目特征,其不需要在进行清单编制时进行描述。项目特征体现的是清单项目质量或特性的要求或标准,工作内容体现的是完成一个合格的清单项目所需要具体做的施工作业,对于一项明确的分部分项工程项目或措施项目,工作内容确定了其工程成本。

【例12.1】 某建筑物内外墙与基础均为MU7.5灰砂标准砖,M5水泥砂浆砌筑。外墙为370 mm,内墙为240 mm,外墙为石灰清水砖墙,用水泥膏勾缝,外墙裙标高1.2 m。圈梁用C20混凝土,一级钢筋,沿外墙附设,断面为240 mm×180 mm。基础为三级等高大放脚基础,垫层为C10混凝土。已知砖基础工程量为20.15 m^3,垫层工程量为3.58 m^3,外墙砌筑工程量为63.88 m^3,内墙砌筑工程量为22.33 m^3。试编制砖基础、清水砖墙和混水内墙3个分部分项工程量清单。

【解】 该建筑物分部分项工程量清单见表12.1。

表12.1 某建筑物分部分项工程量清单汇总表

项目编码	项目名称	项目特征	计量单位	工程量
010401001001	砖基础	1. 砖品种、规格和强度等级:MU7.5灰砂标准砖 2. 基础类型:三级等高大放脚基础 3. 砂浆强度等级:M5水泥石灰砂浆	m^3	20.15
010401003001	实心砖墙	1. 砖品种、规格和强度等级:MU7.5灰砂标准砖 2. 墙体类型:石灰清水外墙 3. 墙体厚度:370 mm 4. 勾缝要求:水泥膏勾缝 5. 砂浆强度等级、配合比:M5水泥石灰砂浆 6. 外墙裙标高:1.2 m	m^3	65.88
010401003002	实心砖墙	1. 砖品种、规格和强度等级:MU7.5灰砂标准砖 2. 墙体类型:混水内墙 3. 墙体厚度:240 mm 4. 砂浆强度等级、配合比:M5水泥石灰砂浆	m^3	22.23

▶ 12.2.4 措施项目清单编制方法

措施项目是相对于工程实体的分部分项工程项目而言的,是实际施工中必须发生的施工准备和施工过程中技术、生活、安全、环境保护等方面的非实体项目的总称。例如,安全文明施工费、冬雨季施工增加费、已完工程及设备保护费等。

《工程量计算规范》附录列出了两种类型的措施项目，一类列出了项目编码、项目名称、项目特征、计量单位、工程量计算规则，其属于施工技术措施，在编制工程量清单时，与分部分项工程项目的相关要求一致，如 011701 脚手架工程费、011703 垂直运输费、011704 超高降效施工费等；另一类只列出项目编码和项目名称，未列出其他内容，其属于施工组织措施，在编制工程量清单时，应按规范中措施项目规定的项目编码和项目名称确定，如 011707001001 安全文明施工费、011707002001 夜间施工费、011707003001 非夜间施工照明等。

根据《重庆市建设工程费用定额》(CQFYDE—2018)，措施项目费汇总表见表 12.2。

表 12.2　措施项目费汇总表

<table>
<tr><td rowspan="13">措施项目费</td><td rowspan="5">施工技术措施项目费</td><td colspan="2">特、大型施工机械设备进出场及安拆费</td></tr>
<tr><td colspan="2">脚手架费</td></tr>
<tr><td colspan="2">混凝土模板及支架费</td></tr>
<tr><td colspan="2">施工排水及降水费</td></tr>
<tr><td colspan="2">其他技术措施费</td></tr>
<tr><td rowspan="8">施工组织措施项目费</td><td rowspan="5">组织措施费</td><td>夜间施工增加费</td></tr>
<tr><td>二次搬运费</td></tr>
<tr><td>冬雨季施工增加费</td></tr>
<tr><td>已完工程及设备保护费</td></tr>
<tr><td>工程定位复测费</td></tr>
<tr><td colspan="2">安全文明施工费</td></tr>
<tr><td colspan="2">建设工程竣工档案编制费</td></tr>
<tr><td colspan="2">住宅工程质量分户验收费</td></tr>
</table>

其中，其他技术措施费是指除上述措施项目外，各专业工程根据工程特征所采用的措施项目费用，具体项目见表 12.3。

表 12.3　其他技术措施项目费用

专业工程	施工技术措施项目
房屋建筑与装饰工程	垂直运输、超高施工增加
仿古建筑工程	垂直运输
通用安装工程	垂直运输、超高施工增加、组装平台、抱(拔)杆、防护棚、胎(膜)具、充气保护
市政工程	围堰、便道及便桥、洞内临时设施、构建运输
园林绿化工程	树木支撑架、草绳绕树干、搭设遮阴(防寒)、围堰
构筑物工程	垂直运输
城市轨道交通工程	围堰、便道及便桥、洞内临时设施、构建运输
爆破工程	爆破安全措施项目

措施项目应根据拟建工程的实际情况列项，若出现《工程量计算规范》中未包括的项目，可根据工程实际情况进行补充。

▶ 12.2.5　其他项目清单编制方法

其他项目清单是指分部分项工程量清单、措施项目清单所包含内容之外的，因招标人的特殊要求而发生的其他费用项目和相应数量的清单。工程建设标准的高低、工程的复杂程度、工期的长短、工程的组成内容、发包人对工程管理的要求等都会对其他项目清单的具体内容产生直接影响。

其他项目清单应按照以下内容列项：

(1)暂列金额

暂列金额是指招标人在工程量清单中暂定并包括在合同价款中的一笔款项。这笔款项用于合同签订时尚未明确或不可预见的所需材料、工程设备、服务的采购，施工中可能发生的工程变更、合同约定调整因素出现时的工程价款及发生的索赔、现场签证等费用。

暂列金额作为工程造价费用的组成部分计入工程造价，中标后虽然列入合同价格，但并不直接属投标人所有，而是由发包人暂定并掌握使用的一笔款项。暂列金额的支付与否、支付额度以及用途都必须通过工程师的批准。

招标人应在暂列金额明细表中填写项目名称、计量单位、暂定金额等。投标人编制投标文件时，暂列金额应按招标人提供的其他项目清单中列出的金额填写，不得变动。

(2)暂估价

暂估价是指招标人在工程量清单中提供的用于支付必然发生但暂时不能确定价格的材料、工程设备的单价以及专业工程的金额。其包括材料暂估价、工程设备暂估价和专业工程暂估价。

材料、工程设备暂估价是指业主出于特殊目的或要求，对工程消耗的某类或某几类材料、工程设备，在招标文件中规定由招标人采购的材料、设备暂估价明细。

专业工程暂估价：由于某分项工程或单位工程专业性强，必须由专业队伍施工，即可分列这项费用(必然发生但暂时不能确定价格)，费用金额应通过向专业队伍询价(或招标)取得。

一般而言，为方便合同管理和计价，计入分部分项工程量清单项目综合单价中的暂估价最好只是材料费，以方便投标人组价。以“项”为计量单位给出的专业工程暂估价一般应是综合暂估价(规费和税金除外)。

暂估价中的材料、工程设备暂估价应根据工程造价信息或参照市场价格估算，列出明细表。

招标人应在表内填写工程名称、工程内容、暂定金额；投标人应按招标人提供的其他项目清单中列出的金额填写，将上述金额计入投标总价中，不得变动。

(3)计日工

计日工是指在施工过程中，承包人完成发包人提出的施工合同范围以外的零星项目或工作，按合同中约定的综合单价计价的一种方式。

招标人应在计日工表中分别列出人工、材料、施工机具的名称、计量单位和相应暂定数量。投标人应按招标人提供的其他项目清单列出的项目和估算的数量，自主确定各项综合单价并计算费用。

(4)总承包服务费

总承包服务费是总承包人为配合协调发包人进行的专业工程分包,对发包人自行采购的材料、工程设备等进行现场保管以及施工现场管理、竣工资料汇总整理等服务所需的费用。

编制招标工程量清单时,招标人应将拟定进行专业分包的专业工程,自行采购的材料、设备等进行明确,在总承包服务费计价表中填写项目名称、服务内容,以便投标人决定报价;投标人在投标报价时,应按招标文件中列出的相应服务内容自主报价。

▶ 12.2.6 规费、税金项目清单编制方法

规费是根据国家法律、法规规定,由省级政府或省级有关权力部门规定施工企业必须缴纳的,应计入建筑安装工程造价的费用。

规费、税金项目清单应按照规定的内容列项,当出现规范中没有的项目,应根据省级政府或有关部门的规定列项。税金项目清单除规定的内容外,如国家税法发生变化或增加税种,应对税金项目清单进行补充。规费、税金的计算基础和费率均应按照国家或地方相关部门的规定执行。

1)规费项目清单

①社会保险费包括养老保险、失业保险、工伤保险、医疗保险、生育保险。

②住房公积金。

2)税金项目清单

建筑安装工程税金主要由增值税、附加税、环境保护税构成。增值税和附加税的计税基础为税前造价,环境保护税按时计算。增值税分一般计税法和简易计税法。一般计税法税前造价不含增值税进项税额,简易计税法税前造价含增值税进项税额。附加税包括城市维护建设税、教育费附加、地方教育费附加,其取费基础是在增值税的基础上按工程所在地不同分别按不同税率来计取的,具体税率随国家政策变化而变化。

12.3 工程量清单报价编制方法

▶ 12.3.1 工程量清单计价的组成

工程量清单计价应根据国家标准《建设工程工程量清单计价规范》(GB 50500—2013)、《建筑与装饰工程工程量计算规范》(GB 50854—2013)及地方性计算规则,如《重庆市建设工程工程量清单计价规则》(CQJJGZ—2013)、《重庆市建设工程工程量计算规则》(CQJLGZ—2013)及《重庆市建设工程费用定额》(CQFYDE—2018)进行清单计价。

单位工程工程量清单计价组成由分部分项工程费、措施项目费、其他项目费、规费和税金组成。其中,单位工程计价程序见表12.4。

表 12.4　单位工程计价程序表

序号	项目名称	计算式	金额/元
1	分部分项工程费		
2	措施项目费	2.1 +2.2	
2.1	技术措施项目费		
2.2	组织措施项目费		
其中	安全文明施工费		
3	其他项目费	3.1 +3.2 +3.3 +3.4 +3.5	
3.1	暂列金额		
3.2	暂估价		
3.3	计日工		
3.4	总承包服务费		
3.5	索赔及现场签证		
4	规费		
5	税金	5.1 +5.2 +5.3	
5.1	增值税	(1 +2 +3 +4 − 甲供材料费) × 税率	
5.2	附加税	5.1 × 税率	
5.3	环境保护税	按实计算	
6	合价	1 +2 +3 +4 +5	

按 2013 版计价规范规定，工程量清单计价书由封面，总说明，投标报价汇总表，分部分项工程量清单计价表，工程量清单综合单价分析表，措施项目清单计价表，其他项目清单计价表，规费、税金项目清单计价表等组成。工程量清单计价文件宜采用统一的格式要求，各省、自治区、直辖市建设行政主管部门和行业建设主管部门可根据实际情况进行补充完善，结合《重庆市建设工程费用定额》(CQFYDE—2018)，建设工程工程量清单投标计价表格应包含封-3、表-01、表-02、表-03、表-04、表-08、表-09、表-10、表-11、表-11-1 至表-11-5、表-12、表-19、表-20 或表-21，与本章 12.2.1 相比较，更换封-1 为封 3，增加表-02、表-03、表-04、表-09-1，具体更换如下：

封-3

投标总价

招　标　人：______________________

投标总价(小写)：______________________

　　　　(大写)：______________________

投　标　人：______________________

(单位盖章)

法定代表人

或其授权人：______________________

(签字或盖章)

编　制　人：______________________

(造价人员签字盖专用章)

时间：　　年　月　日

表-02

建设项目招标控制价/投标报价汇总表

工程名称:　　　　　　　　　　　　　　　　　　　　　　　　　　　第　页　共　页

序号	单项工程名称	金额/元	其中		
			暂估价/元	安全文明施工费/元	规费/元
合　计					

注:本表适用于建设项目招标控制价或投标报价的汇总。暂估价包括分部分项工程中的暂估价和专业工程暂估价。

表-03

单项工程招标控制价/投标报价汇总表

工程名称：　　　　　　　　　　　　　　　　　　　　　　　　第　页　共　页

序号	单位工程名称	金额/元	其中		
			暂估价/元	安全文明施工费/元	规费/元
	合　计				

注：本表适用于单项工程招标控制价或投标报价的汇总。暂估价包括分部分项工程中的暂估价和专业工程暂估价。

表-04

单位工程招标控制价/投标报价汇总表

工程名称：　　　　　　　　　　　　　　　　　　　　第　页　共　页

序号	汇总内容	金额/元	其中:暂估价/元
1	分部分项工程		
1.1			
1.2			
1.3			
1.4			
1.5			
2	措施项目		
2.1	其中:安全文明施工费		
3	其他项目		
4	规费		
5	税金		
招标控制价合计 =1 +2 +3 +4 +5			

注:①本表适用于单位工程招标控制价或投标报价的汇总,如无单位工程划分,单项工程也使用本表汇总。

②分部分项工程、措施项目中暂估价应填写材料、工程设备暂估价;其他项目中暂估价应填写专业工程暂估价。

表-09-1

分部分项工程/施工技术措施项目清单综合单价分析表(一)

工程名称：　　　　　　　　　　　　　　　　　　　　　　　　　　　　　　第　页　共　页

项目编码		项目名称							计量单位						
				定额综合单价/元									人材机价差	其他风险费	合价/元
定额编号	定额项目名称	单位	数量	定额人工费	定额材料费	定额施工机具使用费	企业管理费		利润		一般风险费用				
				1	2	3	4	5	6	7	8	9	10	11	12
							费率/%	(1)×(4)	费率/%	(1)×(6)	费率/%	(1)×(8)			1+2+3+4+5+7+9+10+11
合　计															
人工、材料及机械名称					单位	数量	定额单价		市场单价		价差合计		市场合价		备注
1. 人工															
……															
2. 材料															
(1)计价材料															
(2)其他材料					元	—	—				—				
3. 机械															
(1)机上人工															
……															
(2)燃油动力费															
……															

▶ 12.3.2　综合单价编制方法

1)综合单价概述

综合单价是指完成一个规定清单项目所需的人工费、材料费、施工机具使用费和企业管理费、利润以及一定范围内的风险费用。

(1)人工费、材料费、施工机具使用费

综合单价中的人工费、材料费、施工机具使用费可按投标单位的企业定额计算确定,也可根据省级建设主管部门颁发的定额计算确定。本书例题中的人工费、材料费、施工机具使用费均按《重庆市房屋建筑与装饰工程计价定额》(CQJZZSDE—2018)计算。

计算中采用的价格应是市场价格,也可以是工程造价管理机构发布的工程造价信息。

(2)企业管理费、利润、一般风险费

按照《重庆市建设工程费用定额》(CQFYDE—2018)规定,采用工程量清单计价的,编制招标最高限价时,应执行本定额;在计算企业管理费、利润、一般风险费用时,房屋建筑工程、仿古建筑工程、构筑物等以“定额人工费+定额施工机具使用费”为费用计算基础,装饰工程应以定额人工费为费用计算基础。费用标准见表12.5。

表12.5　重庆市房屋建筑与装饰工程企业管理费、风险、利润费率表

专业工程		一般计税法		简易计税法		利润/%
		企业管理费/%	一般风险费/%	企业管理费/%	一般风险费/%	
建筑工程	公共建筑工程	24.10	1.5	24.47	1.6	12.92
	住宅工程	25.60		25.99		12.92
	工业建筑工程	26.10		26.50		13.30
仿古建筑工程		17.76	1.6	18.03	1.71	8.24
构筑物工程	烟囱、水塔、筒仓	24.29	1.6	24.66	1.71	12.46
	贮池、生化池	39.16		39.75		21.89
机械(爆破)土石方工程		18.40	1.2	18.68	1.28	7.64
人工土石方工程		10.78	—	10.94	—	3.55
围墙工程		18.97	1.5	19.26	1.6	7.82
房屋建筑修缮工程		18.51	—	18.79	—	8.45
装饰工程		15.61	1.8	15.85	1.92	9.61
房屋单拆除工程		8.50	—	8.63	—	3.37

注:房屋建筑修缮工程、人工土石方工程、房屋单拆除工程不计算一般风险费。除一般风险费外的其他风险费,按招标文件要求的风险内容及范围确定。

根据《重庆市建设工程费用定额》(CQFYDE—2018)的规定,综合单价中的一般风险费用是指工程施工期间因停水、停电,材料设备供应,材料代用等不可预见的一般风险因素影响正

常施工而又不便计算的损失费用,内容包括:

①一月内停水、停电在工作时间16 h以内的停工、窝工损失。

②建设单位供应材料设备不及时,造成的停、窝工每月在8 h以内的损失。

③材料的理论质量与实际质量的差。

④材料的代用,但不包括建筑材料中的钢材代用。

其他风险费是指除一般风险费外,招标人根据《建设工程工程量清单计价规范》(GB 50500—2013)、《重庆市建设工程工程量清单计价规则》(CQJJGZ—2013)的有关规定,在招标文件中要求投标人承担的人工、材料、机械价格及工程量变化导致的价格风险。

2)综合单价计算程序

①房屋建筑工程、仿古建筑工程、构筑物工程、市政工程、城市轨道交通的盾构工程及地下工程和轨道工程、机械(爆破)土石方工程、房屋建筑修缮工程,其综合单价计算程序见表12.6和表12.7。

表12.6　综合单价计算程序表(一般计税法)

序号	费用名称	一般计税法计算式
1	定额综合单价	1.1+1.2+1.3+1.4+1.5+1.6
1.1	定额人工费	
1.2	定额材料费	
1.3	定额施工机具使用费	
1.4	企业管理费	(1.1+1.3)×费率
1.5	利润	(1.1+1.3)×费率
1.6	一般风险费	(1.1+1.3)×费率
2	人材机价差	2.1+2.2+2.3
2.1	人工费价差	合同价(信息价、市场价)-定额人工费
2.2	材料费价差	不含税合同价(信息价、市场价)-定额材料费
2.3	施工机具使用费价差	2.3.1+2.3.2
2.3.1	机上人工费价差	合同价(信息价、市场价)-定额机上人工费
2.3.2	燃料动力费价差	不含税合同价(信息价、市场价)-定额燃料动力费
3	其他风险费	
4	综合单价	1+2+3

表12.7　综合单价计算程序表(简易计税法)

序号	费用名称	简易计税法计算式
1	定额综合单价	1.1+1.2+1.3+1.4+1.5+1.6
1.1	定额人工费	

续表

序号	费用名称	简易计税法计算式
1.2	定额材料费	
1.2.1	其中:定额其他材料费	
1.3	定额施工机具使用费	
1.4	企业管理费	(1.1+1.3)×费率
1.5	利润	(1.1+1.3)×费率
1.6	一般风险费	(1.1+1.3)×费率
2	人材机价差	2.1+2.2+2.3
2.1	人工费价差	合同价(信息价、市场价)-定额人工费
2.2	材料费价差	2.2.1+2.2.2
2.2.1	计价材料价差	含税合同价(信息价、市场价)-定额材料费
2.2.2	定额其他材料费进项税	1.2.1×材料进项税税率16%
2.3	施工机具使用费价差	2.3.1+2.3.2+2.3.3
2.3.1	机上人工费价差	合同价(信息价、市场价)-定额机上人工费
2.3.2	燃料动力费价差	含税合同价(信息价、市场价)-定额燃料动力费
2.3.3	施工机具进项税	2.3.3.1+2.3.3.2
2.3.3.1	机械进项税	按施工机械台班定额进项税额计算
2.3.3.2	定额其他施工机具使用费进项税	定额其他施工机具使用费×施工机具进项税税率16%
3	其他风险费	
4	综合单价	1+2+3

②装饰工程、通用安装工程、市政安装工程、园林绿化工程、城市轨道交通安装工程、人工土石方工程、房屋安装修缮工程、房屋单拆除工程,其综合单价计算程序见表12.8、表12.9。

表12.8 综合单价计算程序表(一般计税法)

序号	费用名称	一般计税法计算式
1	定额综合单价	1.1+1.2+1.3+1.4+1.5+1.6
1.1	定额人工费	
1.2	定额材料费	
1.3	定额施工机具使用费	
1.4	企业管理费	1.1×费率
1.5	利润	1.1×费率

续表

序号	费用名称	一般计税法计算式
1.6	一般风险费	1.1×费率
2	未计价材料	不含税合同价(信息价、市场价)
3	人材机价差	3.1+3.2+3.3
3.1	人工费价差	合同价(信息价、市场价)-定额人工费
3.2	材料费价差	不含税合同价(信息价、市场价)-定额材料费
3.3	施工机具使用费价差	3.3.1+3.3.2
3.3.1	机上人工费价差	合同价(信息价、市场价)-定额机上人工费
3.3.2	燃料动力费价差	不含税合同价(信息价、市场价)-定额燃料动力费
4	其他风险费	
5	综合单价	1+2+3+4

表12.9　综合单价计算程序表(简易计税法)

序号	费用名称	简易计税法计算式
1	定额综合单价	1.1+1.2+1.3+1.4+1.5+1.6
1.1	定额人工费	
1.2	定额材料费	
1.2.1	其中:定额其他材料费	
1.3	定额施工机具使用费	
1.4	企业管理费	1.1×费率
1.5	利润	1.1×费率
1.6	一般风险费	1.1×费率
2	未计价材料	含税合同价(信息价、市场价)
3	人材机价差	3.1+3.2+3.3
3.1	人工费价差	合同价(信息价、市场价)-定额人工费
3.2	材料费价差	3.2.1+3.2.2
3.2.1	计价材料价差	含税合同价(信息价、市场价)-定额材料费
3.2.2	定额其他材料费进项税	1.2.1×材料进项税税率16%
3.3	施工机具使用费价差	3.3.1+3.3.2+3.3.3
3.3.1	机上人工费价差	合同价(信息价、市场价)-定额机上人工费
3.3.2	燃料动力费价差	含税合同价(信息价、市场价)-定额燃料动力费
3.3.3	施工机具进项税	3.3.3.1+3.3.3.2+3.3.3.3
3.3.3.1	机械进项税	按施工机械台班定额进项税额计算

续表

序号	费用名称	简易计税法计算式
3.3.3.2	仪器仪表进项税	按仪器仪表台班定额进项税额计算
3.3.3.3	定额其他施工机具使用费进项税	定额其他施工机具使用费×施工机具进项税税率16%
4	其他风险费	
5	综合单价	1+2+3+4

上述综合单价计算程序表是一个说明综合单价计算程序的表格。我国目前主要采用经评审的最低投标价法和综合评估法进行评标，为表明分部分项工程量综合单价的合理性，投标人应对其进行单价分析，以作为评标时判断综合单价合理性的主要依据。综合单价分析表的编制应反映出综合单价的编制过程，实际分析计算综合单价时，可按表12.10和表12.11进行。

3）综合单价分析案例

【例12.2】 某住宅工程实心砖墙清单工程量为301.56 m^3，一砖墙（标准砖），M5湿拌商品水泥砂浆砌筑。已知：人工市场价为150元/工日，M5湿拌商品水泥砂浆市场价为350元/m^3，企业管理费费率为25.60%，利润率为12.92%，一般风险费费率为1.5%。试采用一般计税方法分析其综合单价，并完成表12.12。（计算结果保留两位小数）

【解】 根据背景条件可知，应套用《房屋建筑与装饰工程工程量计算规范》（GB 50854—2013）子目：010401003 实心砖墙；套用《重庆市房屋建筑与装饰工程计价定额》（CQJZZSDE—2018）第一册　建筑工程子目：AD0022。

查定额AD0022可知，砌筑每10 m^3 240 mm实心砖墙需人工费1 171.51元，其中人工消耗量10.187工日，日工资单价115元/工日；材料费2 993.84元，其中M5湿拌商品砌筑砂浆2.359 m^3，机械费0元。

则砌筑301.56 m^3 240 mm实心砖墙需：

①人工费 1 171.51×301.56÷10=35 328.06（元）

②材料费 2 993.84×301.56÷10=90 282.24（元）

③机械费0元。

④企业管理费（35 328.06+0）×25.60%=9 043.98（元）

⑤利润（35 328.06+0）×12.92%=4 564.39（元）

⑥一般风险费用（35 328.06+0）×1.5%=529.92（元）

⑦人材机价差 10.187×（150−115）×301.56÷10（人工费价差）+2.359×（350−311.65）×301.56÷10=10 751.97+2 728.14=13 480.11（元）

⑧其他风险费0元。

合价=35 328.06+90 282.24+0+9 043.98+4 564.39+529.92+13 480.11+0=153 228.7（元）

$$综合单价=\frac{合价}{工程量}=\frac{153\ 228.7}{301.56}=508.12（元/m^3）$$

通过以上分析计算，完成表12.12的填写，填写情况见表12.13。

表 12.10　分部分项工程项目清单综合单价分析表(一)

工程名称:　　　　第　页　共　页

<table>
<tr><td>项目编码</td><td></td><td colspan="2">项目名称</td><td colspan="5"></td><td colspan="2">计量单位</td><td colspan="2"></td><td colspan="2">综合单价/元</td><td></td></tr>
<tr><td rowspan="4">定额编号</td><td rowspan="4">定额项目名称</td><td rowspan="4">单位</td><td rowspan="4">数量</td><td colspan="9">定额综合单价/元</td><td rowspan="2">人材机价差</td><td rowspan="2">其他风险费</td><td rowspan="2">合价/元</td></tr>
<tr><td>定额人工费</td><td>定额材料费</td><td>定额施工机具使用费</td><td colspan="2">企业管理费</td><td colspan="2">利润</td><td colspan="2">一般风险费用</td></tr>
<tr><td rowspan="2">1</td><td rowspan="2">2</td><td rowspan="2">3</td><td>4</td><td>5</td><td>6</td><td>7</td><td>8</td><td>9</td><td rowspan="2">10</td><td rowspan="2">11</td><td>12</td></tr>
<tr><td>费率/%</td><td>(1+3)×(4)</td><td>费率/%</td><td>(1+3)×(6)</td><td>费率/%</td><td>(1+3)×(8)</td><td>1+2+3+5+7+9+10+11</td></tr>
<tr><td></td><td></td><td></td><td></td><td></td><td></td><td></td><td></td><td></td><td></td><td></td><td></td><td></td><td></td><td></td><td></td></tr>
<tr><td colspan="4">合　计</td><td></td><td></td><td></td><td></td><td></td><td></td><td></td><td></td><td></td><td></td><td></td><td></td></tr>
<tr><td colspan="5">人工、材料及机械名称</td><td>单位</td><td>数量</td><td colspan="2">定额单价</td><td colspan="2">市场单价</td><td colspan="2">价差合计</td><td colspan="2">市场价合价</td><td>备注</td></tr>
<tr><td colspan="5">1. 人工</td><td></td><td></td><td colspan="2"></td><td colspan="2"></td><td colspan="2"></td><td colspan="2"></td><td></td></tr>
<tr><td colspan="5"></td><td>工日</td><td></td><td colspan="2"></td><td colspan="2"></td><td colspan="2"></td><td colspan="2"></td><td></td></tr>
<tr><td colspan="5">2. 材料</td><td></td><td></td><td colspan="2"></td><td colspan="2"></td><td colspan="2"></td><td colspan="2"></td><td></td></tr>
<tr><td colspan="5">(1)未计价材料</td><td></td><td></td><td colspan="2"></td><td colspan="2"></td><td colspan="2"></td><td colspan="2"></td><td></td></tr>
<tr><td colspan="5">(2)计价材料</td><td></td><td></td><td colspan="2"></td><td colspan="2"></td><td colspan="2"></td><td colspan="2"></td><td></td></tr>
<tr><td colspan="5">(3)其他材料</td><td></td><td></td><td colspan="2"></td><td colspan="2"></td><td colspan="2"></td><td colspan="2"></td><td></td></tr>
<tr><td colspan="5">3. 机械</td><td></td><td></td><td colspan="2"></td><td colspan="2"></td><td colspan="2"></td><td colspan="2"></td><td></td></tr>
<tr><td colspan="5">(1)机上人工</td><td></td><td></td><td colspan="2"></td><td colspan="2"></td><td colspan="2"></td><td colspan="2"></td><td></td></tr>
<tr><td colspan="5">(2)燃油动力费</td><td></td><td></td><td colspan="2"></td><td colspan="2"></td><td colspan="2"></td><td colspan="2"></td><td></td></tr>
</table>

注:此表适用于房屋建筑工程、仿古建筑工程、构筑物工程、市政工程、城市轨道交通的盾构工程及地下工程和轨道工程、机械(爆破)土石方工程、房屋建筑修缮工程。

表 12.11　分部分项工程项目清单综合单价分析表(二)

工程名称:　　　　　　　　　　　　　　　　　　　　　　　第　页　共　页

<table>
<tr><td>项目编码</td><td></td><td colspan="2">项目名称</td><td colspan="5"></td><td colspan="2">计量单位</td><td colspan="2"></td><td colspan="3">综合单价/元</td><td></td></tr>
<tr><td rowspan="4">定额编号</td><td rowspan="4">定额项目名称</td><td rowspan="4">单位</td><td rowspan="4">数量</td><td colspan="9">定额综合单价/元</td><td rowspan="2">未计价材料费</td><td rowspan="2">人材机价差</td><td rowspan="2">其他风险费</td><td rowspan="2">合价/元</td></tr>
<tr><td>定额人工费</td><td>定额材料费</td><td>定额施工机具使用费</td><td colspan="2">企业管理费</td><td colspan="2">利润</td><td colspan="2">一般风险费用</td></tr>
<tr><td rowspan="2">1</td><td rowspan="2">2</td><td rowspan="2">3</td><td>4</td><td>5</td><td>6</td><td>7</td><td>8</td><td>9</td><td rowspan="2">10</td><td rowspan="2">11</td><td rowspan="2">12</td><td>12</td></tr>
<tr><td>费率/%</td><td>(1)×(4)</td><td>费率/%</td><td>(1)×(6)</td><td>费率/%</td><td>(1)×(8)</td><td>1+2+3+5+7+9+10+11+12</td></tr>
<tr><td></td><td></td><td></td><td></td><td></td><td></td><td></td><td></td><td></td><td></td><td></td><td></td><td></td><td></td><td></td><td></td><td></td></tr>
<tr><td colspan="4">合　计</td><td></td><td></td><td></td><td></td><td></td><td></td><td></td><td></td><td></td><td></td><td></td><td></td><td></td></tr>
<tr><td colspan="5">人工、材料及机械名称</td><td>单位</td><td>数量</td><td colspan="2">定额单价</td><td colspan="2">市场单价</td><td colspan="2">价差合计</td><td colspan="2">市场价合价</td><td colspan="2">备注</td></tr>
<tr><td colspan="5">1. 人工</td><td></td><td></td><td colspan="2"></td><td colspan="2"></td><td colspan="2"></td><td colspan="2"></td><td colspan="2"></td></tr>
<tr><td colspan="5"></td><td>工日</td><td></td><td colspan="2"></td><td colspan="2"></td><td colspan="2"></td><td colspan="2"></td><td colspan="2"></td></tr>
<tr><td colspan="5">2. 材料</td><td></td><td></td><td colspan="2"></td><td colspan="2"></td><td colspan="2"></td><td colspan="2"></td><td colspan="2"></td></tr>
<tr><td colspan="5">(1)未计价材料</td><td></td><td></td><td colspan="2"></td><td colspan="2"></td><td colspan="2"></td><td colspan="2"></td><td colspan="2"></td></tr>
<tr><td colspan="5">(2)计价材料</td><td></td><td></td><td colspan="2"></td><td colspan="2"></td><td colspan="2"></td><td colspan="2"></td><td colspan="2"></td></tr>
<tr><td colspan="5">(3)其他材料</td><td></td><td></td><td colspan="2"></td><td colspan="2"></td><td colspan="2"></td><td colspan="2"></td><td colspan="2"></td></tr>
<tr><td colspan="5">3. 机械</td><td></td><td></td><td colspan="2"></td><td colspan="2"></td><td colspan="2"></td><td colspan="2"></td><td colspan="2"></td></tr>
<tr><td colspan="5">(1)机上人工</td><td></td><td></td><td colspan="2"></td><td colspan="2"></td><td colspan="2"></td><td colspan="2"></td><td colspan="2"></td></tr>
<tr><td colspan="5">(2)燃油动力费</td><td></td><td></td><td colspan="2"></td><td colspan="2"></td><td colspan="2"></td><td colspan="2"></td><td colspan="2"></td></tr>
</table>

注:此表适用于装饰工程、通用安装工程、市政安装工程、园林绿化工程、城市轨道交通安装工程、人工土石方工程、房屋安装修缮工程、房屋单拆除工程。

表 12.12　综合单价分析表

项目编码		项目名称							计量单位				综合单价/元		
定额编号	定额项目名称	单位	数量	定额综合单价/元									人材机价差	其他风险费	合价/元
				定额人工费	定额材料费	定额施工机具使用费	企业管理费		利润		一般风险费用				
				1	2	3	4	5	6	7	8	9	10	11	12
							费率/%	(1+3)×(4)	费率/%	(1+3)×(6)	费率/%	(1+3)×(8)			1+2+3+5+7+9+10+11
合　计															

表 12.13 综合单价分析表

项目编码	010401003001	项目名称		实心砖墙					计量单位		m^3		综合单价/元		508.12
定额编号	定额项目名称	单位	数量	定额综合单价/元									人材机价差	其他风险费	合价/元
				定额人工费	定额材料费	定额施工机具使用费	企业管理费		利润		一般风险费用				
				1	2	3	4	5	6	7	8	9	10	11	12
							费率/%	(1+3)×(4)	费率/%	(1+3)×(6)	费率/%	(1+3)×(8)			1+2+3+5+7+9+10+11
AD0022	240 mm 实心砖墙湿拌商品砂浆	10 m^3	30.156	35 328.06	90 282.24	0	25.6	9 043.98	12.92	4 564.39	1.5	529.92	13 480.11	0	153 228.7
合　计				35 328.06	90 282.24	0	—	9 043.98	—	4 564.39	—	529.92	13 480.11	0	153 228.7

▶ 12.3.3 分部分项工程和单价措施项目费计算

分部分项工程费应根据招标文件中的分部分项工程量清单项目特征及主要工程内容的描述,确定综合单价来计算。因此,确定综合单价是计算确定分部分项工程费、完成分部分项工程量清单计价表编制过程中最主要的内容。从严格意义上讲,工程量清单计价模式下的合同应是单价合同,因此综合单价的分析计算是投标报价的关键环节。表 12.14 为某建筑工程分部分项工程量清单计价表。

表 12.14　分部分项工程量清单计价表

工程名称:某建筑工程

序号	项目编码	项目名称	项目特征	计量单位	工程量	金额/元		
						综合单价	合价	其中:暂估价
	A.1	土石方工程						
1	010101001001	平整场地	[项目特征] 1. 土壤类别:二类土 2. 弃土运距:50 m	m^2	100.02	1.67	167.03	
2	010101003001	挖沟槽土方	[项目特征] 1. 土壤类别:二类土 2. 开挖方式:机械开挖 3. 挖土深度:3.2 m 4. 场内运距:20 m	m^3	50.67	5.35	271.08	
	A.5	混凝土及钢筋混凝土工程						
1	010501001001	垫层	[项目特征] 1. 混凝土种类:商品混凝土 2. 混凝土强度等级:C15	m^3	10.42	353.53	3 683.78	
2	010501002001	带形基础	[项目特征] 1. 混凝土种类:商品混凝土 2. 混凝土强度等级:C30	m^3	38.52	467.5	18 008.1	
本页小计						22 129.99		
合　计						22 129.99		

▶ 12.3.4 总价项目费计算

编制内容主要是计算各项措施项目费。措施项目费应根据招标文件中的措施项目清单及投标时拟定的施工组织设计或施工方案由投标人自主确定。计算时应遵循以下原则:

①投标人可根据工程实际情况结合施工组织设计或施工方案,自主确定措施项目费。对招标人所列的措施项目可进行增补。投标人根据施工组织设计或施工方案调整和确定的措施项目应通过评标委员会的评审。

②措施项目清单计价应根据拟建工程的施工组织设计或施工方案采用不同方法。

a. 技术措施项目清单计价应采用综合单价的方式计价。技术措施项目相应的综合单价计算方法与分部分项工程项目清单综合单价计算方法相同。

b. 组织措施项目,即总价措施项目清单计价。组织措施项目不能计算工程量,只能以"项"计量,按费率的方式计算确定。按"项"计算的组织措施项目费,应包括除规费、税金以外的全部费用。

c. 措施项目中的安全文明施工费,应按照国家或省级、行业建设主管部门的规定计算确定。

表 12.15 为某建筑工程的施工组织措施项目清单计价表。

表 12.15 施工组织措施项目清单计价表

工程名称:某建筑工程　　　　第 1 页 共 1 页

序号	项目编码	项目名称	计算基础	费率/%	金额/元	调整费率/%	调整后的金额/元	备注
1	011707B16001	组织措施费	分部分项人工费+分部分项机械费+技术措施人工费+技术措施机械费	6.88	249.61			
2	011707001001	安全文明施工费	税前合计	3.59	1 617.38			
3	011707B15001	建设工程竣工档案编制费	分部分项人工费+分部分项机械费+技术措施人工费+技术措施机械费	0.56	20.32			
4	011707B14001	住宅工程质量分户验收费	建筑面积	132	26 400			
合 计					28 287.31			

▶ 12.3.5 其他项目费计算

其他项目费应按下列规定计价:

①暂列金额应按招标工程量清单中列出的金额填写。

②材料、工程设备暂估价应按招标工程量清单中列出的单价计入综合单价。

③专业工程暂估价应按招标工程量清单中列出的金额填写。

④计日工应按招标工程量清单中列出的项目和数量,自主确定综合单价并计算计日工金额。

⑤总承包服务费根据招标工程量清单中列出的内容和提出的要求自主确定。表 12.16

为某工程其他项目清单计价汇总表,表 12.17 为某工程暂列金额明细表。

表 12.16 某工程其他项目清单计价汇总表

工程名称:××工程

序号	项目名称	计量单位	金额/元	备 注
1	暂列金额	项	50 000.00	
2	暂估价	项	80 000.00	
2.1	材料(工程设备)暂估价	项	—	
2.2	专业工程暂估价	项	80 000.00	
3	计日工	项	20 280.00	
4	总承包服务费	项	2 400.00	
5	索赔与现场签证			
合 计			152 680.00	

表 12.17 某工程暂列金额明细表

工程名称:某中学教师住宅工程

序号	项目名称	计量单位	暂定金额/元	备 注
1	工程量清单中工程量偏差和设计变更	项	20 000.00	
2	政策性调整和材料价格风险	项	20 000.00	
3	其他	项	10 000.00	
合 计			50 000.00	

▶ 12.3.6 规费、税金项目及投标报价计算

规费、税金应按重庆市城乡建设主管部门发布的规定标准计算,不得作为竞争性费用。规费费用标准见表 12.18。

表 12.18 规费费用标准表

专业工程		费率/%	计费基数
建筑工程	公共建筑工程	10.32	定额人工费+定额施工机具使用费
	住宅工程		
	工业建筑工程		
仿古建筑工程		7.2	
构筑物工程	烟囱、水塔、筒仓	9.25	
	贮池、生化池		
机械(爆破)土石方工程		7.2	
人工土石方工程		8.2	定额人工费

续表

专业工程	费率/%	计费基数
围墙工程	7.2	定额人工费+定额施工机具使用费
房屋建筑修缮工程		
装饰工程	15.13	定额人工费
房屋单拆除工程	8.2	

税金包括增值税、城市维护建设税、教育费附加、地方教育附加以及环境保护税，按照国家和重庆市相关规定执行，税费标准见表11.15。

【例12.3】 某住宅工程基础平面图如图12.2所示，现浇钢筋混凝土带形基础、独立基础的尺寸如图12.3所示。混凝土垫层强度等级为C15，混凝土基础强度等级为C20，按商品混凝土考虑，模板及支架费用计入对应混凝土构件中。商品混凝土带形基础定额表见表12.19。

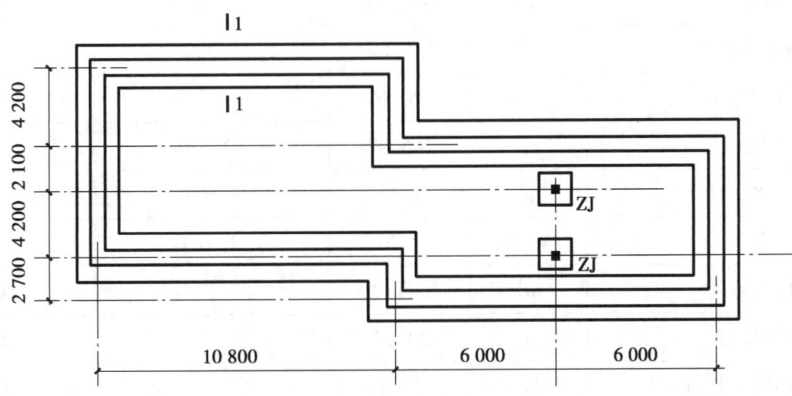

图12.2 基础平面图

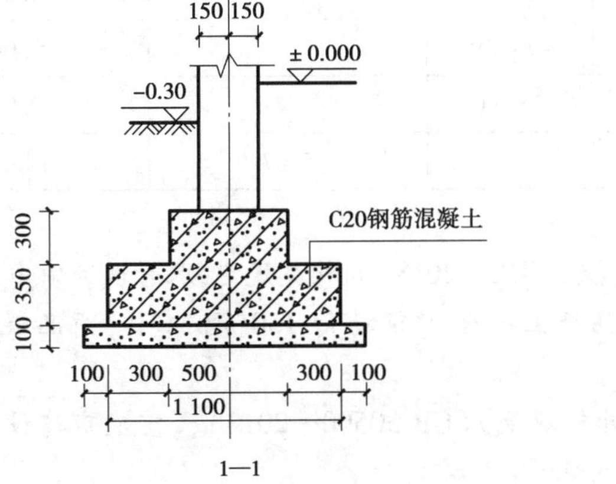

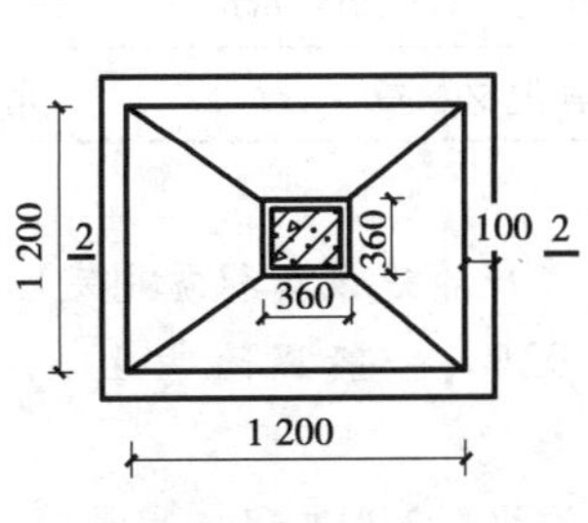

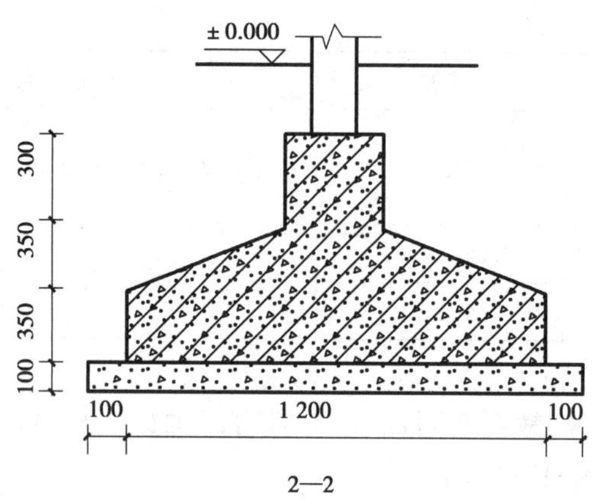

图 12.3 基础剖面图

表 12.19 商品混凝土带形基础定额表

项目			现浇混凝土带形基础	混凝土带形基础模板
名称	单位	单价/元	10 m³	100 m²
混凝土综合工	工日	115.00	3.350	
模板综合工	工日	120.00		18.640
商品混凝土	m³	266.99	10.150	
水	m³	4.42	1.009	
电	kW·h	0.70	2.310	
木材　锯材	m³	1547.01		0.438
复合模板	m²	23.93		24.675
支撑钢管及扣件	kg	3.68		18.940
加工铁件	kg	4.06		24.930
载重汽车 6 t	台班	422.13		0.072
汽车式起重机 5 t	台班	473.39		0.048
木工圆锯机　直径 500 mm	台班	25.81		0.028
其他材料费	元	—	5.67	148.56

根据《重庆市建设工程费用定额》(CQFYDE—2018)的相关规定,取管理费费率25.60%,利润率12.92%,一般风险费1.5%;混凝土综合工市场价150元/工日,商品混凝土280元/m^3。

问题:依据《建设工程工程量清单计价规范》(GB 50500—2013)、《重庆市建设工程费用定额》(CQFYDE—2018)等文件完成下列计算:

①计算现浇钢筋混凝土带形基础、独立基础、基础垫层的工程量,将计算过程及结果填入表12.20。

②编制现浇混凝土带形基础、独立基础的分部分项工程量清单,说明项目特征,并将答案

填入表12.21。

③计算带形基础、独立基础和基础垫层的模板工程量,将计算过程及结果填入表12.22。

④依据提供的基础定额数据,按一般计税法计算混凝土带形基础的分部分项工程量清单综合单价,填入表12.23,并列出计算过程。

⑤若该工程的分部分项工程费为150 000元,措施项目费为30 000元,其中,定额人工费和定额施工机具使用费之和为80 000元,其他项目费为45 000元,规费费率10.32%,增值税税率10%,附加税税率12%,环境保护税10 000元,试根据以上信息完成表12.24。

表12.20　分部分项工程量计算表

序号	分项工程名称	计量单位	工程量	计算过程
1	带形基础			
2	独立基础			
3	带形基础垫层			
4	独立基础垫层			

表12.21　分部分项工程量清单

序号	项目编号	项目名称及特征	计量单位	工程量
1				
2				

表12.22　模板工程量计算表

序号	模板名称	计量单位	工程量	计算过程
1				
2				
3				

表 12.23 分部分项工程量清单综合单价分析表

工程名称：　　　　第　页　共　页

项目编码		项目名称							计量单位				综合单价/元		
定额编号	定额项目名称	单位	数量	定额综合单价/元									人材机价差	其他风险费	合价/元
				定额人工费	定额材料费	定额施工机具使用费	企业管理费		利润		一般风险费用				
				1	2	3	4	5	6	7	8	9	10	11	12
							费率/%	(1+3)×(4)	费率/%	(1+3)×(6)	费率/%	(1+3)×(8)			1+2+3+5+7+9+10+11
合计															

表 12.24 单位工程计价程序表

序号	项目名称	计算式	金额/元
1	分部分项工程费		
2	措施项目费		
2.1	技术措施项目费		
2.2	组织措施项目费		
其中	安全文明施工费		
3	其他项目费		
3.1	暂列金额		
3.2	暂估价		
3.3	计日工		
3.4	总承包服务费		
3.5	索赔及现场签证		
4	规费		
5	税金		
5.1	增值税		
5.2	附加税		
5.3	环境保护税		
6	合　价		

【解】

(1)计算工程量(表 12.25—表 12.27)

表 12.25 分部分项工程量计算表

序号	分项工程名称	计量单位	工程量	计算过程
1	带形基础	m^3	38.52	长度:$(10.8+6+6)\times2+(4.2+2.1+4.2)+4.2+2.7+(2.7+4.2+2.1)=72(m)$ $(1.1\times0.35+0.5\times0.3)\times72=38.52(m^3)$
2	独立基础	m^3	1.55	$\{1.2\times1.2\times0.35+1/3\times0.35\times[1.2^2+0.36^2+(1.2^2\times0.36^2)^{0.5}]+0.36\times0.36\times0.3\}\times2=1.55(m^3)$
3	带形基础垫层	m^3	9.36	$(1.1+0.1\times2)\times0.1\times72=9.36(m^3)$
4	独立基础垫层	m^3	0.39	$1.4\times1.4\times0.1\times2=0.39(m^3)$

表 12.26　分部分项工程量清单

序号	项目编号	项目名称及特征	计量单位	工程量
1	010501002001	带形基础 1. 混凝土种类:外购商品混凝土 2. 混凝土强度等级:C20	m^3	38.52
2	010501003001	独立基础 1. 混凝土种类:外购商品混凝土 2. 混凝土强度等级:C20	m^3	1.55
3	010501001001	垫层 1. 混凝土种类:外购商品混凝土 2. 混凝土强度等级:C15	m^3	9.75

表 12.27　模板工程量计算表

序号	模板名称	计量单位	工程量	计算过程
1	带形基础模板	m^2	93.6	$(0.35+0.3)\times2\times72=93.6(m^2)$
2	独立基础模板	m^2	4.22	$(0.35\times1.2+0.3\times0.36)\times4\times2=4.22(m^2)$
3	垫层模板	m^2	15.52	带形基础垫层:$0.1\times2\times72=14.4(m^2)$ 独立基础垫层:$1.4\times0.1\times4\times2=1.12(m^2)$ 合计:$14.4+1.12=15.52(m^2)$

(2)计算综合单价

①带形基础:

带形基础清单工程量 $=38.52(m^3)$

带形基础定额工程量 $=38.52\div10=3.852(m^3)$

数量:$3.852\div38.52=0.1$

定额人工费:$3.35\times115\times0.1=38.53$(元/$m^3$)

定额材料费:$(266.99\times10.15+4.42\times1.009+0.7\times2.31+5.67)\times0.1=272.17$(元/$m^3$)

定额施工机具使用费:0(元)

企业管理费:$(38.53+0)\times25.6\%=9.86$(元/$m^3$)

利润:$(38.53+0)\times12.92\%=4.98$(元/$m^3$)

一般风险费用:$(38.53+0)\times1.5\%=0.58$(元/$m^3$)

人工费价差:$3.35\times(150-115)\times0.1=11.73$(元/$m^3$)

材料费价差:$(280-266.99)\times10.15\times0.1=13.21$(元/$m^3$)

人材机价差:$11.73+13.21=24.94$(元/m^3)

其他风险费:0(元/m^3)

合价:$38.53+272.17+9.86+4.98+0.58+24.94=351.06$(元/$m^3$)

②带形基础模板:

模板定额工程量 $=93.6/100=0.936(m^2)$

带形基础清单工程量 = 38.52(m^3)

数量:0.936 ÷ 38.52 = 0.024 3

定额人工费:120 × 18.64 × 0.024 3 = 54.35(元/m^3)

定额材料费:(1 547.01 × 0.438 + 23.93 × 24.675 + 3.68 × 18.94 + 4.06 × 24.93 + 148.56) × 0.024 3 = 38.58(元/m^3)

定额机械费:(422.13 × 0.072 + 473.39 × 0.048 + 25.81 × 0.028) × 0.0243 = 1.31(元/m^3)

企业管理费:(54.35 + 1.31) × 25.6% = 14.25(元/m^3)

利润:(54.35 + 1.31) × 12.92% = 7.19(元/m^3)

一般风险费:(54.35 + 1.31) × 1.5% = 0.83(元/m^3)

人材机价差:0(元/m^3)

其他风险费:0(元/m^3)

合价:54.35 + 38.58 + 1.31 + 14.25 + 7.19 + 0.83 + 0 + 0 = 116.51(元/m^3)

③合计:

定额人工费:38.53 + 54.35 = 92.88(元/m^3)

定额材料费:272.17 + 38.58 = 310.75(元/m^3)

定额机械费:0 + 1.31 = 1.31(元/m^3)

企业管理费:9.86 + 14.25 = 24.11(元/m^3)

利润:4.98 + 7.19 = 12.17(元/m^3)

一般风险费:0.58 + 0.83 = 1.41(元/m^3)

人材机价差:24.94 + 0 = 24.94(元/m^3)

其他风险费:0(元/m^3)

合价:351.06 + 116.51 = 467.57(元/m^3)

综合单价:即合价 467.57 元/m^3。

将结果填入表 12.28,综上所述,单位工程计价程序表见表 12.29。

表 12.28 分部分项工程量清单综合单价分析表

工程名称： 第 页 共 页

项目编码	010501002001	项目名称		带形基础							计量单位		m³	综合单价/元		467.57
定额编号	定额项目名称	单位	数量	定额综合单价/元										人材机价差	其他风险费	合价/元
				定额人工费	定额材料费	定额施工机具使用费	企业管理费		利润		一般风险费用					
				1	2	3	4	5	6	7	8	9		10	11	12
							费率/%	(1+3)×(4)	费率/%	(1+3)×(6)	费率/%	(1+3)×(8)				1+2+3+5+7+9+10+11
AE0008	带形基础 商品混凝土	10 m³	0.1	38.53	272.17	0	25.6	9.86	12.92	4.98	1.5	0.58		24.94	0	351.06
AE0120	现浇混凝土模板 带形基础混凝土	100 m²	0.024 3	54.35	38.58	1.31	25.6	14.25	12.92	7.19	1.5	0.83		0	0	116.51
合计				92.88	310.75	1.31	—	24.11	—	12.17	—	1.41		24.94	0	467.57

表 12.29　单位工程计价程序表

序号	项目名称	计算式	金额/元
1	分部分项工程费		150 000
2	措施项目费		30 000
2.1	技术措施项目费		—
2.2	组织措施项目费		—
其中	安全文明施工费		—
3	其他项目费		45 000
3.1	暂列金额		—
3.2	暂估价		—
3.3	计日工		—
3.4	总承包服务费		—
3.5	索赔及现场签证		—
4	规费	80 000 × 10.32%	8 256
5	税金	23 325.6 + 2 799.07 + 10 000	36 124.67
5.1	增值税	(150 000 + 30 000 + 45 000 + 8 256 − 0) × 10%	23 325.6
5.2	附加税	23 325.6 × 12%	2 799.07
5.3	环境保护税		10 000
6	合价	150 000 + 30 000 + 45 000 + 8 256 + 36 124.67	269 380.7

12.4　工程量清单报价编制综合案例

本节综合案例取自 ×× 办公楼，具体图纸见附录，根据图纸计算出该工程各构件的工程量，完整版计算式扫描图 12.4 和图 12.5 二维码查看。由此得出该办公楼工程的投标报价，见下表，完整版扫图 12.6 二维码查看。

图 12.4　×× 办公楼土建部分工程量计算书

图 12.5　×× 办公楼钢筋部分工程量计算书

图 12.6　×× 办公楼投标报价表

封-3

投标总价

招　标　人：________________________________

投标总价(小写)：　　372 989.53

(大写)：　叁拾柒万贰仟玖佰捌拾玖元伍角叁分

投　标　人：________________________________
(单位盖章)

法定代表人
或其授权人：________________________________
(签字或盖章)

编　制　人：________________________________
(造价人员签字盖专用章)

时　间：　　年　月　日

表-01

工程计价总说明

工程名称:××办公楼　　　　第1页 共1页

一、工程概况

项目简介:本工程为框架结构,地上两层,无地下室,基础为梁板式筏形基础,建筑面积约为150.8 m^2,建筑总高度7.8 m;抗震设防烈度8度,抗震等级为二级。

二、编制依据

《房屋建筑与装饰工程工程量计算规范》(GB 50854—2013);

《重庆市房屋建筑与装饰工程计价定额(第一册 建筑工程)》(CQJZZSDE—2018);

《重庆市2018定额相关文件及勘误》;

《重庆市建设工程费用定额》(CQAZDE—2018);

《重庆市绿色建筑工程计价定额》(CQLSJZDE—2018);

16G101系列平法图集。

三、工程质量等级

本工程质量等级要求为合格。

四、施工范围

包括用地红线范围内的土石方、建筑工程,不含装饰装修。

本工程人工土石方及机械土石方工程均按公共建筑工程取费,未单列单位工程。

五、市场信息价调整

人工市场价:采用《重庆市造价信息第十期》2022年4月发布的人工信息价;

材料市场价:采用《重庆市造价信息第十一期》2022年5月发布的主城区市场信息价。

六、总造价

本项目总造价:372 989.53元。

七、单方造价

该单位工程占单方造价:2 473.41元/m^2。

表-02

单位工程投标报价汇总表

工程名称：××办公楼　　　　第1页 共1页

序号	汇总内容	金额/元	其中：暂估价/元
1	分部分项工程费	306 811.82	
1.1	建筑工程	306 811.82	
2	措施项目费	25 186.38	
2.1	其中：安全文明施工费	11 742.62	
3	其他项目费		
4	规费	6 836.76	—
5	税金	34 154.57	—
投标报价合计=1+2+3+4+5		372 989.53	

表-08

措施项目汇总表

工程名称:××办公楼　　　　第1页 共1页

序号	项目名称	金额/元	
		合价	其中:暂估价
1	施工技术措施项目	9 058.17	
2	施工组织措施项目	16 128.21	
2.1	其中:安全文明施工费	11 742.62	
2.2	建设工程竣工档案编制费	278.24	
措施项目费合计=1+2		25 186.38	

表-09

分部分项工程项目清单计价表

工程名称：××办公楼

第1页 共15页

序号	项目编码	项目名称	项目特征	计量单位	工程量	金额/元		
						综合单价	合价	其中：暂估价
		建筑工程						
1	010101001001	平整场地	［项目特征］ 1. 土壤类别：综合 2. 平整方式：机械平整 3. 弃土运距：施工方自行考虑 4. 取土运距：施工方自行考虑	m^2	75.40	1.68	126.67	
2	010101004001	挖基坑土方	［项目特征］ 1. 土壤类别：综合 2. 开挖方式：机械开挖 3. 挖土深度：1.15 m 4. 场内运距：施工方自行考虑	m^3	115.71	13.73	1 588.70	
3	010103001001	回填方（房心素土回填）	［项目特征］ 1. 密实度要求：压实系数 0.90 2. 填方材料品种：素土 3. 填方粒径要求：详设计 4. 填方来源、运距：挖方回填	m^3	12.19	22.35	272.45	
本页小计							1 987.82	

表-09

分部分项工程项目清单计价表

工程名称：××办公楼　　　　第2页 共15页

序号	项目编码	项目名称	项目特征	计量单位	工程量	金额/元		
						综合单价	合价	其中：暂估价
4	010103001002	回填方（基础回填）	［项目特征］ 1. 密实度要求：压实系数0.9 2. 填方材料品种：素土 3. 填方粒径要求：详设计 4. 填方来源、运距：挖方回填	m^3	67.50	40.55	2 737.13	
5	010103001003	回填方（房心灰土回填）	［项目特征］ 1. 密实度要求：压实系数0.90 2. 填方材料品种：150 mm厚3:7灰土回填 3. 填方粒径要求：详设计 4. 填方来源、运距：挖方回填	m^3	8.71	388.29	3 382.01	
6	010103002001	余方弃置	［项目特征］ 1. 废弃料品种：素土 2. 运距：10 km	m^3	27.31	32.83	896.59	
本页小计							7 015.73	

表-09

分部分项工程项目清单计价表

工程名称：××办公楼　　　　第 3 页 共 15 页

序号	项目编码	项目名称	项目特征	计量单位	工程量	金额/元		
						综合单价	合价	其中：暂估价
7	010401001001	砖基础	［项目特征］ 1. 砖品种、规格、强度等级：标准砖 240 mm×115 mm×53 mm 2. 基础类型：砖基础 －240 mm 厚 3. 砂浆强度等级：M5 现拌水泥砂浆 4. 防潮层材料种类：详设计	m^3	13.88	537.96	7 466.88	
8	010401003001	实心砖墙（女儿墙）	［项目特征］ 1. 砖品种、规格、强度等级：标准砖 240 mm×115 mm×53 mm 2. 砂浆强度等级：M5 现拌混合砂浆 3. 墙体类型：240 mm 实心砖内墙	m^3	4.26	555.90	2 368.13	
9	010401003002	实心砖墙 －370 mm 厚	［项目特征］ 1. 砖品种、规格、强度等级：标准砖 240 mm×115 mm×53 mm 2. 砂浆强度等级：M5 现拌混合砂浆 3. 墙体类型：370 mm 实心砖外墙	m^3	51.08	554.03	28 299.85	
本页小计							38 134.86	

表-09

分部分项工程项目清单计价表

工程名称:××办公楼　　　　第4页 共15页

序号	项目编码	项目名称	项目特征	计量单位	工程量	金额/元		
						综合单价	合价	其中:暂估价
10	010401003003	实心砖墙 -240 mm厚	[项目特征] 1. 砖品种、规格、强度等级:标准砖 240 mm×115 mm×53 mm 2. 砂浆强度等级:M5 现拌混合砂浆 3. 墙体类型:240 mm 实心砖内墙	m^3	17.97	556.27	9 996.17	
11	010402B02001	砌体加筋	[项目特征] 钢筋种类、规格:热轧光圆钢筋 Φ6.5	t	0.253	7 848.59	1 985.69	
12	010501001001	垫层(基础)	[项目特征] 1. 混凝土种类:商品混凝土 2. 混凝土强度等级:C10	m^3	8.86	451.06	3 996.39	
13	010501001002	垫层(地25A)	[项目特征] 做法:85 mm厚 C15 细石混凝土随打随抹平	m^3	1.33	438.00	582.54	
			本页小计				16 560.79	

表-09

分部分项工程项目清单计价表

工程名称：××办公楼　　　　第 5 页 共 15 页

序号	项目编码	项目名称	项目特征	计量单位	工程量	金额/元		
						综合单价	合价	其中:暂估价
14	010501001003	垫层(地 9-1、地 3A)	[项目特征] 做法:50 mm 厚 C10 细石混凝土随打随抹平	m^3	2.16	418.71	904.41	
15	010501004001	满堂基础	[项目特征] 1. 混凝土种类:商品混凝土 2. 混凝土强度等级:C30	m^3	29.83	506.21	15 100.24	
16	010502001001	矩形柱	[项目特征] 1. 部位:−0.03 m 以下 2. 混凝土种类:商品混凝土 3. 混凝土强度等级:C30	m^3	2.20	1 056.73	2 324.81	
本页小计							18 329.46	

表-09

分部分项工程项目清单计价表

工程名称：××办公楼　　　　第6页 共15页

序号	项目编码	项目名称	项目特征	计量单位	工程量	金额/元		
						综合单价	合价	其中：暂估价
17	010502001002	矩形柱	[项目特征] 1. 部位：-0.03 m 以下 2. 混凝土种类：商品混凝土 3. 混凝土强度等级：C25	m^3	15.53	981.28	15 239.28	
18	010502002001	构造柱	[项目特征] 1. 混凝土种类：商品混凝土 2. 混凝土强度等级：C25	m^3	0.34	1 029.88	350.16	
19	010503002001	矩形梁	[项目特征] 1. 混凝土种类：商品混凝土 2. 混凝土强度等级：C25	m^3	0.61	885.59	540.21	
本页小计							16 129.65	

表-09

分部分项工程项目清单计价表

工程名称：××办公楼 第 7 页 共 15 页

序号	项目编码	项目名称	项目特征	计量单位	工程量	金额/元		
						综合单价	合价	其中：暂估价
20	010504001001	直形墙	[项目特征] 1. 混凝土种类：商品混凝土 2. 混凝土强度等级：C30	m^3	0.58	1 038.86	602.54	
21	010505001001	有梁板	[项目特征] 1. 混凝土种类：商品混凝土 2. 混凝土强度等级：C25	m^3	26.80	956.71	25 639.83	
22	010505008001	雨篷、悬挑板、阳台板	[项目特征] 1. 混凝土种类：商品混凝土 2. 混凝土强度等级：C25	m^3	3.14	1 373.12	4 311.60	
本页小计							30 553.97	

表-09

分部分项工程项目清单计价表

工程名称：××办公楼　　　　第 8 页 共 15 页

序号	项目编码	项目名称	项目特征	计量单位	工程量	金额/元		
						综合单价	合价	其中：暂估价
23	010506001001	直形楼梯	[项目特征] 1. 混凝土种类：商品混凝土 2. 混凝土强度等级：C25 3. 折算厚度：详设计	m^2	7.92	296.41	2 347.57	
24	010507001001	散水、坡道	[项目特征] 1. 垫层材料种类、厚度：80 mm 厚 C10 混凝土垫层 2. 变形缝填塞材料种类：沥青砂浆嵌缝	m^2	18.98	34.22	649.50	
25	010507004001	台阶	[项目特征] 1. 踏步高、宽：150 mm×300 mm 2. 混凝土种类：商品混凝土 3. 混凝土强度等级：C15	m^3	2.28	428.26	976.43	
本页小计							3 973.50	

表-09

分部分项工程项目清单计价表

工程名称：××办公楼　　　　第 9 页 共 15 页

序号	项目编码	项目名称	项目特征	计量单位	工程量	金额/元		
						综合单价	合价	其中：暂估价
26	010507007001	其他构件（阳台栏板）	[项目特征] 1. 构件类型：栏板 2. 部位：阳台及屋面 3. 混凝土种类：商品混凝土 4. 混凝土强度等级：C25	m^3	0.87	1 726.18	1 501.78	
27	010510003001	预制过梁	[项目特征] 1. 图代号：详设计 2. 单件体积：详设计 3. 安装高度：详设计 4. 混凝土强度等级：C25	m^3	2.13	1 501.01	3 197.15	
28	010515001001	现浇构件钢筋	[项目特征] 钢筋种类、规格：热轧光圆钢筋 φ6.5	t	0.371	6 740.80	2 500.84	
本页小计							7 199.77	

表-09

分部分项工程项目清单计价表

工程名称：××办公楼　　　　第 10 页 共 15 页

序号	项目编码	项目名称	项目特征	计量单位	工程量	金额/元		
						综合单价	合价	其中：暂估价
29	010515001002	现浇构件钢筋	[项目特征] 钢筋种类、规格：热轧光圆钢筋 ϕ8	t	0.952	6 512.92	6 200.30	
30	010515001003	现浇构件钢筋	[项目特征] 钢筋种类、规格：热轧光圆钢筋 ϕ6.5	t	0.067	7 047.57	472.19	
31	010515001004	现浇构件钢筋	[项目特征] 钢筋种类、规格：热轧光圆钢筋 ϕ8	t	1.013	6 819.70	6 908.36	
32	010515001005	现浇构件钢筋	[项目特征] 钢筋种类、规格：热轧光圆钢筋 ϕ10	t	2.283	6 819.70	15 569.38	
33	010515001006	现浇构件钢筋	[项目特征] 钢筋种类、规格：热轧光圆钢筋 ϕ12	t	1.479	6 865.26	10 153.72	
本页小计							39 303.95	

表-09

分部分项工程项目清单计价表

工程名称：××办公楼　　　　第 11 页 共 15 页

序号	项目编码	项目名称	项目特征	计量单位	工程量	金额/元		
						综合单价	合价	其中：暂估价
34	010515001007	现浇构件钢筋	[项目特征] 钢筋种类、规格：冷轧带肋钢筋 ⌀12	t	1.461	6 193.75	9 049.07	
35	010515001008	现浇构件钢筋	[项目特征] 钢筋种类、规格：冷轧带肋钢筋 ⌀16	t	0.219	6 166.41	1 350.44	
36	010515001009	现浇构件钢筋	[项目特征] 钢筋种类、规格：冷轧带肋钢筋 ⌀18	t	4.223	5 456.76	23 043.90	
37	010515001010	现浇构件钢筋	[项目特征] 钢筋种类、规格：冷轧带肋钢筋 ⌀20	t	0.315	5 456.76	1 718.88	
38	010515001011	现浇构件钢筋	[项目特征] 钢筋种类、规格：冷轧带肋钢筋 ⌀22	t	1.974	5 456.76	10 771.64	
本页小计							45 933.93	

表-09

分部分项工程项目清单计价表

工程名称：××办公楼　　　　第12页 共15页

序号	项目编码	项目名称	项目特征	计量单位	工程量	金额/元		
						综合单价	合价	其中：暂估价
39	010515001012	现浇构件钢筋	[项目特征] 钢筋种类、规格：冷轧带肋钢筋 Φ25	t	9.473	5 456.76	51 691.89	
40	010516003001	机械连接	[项目特征] 1. 连接方式：机械连接 2. 螺纹套筒种类：直螺纹连接 3. 规格：ϕ18	个	78	15.10	1 177.80	
41	010516003002	机械连接	[项目特征] 1. 连接方式：套管挤压 2. 螺纹套筒种类：钢套管 3. 规格：ϕ25	个	296	16.08	4 759.68	
42	010516B02001	电渣压力焊	[项目特征] 钢筋规格：ϕ20	个	10	7.85	78.50	
43	010516B02002	电渣压力焊	[项目特征] 钢筋规格：ϕ22	个	48	7.85	376.80	
本页小计							58 084.67	

表-09

分部分项工程项目清单计价表

工程名称：××办公楼　　　　第 13 页 共 15 页

序号	项目编码	项目名称	项目特征	计量单位	工程量	金额/元		
						综合单价	合价	其中：暂估价
44	010801001001	木质门	[项目特征] 1. 门代号及洞口尺寸：MC-1；900 mm×2 700 mm 2. 镶嵌玻璃品种、厚度：详设计	樘	1	512.28	512.28	
45	010801001002	木质门	[项目特征] 1. 门代号及洞口尺寸：M-2；900 mm×2 400 mm 2. 镶嵌玻璃品种、厚度：详设计	樘	4	455.36	1 821.44	
46	010801001003	木质门	[项目特征] 1. 门代号及洞口尺寸：M-3；900 mm×2 100 mm 2. 镶嵌玻璃品种、厚度：详设计	樘	2	398.44	796.88	
47	010801001004	木质门	[项目特征] 1. 门代号及洞口尺寸：M-1；2 400 mm×2 700 mm 2. 镶嵌玻璃品种、厚度：详设计	樘	1	1 255.69	1 255.69	
本页小计							4 386.29	

表-09

分部分项工程项目清单计价表

工程名称：××办公楼　　　　第 14 页 共 15 页

序号	项目编码	项目名称	项目特征	计量单位	工程量	金额/元		
						综合单价	合价	其中：暂估价
48	010807001001	金属（塑钢、断桥）窗	[项目特征] 1. 窗代号及洞口尺寸：MC-1；1 500 mm×1 800 mm 2. 框、扇材质：塑钢 3. 玻璃品种、厚度：详设计	樘	1	799.01	799.01	
49	010807001002	金属（塑钢、断桥）窗	[项目特征] 1. 窗代号及洞口尺寸：C-1；1 500 mm×1 800 mm 2. 框、扇材质：塑钢 3. 玻璃品种、厚度：详设计	樘	8	799.01	6 392.08	
50	010807001003	金属（塑钢、断桥）窗	[项目特征] 1. 窗代号及洞口尺寸：C-2；1 800 mm×1 800 mm 2. 框、扇材质：塑钢 3. 玻璃品种、厚度：详设计	樘	2	958.81	1 917.62	
51	010902001001	屋面卷材防水	[项目特征] 1. 卷材品种、规格、厚度：SBS 改性沥青防水卷材 2. 防水层数：2 层 3. 防水层做法：热熔	m^2	90.32	81.18	7 332.18	
本页小计							16 440.89	

表-09

分部分项工程项目清单计价表

工程名称：××办公楼　　　　第 15 页 共 15 页

序号	项目编码	项目名称	项目特征	计量单位	工程量	金额/元		
						综合单价	合价	其中：暂估价
52	011001001001	保温隔热屋面（挑檐屋面）	［项目特征］ 1. 保温隔热材料品种、规格、厚度:50 mm 厚泡沫混凝土 2. 隔气层材料品种、厚度：详设计 3. 黏结材料种类、做法：详设计 4. 防护材料种类、做法：详设计	m^2	23.38	17.66	412.89	
53	011001001002	保温隔热屋面（女儿墙内侧屋面）	［项目特征］ 1. 保温隔热材料品种、规格、厚度：泡沫混凝土保温层厚 100 mm 2. 隔气层材料品种、厚度：详设计 3. 黏结材料种类、做法：详设计 4. 防护材料种类、做法：详设计	m^2	66.94	35.31	2 363.65	
本页小计							2 776.54	
合　计							306 811.82	

表-09

施工技术措施项目清单计价表

工程名称：××办公楼　　　　第1页 共1页

序号	项目编码	项目名称	项目特征	计量单位	工程量	金额/元		
						综合单价	合价	其中:暂估价
	一	施工技术措施项目					9 058.17	
1	011701001001	综合脚手架	1. 建筑结构形式:框架结构 2. 檐口高度:7.8 m	m^2	166.48	29.32	4 881.19	
2	011703001001	垂直运输	1. 建筑物建筑类型及结构形式:框架结构 2. 建筑物檐口高度、层数:7.8 m	m^2	166.48	25.09	4 176.98	
本页小计							9 058.17	
合　计							9 058.17	

表-10

施工组织措施项目清单计价表

工程名称：××办公楼　　　　第1页　共1页

序号	项目编码	项目名称	计算基础	费率/%	金额/元	调整费率/%	调整后金额/元	备注
1	011707B16001	组织措施费	分部分项人工费+分部分项机械费+技术措施人工费+技术措施机械费	6.2	4 107.35			
2	011707001001	安全文明施工费	税前合计	3.59	11 742.62			
3	011707B15001	建设工程竣工档案编制费	分部分项人工费+分部分项机械费+技术措施人工费+技术措施机械费	0.42	278.24			
合计					16 128.21			

表-11

其他项目清单计价汇总表

工程名称：××办公楼　　　　第1页 共1页

序号	项目名称	计量单位	金额/元	备　注
1	暂列金额	项		明细详见表-11-1
2	暂估价	项		
2.1	材料(工程设备)暂估价	项	—	明细详见表-11-2
2.2	专业工程暂估价	项		明细详见表-11-3
3	计日工	项		明细详见表-11-4
4	总承包服务费	项		明细详见表-11-5
5	索赔与现场签证	项		明细详见表-11-6
合　计			0	

注：材料、设备暂估单价进入清单项目综合单价，此处不汇总。

表-12

规费、税金项目计价表

工程名称:××办公楼 第1页 共1页

序号	项目名称	计算基础	费率/%	金额/元
1	规费	分部分项人工费+分部分项机械费+技术措施项目人工费+技术措施项目机械费	10.32	6 836.76
2	税金	2.1 + 2.2 + 2.3		34 154.57
2.1	增值税	分部分项工程费+措施项目费+其他项目费+规费-甲供材料费	9	30 495.15
2.2	附加税	增值税	12	3 659.42
2.3	环境保护税	按实计算		
合计				40 991.33

参考文献

[1] 全国造价工程师执业资格考试培训教材编审委员会.建设工程计价[M].北京:中国计划出版社,2019.

[2] 重庆市建设工程造价管理总站.重庆市房屋建筑与装饰工程计价定额:第一册 建筑工程[M].重庆:重庆大学出版社,2018.

[3] 中国建设工程造价管理协会.《建筑工程建筑面积计算规范》图解[M].2 版.北京:中国计划出版社,2015.

[4] 唐小林,吕奇光.建筑工程计量与计价[M].3 版.重庆:重庆大学出版社,2014.

[5] 张建平.建筑工程计量与计价[M].北京:机械工业出版社,2015.

[6] 李杰.建筑工程计量与计价[M].北京:高等教育出版社,2020.

[7] 袁建新.建筑工程造价[M].2 版.重庆:重庆大学出版社,2014.

[8] 中国建筑标准设计研究院.混凝土结构施工图平面整体表示方法制图规则和构造详图(现浇混凝土框架、剪力墙、梁、板):16G101—1[S].北京:中国计划出版社,2016.

[9] 关玲.平法识图与钢筋算量[M].北京:东北大学出版社,2019.

[10] 本书编写组编.建筑工程工程量计算快学快用[M].北京:中国建材工业出版社,2012.

[11] 黄磊,王亚芳.建筑工程计量与计价[M].北京:北京理工大学出版社,2017.

[12] 张建平.建筑工程计量与计价实务[M].重庆:重庆大学出版社,2016.

[13] 赵春红,贾松林.建设工程造价管理[M].北京:北京理工大学出版社, 2018.